网络系统特性研究与分析

陶洋 著

国防工业出版社

·北京·

内 容 简 介

本书主要针对网络的各种固有特性进行详细的分析,包括网络信息资源的存储特性、网络结构及动态特性、网络互联特性、网络虚拟化特性以及作者所提出的关于未来网络的一个多维特性。

本书既可作为从事网络规划与建设的工程师、从事网络管理的人员、从事网络建设等基础运营商的人员、从事网络设备制造等研发人员的学习指导用书,又可以作为业余爱好者的参考书籍。

图书在版编目(CIP)数据

网络系统特性研究与分析／陶洋著.—北京:国防工业出版社,2014.9
ISBN 978-7-118-09709-2

Ⅰ.①网... Ⅱ.①陶... Ⅲ.①计算机网络－网络系统特性－研究 Ⅳ.①TP393

中国版本图书馆 CIP 数据核字(2014)第 231353 号

※

*国防工业出版社*出版发行

(北京市海淀区紫竹院南路23号 邮政编码100048)
天利华印刷装订有限公司印刷
新华书店经售

*

开本787×1092 1/16 印张13¾ 字数314千字
2014年9月第1版第1次印刷 印数1—2000册 定价58.00元

(本书如有印装错误,我社负责调换)

国防书店:(010)88540777　　　　发行邮购:(010)88540776
发行传真:(010)88540755　　　　发行业务:(010)88540717

前　言

目前,学术界少有对网络特性进行研究与分析的专著,本书主要是针对网络的各种固有特性进行了详细的分析。这些分析是在充分理解网络基本知识的基础之上,对网络特性的一个宏观阐述,作者是站在一定高度从独特的角度出发,重点分析了目前大数据、云计算等较前沿的技术和网络的内在关联,明确阐述了网络的某些特性对于这些技术的重要性,本书不仅有利于读者更好地理解网络,包括网络的基础知识以及网络的各种特性等,还能扩展读者的知识面,促使读者对前沿技术的深刻理解。

本书由陶洋教授负责学术定位、内容及框架的确定,并撰写各章节的核心内容,且审校全书。其研究团队协助其对各章节内容进行了整理。该书分为7章,由顾友峰负责整理第1章,臧文轩负责整理第2章,刘晶负责整理第3章,苏建松负责整理第4章,江彦鲤负责整理第5章,黄鹏负责整理第6章,王娅负责整理第7章,7位学者对各章节内容分别进行讨论并完成相关研究及撰写整理工作。

第1章为网络概述,主要是从图论的角度描述什么是网络,然后简单介绍网络的体系架构。第2章主要介绍网络资源,宏观系统性地分析了网络中的各种资源,包括各种资源的特点以及各种网络资源开发与利用的内涵与层次。第3章主要研究和分析网络信息资源的存储特性,从资源存储架构、资源搜索方式以及节点获取资源的计算等方面进行详细介绍。第4章主要研究和分析网络结构及动态特性,先介绍网络的各种基础的拓扑结构,再逐步深入引出动态结构,进而阐述网络结构的动态性。第5章主要研究和分析网络互联特性,该部分从网络的体系结构和网络的协议基础等出发,分析网络间的差异性以及所提出的多维特性,最后从宏观的角度分析在这种差异性的基础之上的网络互联。第6章主要研究和分析网络虚拟化特性,宏观地从传输虚拟、存储虚拟和计算资源虚拟等方面进行分析。第7章主要分析前沿技术与网络特性的内在关联,旨在说明网络的基础性作用以及扩展读者对前沿技术的了解。

本书重点分析了网络的各种特性,突出地讲述了网络的特性对尖端技术发展的奠基作用,并引申出了多维网络的概念。本书选题新颖、结构清晰、内容安排紧凑,无论是理论深度还是广度都符合大多数读者的需求,丰富的应用分析具有较高的实用性,能使读者更加深刻地学习网络、理解网络,并学以致用。

陶洋

2014 年 4 月 15 日

目　　录

第1章 基础及概述

自 21 世纪以来,席卷全球的信息网络科技给人类的生产和生活方式带来了深刻的变革,信息网络时代已经悄悄地来临,并且在改变着这个世界。信息的传播与交流方式都在发生着巨大的变化,而这一切的核心和和媒介就是网络。1969 年,人类发明了网络,这是继 1867 年贝尔实验室的先驱贝尔先生发明电话以来人类信息领域最激动人心的大事件。从此,这个世界就变得如此的狭窄和亲近。虽然这个世界上有许多看不到电视、不知道电话为何物的人群,但对于世界大部分人群来说,这个世界因为网络的存在,而变得五彩缤纷。网络对我们这个时代具有哪些深远的影响主要有以下几个方面:

(1) 网络使普通人之间的信息交流变得异常容易,信息时代将很难形成信息垄断禁区。

在网络上,可以有信息垄断的场所,但他们对于黑客来说,形同虚设。在网络上,可以有禁区,但他们对那些执意要进入这些禁区的人们来说,犹如平地。而且当这些黑客技术不断传播给普通人时,那些垄断和禁区,将直接变成"公众区"。这时候,在信息拥有量上,人们不是以地位和权力来分享,而是以技术来分享。恰恰相反,人们却不一定有时间懂得这些技术,虽然他们有理论,但他们未必知道,他们所依重的是手下的技术人员。因此,这些手下的技术人员则与那些掌握着涉入禁区的技术人员都是网络上的普通人。对于普通公众来说,当技术的进步能够使他们知道一点点信息时,他们将会获得 90% 以上的信息,因为普通公众是按照革命化的、广泛化的信息交流结构进行交流的。这个时代,信息世界中,几乎没有什么秘密。反之,当信息被传播到虚拟世界时,现实世界将同步而动,这就隐藏着许多潜在的伏笔。

(2) 网络使普通人按照类似于日本"社"的概念重新进行组合,志趣相投者将更加具备凝聚力。日本在普通公众阶层中的政治结构是以"社"的形式组合的,政党只是他们将"社"的形式放大的结果。譬如,你可以喜爱汽车,你就可以加入"汽车社",你喜欢诗词,就可以加入"诗词社"。网络时代,则同样遵循这个原理。其称呼不是"社",而是网站和论坛,但却是以这样的结构来实现的。当然,每一个网友,既可以到那个网站,也可以到这个网站,最终找到与自己志趣相投者。

这种感情和共同的经历,所产生的感情丝毫不比现实生活中差。现实生活的朋友,想见面可能要乘公共汽车,但是要费时间,而网络则不需要这些。更主要的是,理论主张的一致性,相互论证的广泛性,探讨问题的认真性,都决定了这一点:志趣相投者凝聚力强。志趣相投者因为他们的精神和意志,他们则成了某个网站或者论坛骨干,而那些半途因为各种原因退出的人员,则成了历史的记忆者。

(3) 网络使普通人更加容易介入国家社会生活,从而左右国家的和平与发展的趋势。以前看到过沈先生的《传媒与战争》一书,其中举到许多历史上传媒与战争的例子。当今天关注美国打击伊拉克的兵力部署时,几乎是通过网络知道的,我们可以不必看电视,费那些吃饭喝茶的时间,但可以在晚上静悄悄地通过一根电话线和计算机,将所看到的信息下载下来,然后细细地研究。最令人惊讶的是,美国中央总部的丝微人事变化,几架战斗机的调动,与土耳其共同打击策略方案的敲定,都可以通过网络上的信息提供商架设的网站中获得,从而给普通人参加战争方案或者反战方案提供了思考余地。普通人也掌握着战争与和平的90%的信息,虽然他们缺少那些剩余的信息量,但这丝毫不影响他们对信息的掌控能力。

那么,什么是网络呢?它有哪些性能指标?它又是以怎样的架构组成的?本章以抽象化图论为基础,对网络及其基础部分进行阐述。

1.1 网络的图论描述

那究竟网络是什么呢?不同领域的人会有不同的答案。这是因为网络有多种意义,主要有以下几种。

(1)电路或电路中的一部分。

(2)比喻性的泛化的意义,如"人际关系网络""信息交流网络"等,这种意义下,常说成"网"。

(3)抽象意义上的网络。比如城市网络、交通网络、交际网络等。

(4)计算机网络。和人们生活密不可分的是计算机网络,因此一般人对网络的理解都是计算机网络。

在计算机领域内,网络是信息传输、接收、共享的虚拟平台,通过它把各个点、面、体的信息联系到一起,从而实现这些资源的共享。网络原指用一个巨大的虚拟画面,把所有东西连接起来,也可以作为动词使用。网络就是用物理链路将各个孤立的工作站或主机连接在一起组成数据链路,从而达到资源共享和通信的目的。凡将地理位置不同,并具有独立功能的多个计算机系统通过通信设备和线路而连接起来,且以功能完善的网络软件(网络协议、信息交换方式及网络操作系统等)实现网络信息资源共享的系统都是网络。

图与网络是运筹学中的一个经典和重要的分支,它所研究的问题被广泛地应用在物理学控制论、信息论、工程技术、交通运输、计算机科学、通信与网络技术等诸多领域。随着科学技术的进步,网络的抽象化建模也会得到更进一步的发展。

通常把网络表述成是由节点和连线构成的一种相互联系,而在数学角度上,把它抽象成一种图论上的"赋权图"。图论(Graph Theory)是数学的一个分支,它以图为研究对象。图论中的图是由若干给定的点及连接两点的线所构成的图形,这种图形通常用来描述某些事物之间的某种特定关系,用点代表事物,用连接两点的线表示相应两个事物间具有这种关系。这里,首先来介绍一些关于图论的基础定义。

图论中所谓的"图"实际上是事物与事物之间的一个数学抽象。若用点(节点)v_n 表示这些具体事物,用连接两点的边(弧)e_n 表示两个事物之间所具有的特定关系,用关联函数 ϕ 表示点与边之间的关联关系(例如,$\phi(e_1) = v_1 v_2$ 表示 v_1 与 v_2 相连,其边为 e_1),就得到了"图"这个几何形象概念,如图 1-1 所示。

若给每条边(弧)赋予一个实数 W_z,该函数表示两个点(节点)之间某种相互关系的权值,即得到"赋权图",如图 1-2 所示。

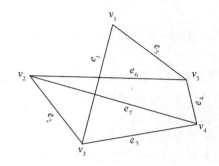

图1-1 图的定义

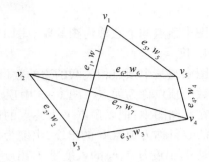

图1-2 赋权图的定义

为了更好地理解图论的概念,先通过图1-3、图1-4、图1-5来进行阐述。

图1-3 图的实例1

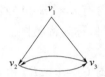

图1-4 图的实例2

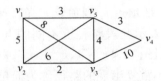

图1-5 图的实例3

1. 无向图和有向图

如果边是没有方向的,称此图为"无向图",一个无向图是一个二元组 $<E,V>$,其中 V 是非空集合,称为顶点集,E 是 V 中元素构成的无序二元组集合,称为边集。如图1-3 和图1-5所示,无向图中的边上均是顶点的无序对,无序对通常用圆括号表示。如无序对 (v_i,v_j) 和 (v_j,v_i) 表示同一条边。如图1-3中的边 (v_1,v_2),显然 (v_1,v_2) 和 (v_2,v_1) 是两条等价的边,所以在上面 E 的集合中没有再出现边 (v_2,v_1)。

如果边是有方向(带箭头)的,则称此图为"有向图",如图1-4所示,用一对尖括号和对应的顶点表示有向边,如图1-4中的边 $<v_1,v_2>$。把边 $<v_1,v_2>$ 中 v_1 称为起点,v_2 称为终点。显然此时边 $<v_1,v_2>$ 与边 $<v_2,v_1>$ 是不同的两条边。有向图中的边又称为弧,起点称为弧头,终点称为弧尾。图1-4表示为:$V=\{v_1,v_2,v_3\}$,$E=\{<v_1,v_2>$,$<v_1,v_3>$,$<v_2,v_3>$,$<v_3,v_2>\}$

如果两个顶点 U、V 之间有一条边相连,则称 U、V 这两个顶点是关联的。

2. 带权图

一个图中的两顶点间不仅是关联的,而且在边上还标明了数量关系,如图1-5所示,这种数量关系可能是距离、费用、时间、电阻等,这些数值称为相应边的权。边上带有权的图称为带权图,也称为网(络)。

3

3. 阶

图中顶点的个数称为图的阶。图 1-3、图 1-4、图 1-5 的阶分别为 4、3、5。

4. 度

图中与某个顶点相关联的边的数目，称为该顶点的度。度为奇数的顶点称为奇点，度为偶数的顶点称为偶点。图 1-3 中顶点 v_1, v_2 是奇点，v_3, v_4 是偶点。

在有向图中，把以顶点 V 为终点的边的数目称为顶点 V 的入度，把以顶点 U 为起点的边的数目称为顶点 U 的出度，出度为 0 的顶点称为终端顶点。如图 1-4 中顶点 v_1 的入度是 0、出度是 2，v_2 的入度是 2、出度是 1，v_3 的入度是 2、出度是 1，没有终端顶点。

5. 完全图

若无向图中的任意两个顶点之间都存在着一条边，有向图中的任意两个顶点之间都存在着方向相反的两条边，则称此图为完全图。n 阶完全有向图含有 $n \times (n-1)$ 条边，n 阶完全无向图含有 $n \times (n-1)/2$ 条边，当一个图接近完全图时，称为稠密图；相反，当一个图的边很少时，称为稀疏图。

6. 子图

设有两个图 $G = (V, E)$ 和 $G' = (V', E')$，若 V' 是 V 的子集，E' 是 E 的子集，则称 G' 为 G 的子图。

7. 路（径）

在一个 $G = (V, E)$ 的图中，从顶点 v_i 到顶点 v'_j 的一条路径是一个顶点序列 $v_{i_0}, v_{i_1}, v_{i_2}, \cdots, v_{i_m}$，其中 $v_{i_0}, v_{i_1}, v_{i_2}, \cdots, i_j$ 表示此段路径上不同的点。若此图是无向图，则 $(v_{i_j}-1, v_{i_j}) \in E, 1 \le j \le m$；若此图是有向图，则 $<v_{i_j}-1, v_{i_j}> \in E, 1 \le j \le m$。路径长度是指路径上的边或弧的数目。序列中顶点不重复出现的路径称为简单路径，顶点 v 和顶点 v' 相同的路径称为回路（或环）。除了第一个顶点和最后一个顶点之外，其余顶点不重复出现的回路，称为简单回路（或简单环）。

8. 连通图

在无向图 G 中，如果从顶点 u 到顶点 v 有路径，则称 u 和 v 是连通的。如果对于图 G 中的任意两个顶点 u 和 v 都是连通的，则称图 G 是连通图，否则称为非连通图。

在有向图 G 中，如果对于任意两个顶点 u 和 v，从 u 到 v 和从 v 到 u 都存在路径，则称图 G 是强连通图。

在图论中，任何一个包含了一种二元关系的离散系统均可转化为一个数学模型，借助于图论中的概念、理论和方法，可以对该模型求解。我们正是基于图论的定义之上，抽象出一个简单的网络模型概念：

网络可以形式化地表示为 $N(V, E, W)$，如图 1-6 所示。

其中 V 为非空节点集合，即 $V = \{v_1, v_2, v_3, \cdots\}$，在用于信息传递网络时，它是信息的转接及处理节点所在。

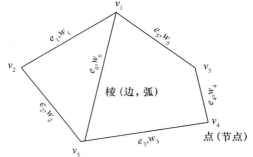

图 1-6　网络的数学定义描述

E 为边集合，$E = \{e_1, e_2, e_3, \ldots\}$，也可以用两个节点来表示，如 $e_1 = (v_1, v_2)$，它能表达网络中任意两个节点的关系，同时也描述了包括网络拓扑结构在内的多种结构信息。

W 为权值函数，$W = \{w_1, w_2, w_3, \ldots\}$，从广泛的概念来看，它可以是成品、人员、信件、信息容量或其他任何东西，具体到信息传递网络时，它则通过进一步的定义和描述表示出网络的各种流量及分布结构等。

由此可见，以图论为基础，经过数学抽象而来的网络模型，主要是 3 个方面参数：节点、边（弧）和权值函数。因此对于具体的网络，要掌握具体的相关信息参数，才能对网络系统进行完整的分析和研究。

到目前为止，图论的模型和方法已被广泛地应用于系统工程、通信工程、计算机科学及经济领域，传统的物理、化学、生命科学也都越来越广泛地使用了图论模型方法。由于这种数学模型和方法直观形象，富有启发性和趣味性，因而深受人们的青睐。在网络中通过引入图论的概念能够使我们更容易研究网络，缩短了研究周期。

1.2　网　络　参　数

1969 年，美国国防部高级研究计划管理局（Advanced Research Projects Agency，AR-PA）开始建立一个命名为 ARPAnet 的网络，把美国的几个军事及研究用计算机主机连接起来，这就是最早的网络。在今天，随着信息化的逐步普及，网络已经不仅仅只是完成其最早的命令以及密码交换的功能，人们开始更多地关注网络的性能。那么，一个网络系统建好之后，该从哪些方面去评价网络性能呢？

网络性能评价在大型、复杂的网络建设中越来越受到人们的重视。在网络评价中，确定网络性能指标是最为关键的，直接影响网络性能评价的内容，性能评价的全面性、合理性及有效性。性能指标反映了被测评的网络系统内的某一物理和逻辑组件的特定属性。例如，网络中链路层帧的吞吐量、网络路径上的网络层包传输延迟。网络系统中的所有指标的集合称为指标体系。网络性能指标体系可从以下三方面进行描述。

（1）按性能指标内容划分：由于性能指标反映了网络系统的属性，因此按其所刻画的属性内容，将网络性能指标分为连通性、吞吐量、传输速率、带宽、利用率、信道容量、带宽利用率、包损失率、传输延迟、延迟抖动。

（2）按协议层划分：网络协议层次结构是网络的逻辑体系结构。主流的 TCP/IP 网络协议层次结构包括物理层、数据链路层、网络层、传输层和应用层。因此网络性能指标可以按网络的协议层划分为：

物理层协议，指标反映了物理设备的物理层特性。例如物理线路的位传输速率、接口的位吞吐率等。

链路层协议，指标反映了以帧为基础的链路层特性。例如交换机的数据帧转发速率、链路的帧吞吐率等。

网络层协议，指标反映了以 IP 包为基础的网络层特性。例如网络路径的 IP 包损失率、网络路径的 IP 包传输延迟、路由器的 IP 包传输延迟、路由器的 IP 包转发率等。

传输层协议，指标反映了端到端连接之上的传输层特性。例如，TCP 连接之上的 TCP 包的损失率、传输延迟等。

应用层协议,指标反映了端到端应用的特性。例如,Telnet 应用的响应时间、IP 电话应用的延迟及延迟抖动等。

(3) 按性能评价范围划分:对网络性能进行评价常按照一定的范围进行,评价范围按从小到大的规模描述分为网络节点、网络线路、网络路径、网络云。根据评价范围,可将网络性能指标划分为:

网络节点指标,包括网络节点上的各种内容及协议层次上的性能指标。

网络线路指标,包括网络线路上所对应的协议层次上的性能指标,例如链路层包传输延迟。

网络路径指标,包括一条网络路径上的性能指标。例如可达性、IP 包损失率、IP 包传输延迟等。

网络云指标,是基于网络云的性能指标。通过在网络云边界上确定入、出端点,可测试两个端点之间的性能,例如端到端 IP 包延迟、端到端 TCP 包延迟。通过对网络云的这些基本测试的综合分析、计算,可得出网络云整体的性能指标,例如,网络云吞吐率、网络云包损失率等。

实际上我们对网络性能的评价不可能这么全面,而且全面评价也不现实。故对网络性能的评价主要体现在网络的性能指标上,有如下几个关键参数。

1. 带宽

在模拟通信中,带宽又叫频宽,是指通信线路允许通过的信号的各种不同频率成分所占据的频率范围,表征一种传递数据的能力,带宽的单位是赫兹(Hz)。例如,电话信号的标准带宽是 3.1kHz(从 300Hz ~ 3.4kHz)。

在数字通信中,另一个比较重要的网络参数就是数据率,顾名思义,数据率就是数字信道传送数字信号的速率。习惯上,人们把数据的最大传输速率作为数字通信的带宽,尽管这种叫法不太严格,其单位是比特/秒(b/s)。

带宽对模拟信号和数字信号有两种基本的应用,在本书中所说的带宽均是指数字信号。简单地说,带宽就是传输速率,是指每秒钟传输的最大比特数(b/s),即每秒处理多少位数据,高带宽则意味着系统的高处理能力。为了更形象地理解带宽、位宽、时钟频率的关系,举个比较形象的例子,工人加工零件,如果一个人干,在大家单个加工速度相同的情况下,肯定不如两个人干得多。带宽就像是工人能够加工零件的总数量,位宽仿佛工人数量,时钟频率相当于加工单个零件的速度,位宽越宽,时钟频率越高,则总线带宽越大,其好处也是显而易见的。

由于带宽代表数字信号的发送速率,因此带宽有时也称为吞吐量。在实际应用中,吞吐量常用每秒发送的比特数(或字节数、帧数)来表示。网络的带宽不是固定的而是随着外界环境的变化而变化,影响网络中带宽的主要因素有以下几种:①网络设备,如交换机、路由器、集线器;②拓扑结构即网络构造形状,如星型、环型、总线型;③数据类型;④用户的数量;⑤客户机与服务器,如系统总线、磁盘性能、网络适配器、硬件防火墙;⑥电力系统和自然灾害引起的故障。

2. 时延

时延,是指一个数据块(帧、分组、报文段等)从一个网络(或一条链路)的一段传送到另一端所花费的时间。

时延主要由以下 3 个部分组成：

（1）发送时延：也称为传输时延，把一个数据块从节点送入传输媒介所需要的时间。发送时延的计算公式为

$$发送时延 = \frac{数据块长度（bit）}{信道带宽（b/s）} \qquad (1-1)$$

可见，提高链路带宽将减小数据的发送时延。

（2）传播时延：承载数据信号的电磁波在一定长度的信道上传播所需要的时间，即发送端发送数据开始到接收端接收到数据所经历的时间。电磁波在自由空间的传播速率为 3.0×10^5 km/s（光速）；在电缆中传播速率为 2.3×10^5 km/s，在光纤中的传播速率为 2.3×10^5 km/s。例如，1000km 长的光纤线路产生的传播时延大约为 5ms。传播时延的计算公式为

$$传播时延 = \frac{信道长度（m）}{信号在信道上的传播速率（m/s）} \qquad (1-2)$$

（3）转发时延：数据块在中间节点（如交换机、路由器、中继器等）转发数据时引发的时延，转发时延包括排队时延和处理时延。节点缓存队列中分组排队所经历的时延是转发时延中的重要组成部分。因此，转发时延的长短往往取决于网络中当时的通信量。在网络的通信量很大时，发生队列溢出，相当于转发时延无穷大。有时可用排队时延作为处理时延。

图 1-7 所示的是 3 种时延所产生的地方，通过此图能够更好地分清这 3 种时延。

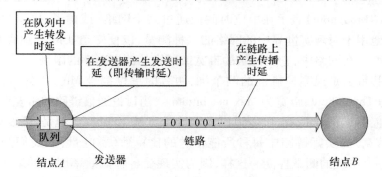

图 1-7　3 种时延

这样，数据经历的总时延就是上述 3 个时延之和：

$$总时延 = 发送时延 + 传播时延 + 转发时延 \qquad (1-3)$$

3. 时延带宽积

链路的时延带宽积又称为以比特为单位的链路长度，为某一链路所能容纳的比特数。例如，某链路的时延带宽积为 100 万比特，这意味着第一比特到达目的端时，源端已发送了 100 万比特。计算公式为

$$时延带宽积 = 传播时延 \times 带宽 \qquad (1-4)$$

我们可以用图 1-8 来表示时延带宽积。这是一个代表链路的空心管道，管道的长度是链路的传播时延，管道的截面积是链路的带宽，因此时延带宽积就表示这个管道的体积，表示这样的链路可容纳的比特数。

时延带宽积 = 传播时延×带宽

图 1 – 8　时延带宽积

例如,传播延时为 20ms,带宽为 10Mb/s,则时延带宽积 $= 20 \times 10^{-3} \times 10 \times 10^6 = 2 \times 10^5$ bit,这表示,若发送端连续发送数据,则在发送的第一比特即将到达终点时,发送端就已经发送了 20 万比特,这 20 万比特都正在链路上传输。

数据链路控制的 ARQ 和以太网的性能分析、令牌环和 FDDI 的环网运行分析中都使用了比特长度的概念。在 TCP 中,定义了报文段往返时间 RTT 和带宽的乘积为往返时延带宽积,在窗口比例因子的分析和设计中也使用了这一概念。

4. 往返时延

在 TCP 中,往返时延(Round – Trip Time,RTT)表示从报文段的发送时刻到确认返回时刻这一段时间,即在 TCP 连接上报文段往返所经历的时间。对于复杂的互联网,往返时延要包括各中间节点的转发时延和转发数据时的发送时延。

5. 吞吐量

吞吐量(Throughput)表示在单位时间内通过某个网络(或信道、接口)的数据量。吞吐量更经常地用于对现实世界中的网络的一种测量,以便知道实际上到底有多少数据量能够通过网络。在网络中,它受网络的带宽或网络的额定速率的限制。

吞吐量和带宽是很容易搞混的两个词,两者的单位都是 Mb/s。先看两者对应的英语,吞吐量为 Throughput,带宽为 Max net bitrate 。当讨论通信链路的带宽时,一般是指链路上每秒所能传送的比特数,可以说以太网的带宽是 10Mb/s。但是,需要区分链路上的可用带宽(带宽)与实际链路中每秒所能传送的比特数(吞吐量)。我们倾向于用"吞吐量"来表示一个系统的测试性能。这样,因为实现受各种低效率因素的影响,所以由一段带宽为 10Mb/s 的链路连接的一对节点可能只达到 2Mb/s 的吞吐量。这样就意味着,一个主机上的应用能够以 2Mb/s 的速度向另外的一个主机发送数据。

6. 利用率

利用率包括信道利用率和网络利用率。在介绍网络利用率时首先要了解什么是信道利用率。信道利用率指某信道有百分之几的时间是被利用的(有数据通过)。完全空闲信道的利用率是零。网络利用率则是全网络中的信道利用率的加权平均值。信道利用率不是越高越好。这个问题要看从什么角度考虑问题。

通信信道往往是为广大用户所共享使用的。从用户的角度考虑问题,用户当然希望通信信道的利用率很低,越低越好。在这种情况下,用户什么时候想使用就可以使用,不会遇到信道太忙无法使用的情况。用户使用公用的通信信道是随机使用的,如果在某个时间,使用信道的人数太多,信道就可能处于繁忙状态,这时,有的用户就无法使用这样的信道。

从通信公司的角度考虑问题时,他们要考虑到通信线路的建设成本和利润。如果电信公司使通信信道的容量能够应付用户通信量最高峰,那么这种信道的造价一定很高,而在平时,这种信道的利用率肯定是很低的。这样,在经济上就很不划算,或许还要赔钱。因此,电信公司总是希望他们所建造的通信信道的利用率要高一些,越高越好。

那么,信道的平均利用率应当多大才合适呢?这并没有什么标准。有些互联网服务提供商(ISP)把信道的平均利用率设为50%,也有的为了省钱,设为80%。但一般都认为,把信道的平均利用率设为90%肯定是不行的。

一般来说,评价一个网络性能的优劣,主要便是从上述信息参数进行考虑。然而,网络是无数个子系统、子网络综合的笼统的整体。在实际操作中,网络是一个庞大的系统,具有一定的体系结构。

1.3 网络系统架构

网络,是用于信息传递网络的所有共性的总称,具有广泛的综合性和整体性。网络系统构架是指通信系统的整体设计,它为网络硬件、软件、协议、存取控制和拓扑提供标准,是一个从物理层到应用层的完整网络系统的总体结构。它包括描述协议和通信机制的设计原则,可以描述一组抽象的规则,指导网络中的终端通信机制的设计和通信协议的实现。

网络体系结构是计算机设备和其他设备如何连接在一起以形成一个允许用户共享信息和资源的通信系统。存在专用网络体系结构,如IBM的系统网络体系结构(SNA)和DEC的数字网络体系结构(DNA),也存在开放体系结构,如国际标准化组织(ISO)定义的开放式系统互联(OSI)模型。如果开放式系统互联模型是开放的,它就向厂商们提供了设计与其他厂商产品具有协作能力的软件和硬件的途径。然而,OSI模型还保持在模型阶段,它并不是一个已经被完全接受的国际标准。考虑到大量的现存事实上的标准,许多厂商只能简单地决定提供支持许多在工业界使用的不同协议,而不是仅仅接受一个标准。图1-9则是OSI七层参考模型。

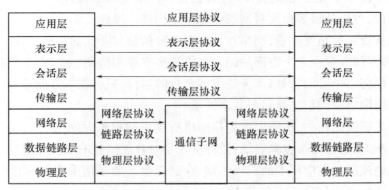

图1-9 OSI七层参考模型

(1)物理层(Physical Layer)。

规定通信设备的机械的、电气的、功能的和过程的特性,用以建立、维护和拆除物理链路连接。

（2）数据链路层（Data Link Layer）。

在物理层提供比特流服务的基础上，建立相邻节点之间的数据链路，通过差错控制提供数据帧（Frame）在信道上无差错的传输，并进行各电路上的动作系列。

（3）网络层（Network Layer）。

在计算机网络中进行通信的两个计算机之间可能会经过很多个数据链路，也可能还要经过多通信子网。网络层的任务就是选择合适的网间路由和交换节点，确保数据及时传送。

（4）传输层（Transport Layer）。

第4层的数据单元称为数据段（Segment），这个层负责获取全部信息，因此，它必须跟踪数据单元碎片、乱序到达的数据包和其他在传输过程中可能发生的危险。第4层为上层提供端到端（最终用户到最终用户）的透明的、可靠的数据传输服务。所谓透明的传输是指在通信过程中传输层对上层屏蔽了通信传输系统的具体细节。

（5）会话层（Session Layer）。

这一层也可以称为会晤层或对话层，在会话层及以上的高层次中，数据传送的单位不再另外命名，统称为报文。会话层不参与具体的传输，它提供包括访问验证和会话管理在内的建立和维护应用之间通信的机制。如服务器验证用户登录便是由会话层完成的。

（6）表示层（Presentation Layer）。

这一层主要解决用户信息的语法表示问题。它将欲交换的数据从适合于某一用户的抽象语法，转换为适合于 OSI 系统内部使用的传送语法，即提供格式化的表示和转换数据服务。数据的压缩和解压缩、加密和解密等工作都由表示层负责。例如图像格式的显示，就是由位于表示层的协议来支持。

（7）应用层（Application Layer）。

应用层为操作系统或网络应用程序提供访问网络服务的接口。

一般来说，可以从很多角度对网络的体系结构进行描述：

（1）先从资源的角度来看，网络在于实现各种信息与资源的共享，所以网络必须具有传输、处理和存储等至少3个方面的能力和资源来支撑和协调整个网络系统，如图1-10所示。缺少任何一个方面，网络都无法维持自身的运行，只有在3方面条件同时具备的前提下才能保障网络中的信息通信与共享需求。

在网络的资源结构中，传输资源是指网络所提供的单位时间内所能传递的信息量大于0的一种能力，通常用带宽来表示；处理资源是对自然信息的加工转换以及与传输相匹配的计算和处理能力在应用上的一种体现；存储资源主要是用来存储所接收的通信信息和需要被传递的通信信息。

（2）从结构抽象的角度来看，网络可以按垂直结构分解，也可以按水平结构分解。

按垂直结构分解，网络是由网络拓扑及物理平台、网络软件及控制系统、网络业务系统和网络支撑系统四个部分组成，如图1-11所示。

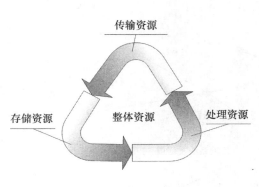

图 1 - 10　网络资源结构

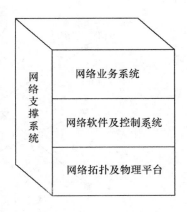

图 1 - 11　网络垂直结构分解图

① 网络拓扑及物理平台。网络拓扑及物理平台是通信网的基础,它包括交换设备、传输设备以及终端设备等,主要通过软件及控制系统来发挥其潜在的功能和协调运作,而业务服务层次的提高依赖于资源利用的智能化。

② 网络软件及控制系统。网络软件及控制系统代表信息传递的流程,它包括各种操作系统、协议、规程、约定和质量标准等,也包括传输交换节点的操作系统及应用程序,以保障网络正常运转。

③ 网络业务系统。网络业务系统实现网络的服务功能,它包含网络所能支持的全部信息传递业务,它建立在网络的软硬件资源之上,为网络用户提供高层次的信息传递服务。

④ 网络支撑系统。网络支撑系统起着支撑辅助的作用,它包括网络同步、网络管理以及安全系统等,对网络进行实时监视与控制。

按水平结构分解,网络从实现的功能上可以分为 3 个部分:终端系统(End System,ES)、接入网、核心网,如图 1 - 12 所示。

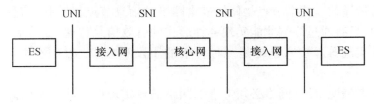

图 1 - 12　网络水平结构

图 1 - 12 中,UNI 指用户网络接口,用于支持各种业务的接入;SNI 指业务节点接口,用于将各种用户业务与交换机连接。

核心网由信息的交换转接点(如交换机、路由器)和传输系统(如 SDH 传输系统)组成,实现网络节点之间的信息转移传递;接入网介于交换设备与用户之间,为交换设备和用户提供连接通道。终端系统,包括用户终端、用户驻地的布线网络以及局域网络等。

(3)从运行机制的角度来看,网络是由终端系统、交换转接系统和传输系统组成。每个网络的节点(如业务节点、管理节点、信令节点、终端等),归入操作系统、协议标准、信息业务、网络管理等要点,可以得到网络运行的要素结构,如图 1 - 13 所示。

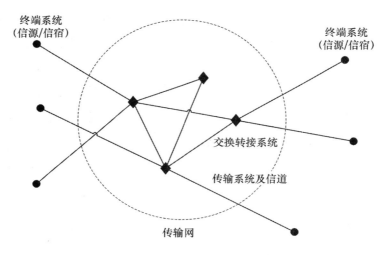

图 1 - 13 网络物理要素结构

从不同的认识角度,网络系统所呈现的架构要素就不一样。

对于开发者来说,网络系统由硬件和软件两部分组成。硬件是系统的物质基础,软件是系统发挥强大功能的灵魂,两者缺一不可、相辅相成。网络硬件包括网络服务器、网络工作站传输介质和网络设备等。网络软件则包括网络操作系统、通信软件和通信协议,还包括文件和打印机服务、数据库服务、通信服务、信息服务、网络管理服务、工具软件等。在网络系统开发中,必须充分考虑网络软件和硬件系统的开发与实现。

对于创建者来说,网络系统基本元素分为传输、交换转接和终端接入 3 类系统。每一类系统都至少包含了硬件平台、操作系统(过于简单的系统或许没有)、功能软件 3 个方面或 3 个层次。任何节点之间的信息传递都必须对应着相应线路,在网络中体现为传输系统,出现在用户节点到网络的交换节点部分或者交换节点之间。交换转接系统解决节点是如何处理的,又是如何选择路径的,即信息在网络中是如何交换的,在网络中是如何选择路由进行传递的。终端节点是任何进出网络的信息节点,是网络信息传递的处理界面或应用界面,只有通过终端才能实现各种形式的有效信息传递,如从话音到图像,从文本传递到计算实现等。接入系统是一种传输的手段和方式,处于网络节点和终端节点之间。

对于设计者来说,设计网络必须考虑到网络的可实现性。网络是由许多节点相互联接而成,这些节点间要有条不紊地不断地进行数据的交换和传递,每个节点就必须有共同约定的规则、标准或约定,即网络协议。针对网络互联、信息通信、互联接口控制、网络安全等各种实现功能,设计者需考虑相应的网络协议来控制和协调整个网络。网络设计同样注重于网络所实现的功能性,即给用户带来的业务。从网络业务的角度看,在网络发展过程中几乎一直是根据业务种类不同而设置的,而当今网络应该具有支持多种业务的能力,实现业务综合化,如现今的三网融合。设计者在设计网络时要针对实现的业务。

对于使用者来说,网络存在的意义就是能够提供充分的资源和便捷的服务。从基础资源到信息资源,使用者一直在不断地获取网络提供的各种信息。同时在使用网络的过程中,网络呈现的运行机制的便捷性也是使用者关注的要点。网络业务的可实现性给用户提供了各种服务。

在人类漫长的历史中,一项整体技术的进步往往在于部分结构的发展,网络亦是如此。网络的发展、演变依赖于网络结构中各个部分的理论和技术的进步与发展。随着社会文明的进步,人们对信息通信的需求不断增加,网络也同时在迅速地演变,朝着业务的综合化、传输的宽带化、接入的多样化、管理的职能化方向发展。我们可以预见,在未来会有一个崭新的信息通信网络为人类文明的进步服务。

在对网络的研究和学习中首先要在头脑里树立起网络的整体概念,绝不能孤立地看待网络中的某一个部分或某一种技术。网络的研究强调系统化的协调和匹配,在把握整体网络的同时去深入研究网络的每一个部分,才能更好地研究网络中的诸多问题,如网络的结构、网络的规划以及网络的可靠性和优化等。

1.4　典型网络模式应用

网络可按不同的标准进行分类。①从网络节点分布来看,可分为局域网(Local Area Network,LAN)、广域网(Wide Area Network,WAN)和城域网(Metropolitan Area Network,MAN)。②按交换方式可分为线路交换网络(Circurt Switching)、报文交换网络(Message Switching)和分组交换网络(Packet Switching)。③按网络拓扑结构可分为星型网络、树型网络、总线型网络、环型网络和网型网络等。本书将网络分为三大类:一是人与人之间的网络如社交网络,二是物与物之间的网络如物联网,三是人与物之间的网络如移动网络。下面分别就几种典型的网络进行描述。

1. 社交网络在营销中的应用

旅游作为人们生活中的一种娱乐休闲项目,近年来越来越受到人们的推崇和喜爱,已经成为人们度过周末和假期的优先选择。随着我国居民生活水平的提高,越来越多的家庭有了自己的私家车,自驾游也逐渐成为了人们追逐的一种新的旅游方式。针对这样的市场需求,网络运营商利用与多个行业的长期合作的关系和自身的品牌优势,整合各种渠道的优势资源,联合推出了多种自驾游的旅游方式,由网络运营商对用户进行宣传和推广。

在某电信推广自驾游项目的过程中,传统的营销模式是根据用户的自身属性进行初步的筛选,确定目标用户,然后群发短信进行宣传。当用户收到短信后,如有意向则打电话咨询或上网站浏览相关信息。这样的营销模式,由于目标群体太过庞大,而可能选择自驾游的用户相对较少,无法进行点对点的营销,成功率也较低。

引入用户社交网络的应用后,通过考察用户与汽车服务行业的通信行为,来发现拥有汽车的用户,再根据车主间的通信行为聚类出用户之间的车友圈,然后对车友圈中的用户进行自驾游活动的宣传和推广,取得了较好的效果。

在本案例中,对两个指标进行考察,评估用户对该项业务的兴趣度,如图1-14所示。

(1)选取最近半年的通信数据,考察用户与汽车服务行业(汽车4S店和汽车维修店)之间发生的联系,如果发生联系的次数在2次以上,则认为该用户为有车一族,这样基本将目标客户群锁定在车主身上。

(2)考察用户的自身属性。根据自驾游这项业务的特点,选择年龄在25～50周岁的男性用户;根据用户使用的套餐,进一步确定用户的属性,选取使用商旅套餐、家庭套餐或

13

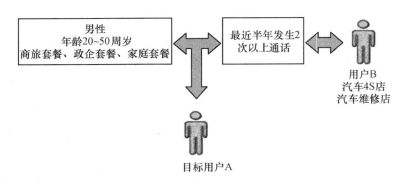

图 1-14　对自驾游有兴趣的用户

政企套餐的用户。这些特点,基本将目标用户群定义为较为成熟的商务人士或家庭用户,而男性一般比较容易成为活动的发起者和组织者。

若用户同时满足以上两个条件,则定位为目标用户群体,然后对这些目标用户进行聚类划分。

营销模式:首先给车友圈中的所有用户群发短信,进行业务宣传。再针对车友圈中的核心用户,进行点对点的电话营销和推广。核心用户在车友圈中比较活跃,容易起到发起者和组织者的作用,取得了较好的效果,电话营销的直接成功率提高了。

在后期的推广和应用中,还可考虑不同品牌的汽车 4S 店,通过汽车品牌,来对用户进行更进一步的细分,如可以从汽车品牌维度细分或汽车价位维度细分,来满足其他一些更具针对性的营销需求。

2. 物联网在物流中的应用

物联网的用途十分广泛,可广泛用于公共安全、工业监测、老人护理、平安家居、政府工作、智能交通以及现代智能物流等社会各领域。物流行业不仅是国家十大产业振兴规划之一,也是信息化及物联网的重要应用领域。就物流领域的应用而言,物联网的应用可以实现物流管理的自动化、智能化、高效化和低成本化,可以说物联网的引入将彻底颠覆和改造传统的物流产业和物流管理模式。这不仅能为企业带来物流效率的提升、物流成本的控制,也从整体上提高了企业及相关领域的信息化水平。

相对原有互联网下的信息系统,物联网有如下的特点:首先,主动感知。传统的信息系统只是对物体的信息进行记载,而物联网则可以实现对物体的主动感知;其次,物联网的信息更有针对性。物物相联,可以实现对每一物品的及时了解与掌握;再次,具有动态性、自动调节性。物联网是对物体的动态感知,并且当感知到的情况超过预定界值时,会自动做出反应。

物联网主要涉及电子标签、传感器、芯片及智能卡等三大领域,在对传感网技术的开发和市场的拓展中,其中非常关键的技术之一是射频识别(Radio Frequency Identification,RFID)技术。射频识别是无线电频率识别的简称,即通过无线电波进行识别。在射频识别系统中,识别信息存放在电子数据载体中,电子数据载体称为应答器。应答器中存放的识别信息由阅读器读出。在一些应用中,阅读器不仅可以读出存放的信息,而且可以对应答器写入数据,读、写过程是通过双方之间的无线通信来实现的。

随着物联网技术的发展与成熟,其在物流中的应用将成为现实。目前在商品物流管理过程中,条形码是产品识别的主要手段,但条形码仍存在许多无法克服的缺点:条形码是只读的、需要对准标签的、一次只能读一个、且容易破损。更重要的是目前全世界每年生产超过五亿种商品,而全球通用的由 12 位排列出来的条形码号码已经快要用光了。射频识别是可擦写的、使用时不需对准标签的,同时可读取多个、兼顾全天候使用,可不需人力介入操作。所以条形码是有可能被射频识别标签替代的。射频识别在物流诸多环节上发挥了重大的作用,其主要的一些应用如下:

(1)零售环节。在未来的数年中,射频识别标签将大量用于供应链终端的销售环节,特别是在超市中,射频识别标签免除了跟踪过程中的人工干预,并能够生成 100% 准确的业务数据,因而具有巨大的吸引力。目前,世界零售巨头沃尔玛即将淘汰条形码,全面采用射频识别技术,从而进一步提高零售环节的效率。

(2)存储环节。在仓库里,射频技术最广泛的使用是存取货物与库存盘点,它能用来实现自动化的存货和取货等操作。在整个仓库管理中,通过将供应链计划系统制定的收货计划、取货计划、装运计划等与射频识别技术相结合,能够高效地完成各种业务操作,如指定堆放区域、上架/取货与补货等。这样,增强了作业的准确性和快捷性,提高了服务质量,降低了成本,节省劳动力(8% ~ 35%)和库存空间,同时减少了整个物流中由于商品误置、送错、偷窃、损害、出货错误等造成的损耗。射频识别物流系统通过物联网进行信息加工,如图 1 – 15 所示。

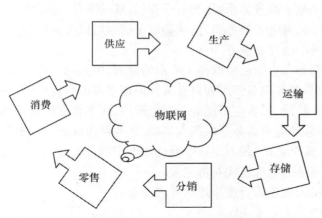

图 1 – 15　射频识别物流系统通过物联网进行信息加工

射频识别技术的另一项好处就是在库存盘点时降低人力。射频识别的设计就是要让商品的登记自动化,盘点时不需要人工的检查或扫描条码,更加快速准确,并且减少了损耗。射频识别解决方案可提供有关库存情况的准确信息,管理人员可由此快速识别并纠正低效率运作情况,从而实现快速供货并最大限度地减少存储成本。

(3)运输环节。在运输管理中,在途运输的货物和车辆是通过贴上射频识别标签来实现的,例如将标签贴在集装箱和装备上通过射频识别来完成设备控制与跟踪控制。射频识别接收转发装置通常安装在运输线的一些检查点上(如门柱上、桥墩旁等),以及仓库、车站、码头、机场等关键地点。接收转发装置收到射频识别标签信息后,连同接收地的位置信息上传至通信卫星,再由卫星传送给运输调度中心,送入数据库中。

(4)配送/分销环节。在配送环节,采用射频技术能大大加快配送的速度和提高拣选与分发过程的效率与准确率,并能减少人工、降低配送成本。

到达中央配送中心(CDC)的所有商品都贴有射频识别标签,在进入中央配送中心时,托盘通过一个门阅读器,读取托盘上所有货箱上的标签内容。系统将这些信息与发货记录进行核对,以检测出可能的错误,然后将射频识别标签更新为最新的商品存放地点和状态。这样就确保了精确的库存控制,甚至可确切了解目前有多少货箱处于转运途中、转运的始发地和目的地,以及预期的到达时间等信息。

射频识别技术使得合理的产品库存控制和智能物流技术成为可能。借助电子标签,可以实现商品从原料、半成品、成品、仓储、配送、上架到最终销售,甚至退货处理等环节进行实时监控。比如,经营者透过射频识别技术,可以实时了解到货架情况并迅速补货,减少10%~30%的安全库存量,从而大大降低仓储成本。自动化程度的提高和差错率的降低,使整个供应链管理显得透明而高效。射频识别技术。广泛应用于物流管理中的仓库管理、运输管理、物料跟踪、运载工具和货架识别、商店,特别是超市中商品防盗等场合。

3. 移动网络在电子商务中的应用

电子商务是指在互联网、企业内部网和增值网上以电子交易方式进行交易活动和相关服务的活动,是传统商业活动各环节的电子化、网络化。电子商务是利用计算机技术和网络通信技术进行的商务活动。而移动网络与电子商务的结合则被称为移动电子商务。移动电子商务是指手机、传呼机、掌上电脑、便携式计算机等移动通信设备与无线上网技术结合所构成的一个电子商务体系,比如电子钱包、移动支付、移动银行、移动证券等移动数据业务。相对于传统的电子商务而言,移动电子商务可以真正使任何人在任何时间、任何地点得到整个网络的信息和服务。

尽管移动电子商务在中国已经取得了一定的发展,但是由于现阶段移动通信运营商、银行、商户和移动电子商务服务使用者自身条件等诸多方面存在一些限制,中国的移动电子商务仍旧处于起步阶段,很多应用还处于试点阶段,还未得到广泛的推广和应用。从目前发展态势看,国内移动电子商务要取得大发展,还要解决以下这些瓶颈问题。

(1)网络支付、安全认证、线下配送等系统和电子商务的立法有待完善;

(2)移动电子商务的业务模式有待完善;

(3)消费和交易习惯还需要逐步地培养和改善;

(4)移动电子商务人才匮乏。

参 考 文 献

[1] 王宝智. 计算机网络技术及应用[M]. 长沙:国防科技大学出版社,1999.

[2] 陈应明. 计算机网络与应用[M]. 北京:冶金工业出版社,2005.

[3] 王树禾. 图论及其算法[M]. 合肥:中国科学技术大学出版社,1994.

[4] 卢开澄,卢华明. 图论及其应用[M]. 2版. 北京:清华大学出版社,1996.

[5] 张应福. 物联网技术与应用[J]. 通信与信息技术,2010(1):73-78.

[6] 王保云. 物联网技术研究综述[J]. 电子测量与仪器学报,2009(12):64-68.

[7] 孔晓波. 物联网概念与演进路径[J]. 电信工程技术与标准化,2009(12):135-139.

[8] 乔歆新,朱吉虹,沈勇. 手机移动社交网络的用户研究[J]. 电信科学,2010(10):156-163.

[9] 李慧慧. 移动SNS——人类交流的又一延伸[J]. 东南传播,2010(5):105-109.

第2章　网络资源

网络资源是什么,包含了什么内容? 这个问题逐渐被人们所关注,但是很多人对网络资源的含义和内容都只有模糊的概念或者只是片面的理解,不能很好地了解其真正的内容。本章就网络资源的包含内容作出了详细的讲解,使人们更好地了解网络资源,从而对网络也有更好地认识。

2.1　网络基础资源

建立网络的目的在于实现通信和信息共享,因此网络在一定的结构条件下必须具备传输能力、处理能力和存储能力相对应的资源,才能在维持自身运转的前提下保障信息通信与共享的需求。

如图 1 – 10 所示,网络必须具有处理、传输和存储 3 个方面的能力和资源,如果缺少一个方面,网络将不可能维持自己的运行,更谈不上向人们提供相应的资源了,鉴于它们的这种关系,可以称图 1 – 10 所示的结构为网络资源环。

下面来看看这里所提及的 3 种基础资源的含义。

网络的传输资源,它是指网络所提供的单位时间内所能传递的信息量大于 0 的一种能力,通常用带宽来表示,如 Mb/s、Gb/s 等。它保证了网络最基本的运行条件,如果没有这种能力或资源,网络是不成立的。这种资源的实现可以有很多种方式,就目前而言有电方式和光方式,也可以理解为有线方式和无线方式。

网络的处理资源就是对自然信息的加工转换以及与传输匹配的计算能力或处理能力,在网络仅用于话音通信和电报通信的早期,这种能力包括了人在网络中的操作能力和控制能力,如人工转接、电报译码等。而现在指的是基于芯片和软件的自动处理能力,这种能力就是网络给我们的应用提供的一种资源,这种资源在网络上是分布式,且集中在网络的节点上,如网络中的交换机、路由器以及用户终端等都拥有这种资源和能力,才能满足人们的各种信息传递的需求。

网络的存储资源表现在网络对信息的容纳能力,它包括动态的和静态的两个方面,动态的就是网络线路对信息的容纳能力以及支持处理所必需的动态存储机制,因为网络一旦处于正常运行,在网络上任何时刻(不论是节点处理单元上还是线路上)都驻留有正在传递的信息,这种信息的量是依据不同的网络而不同的,一般说来人们也在追求这种存储量的提高;另一个方面是静态的,这种资源主要是用来存储所接收的通信信息和要被传递的通信信息,通常情况下它的量是很大的,因此必须要有专门的网络机制来存储它,才能满足相应信息传递的需要,如网络中的数据库服务器、网络中的存储局域网等。

对于任何一个网络而言,其资源必须是相互匹配的,不论是量还是相应的控制机制。这对于网络的管理者、规划者和设计者是非常重要的认识,因为网络资源的不平衡不但造

17

成大量的资源闲置和浪费,同时也会引起网络性能的下降。很多研究者都知道,网络上的很多问题和现象都是因为网络资源的不匹配而引起的,如网络拥塞等,因此很多人正致力于在一定的资源条件下网络性能极大化的研究。

就目前而言网络的性能是很难描述的,因此网络的高性能价格比也就很难得到。我们认为在满足某种信息传递需求和合理的资源匹配关系的情况下,充分利用技术条件将资源价格极小化也是研究者、管理者追求的目标。

总之,网络必须拥有传输、处理和存储三方面的能力和基础资源,以及相互匹配的协调关系,才能使得网络可靠而优化地运行。

同时,必须注意到,无论是网络的传输、处理还是存储,都具有一个显著的特性,即叠加性。所谓叠加性,是指各因素之间可以相互累加而不造成相互之间的影响。例如,在同一空间中,可以有不同的信号,如广播信号、雷达信号、民用信号等进行传播,这体现了传输的叠加性;而网络在处理甲方案数据的同时可以处理乙方案数据,两者之间并不矛盾,没有冲突,这体现了处理的叠加性;使用压缩编码的方式,可以使得信息资源内容不变而大小得以压缩,相同的空间中可以存储更多信息,这体现了存储的叠加性。

2.2　逻　辑　资　源

在网络中逻辑资源包括的范围很广,涉及的内容也很多,如域名、IP 地址、信道、电话号码的分配等。本节将着重介绍几个常用的逻辑资源项目。

2.2.1　域名

2.2.1.1　域名的定义

企业、政府、非政府组织等机构或者个人在互联网上注册的名称,是互联网上企业或机构间相互联络的网络地址。

Internet 地址中的一项,如假设的一个地址 duming. com 与 IP 地址相对应的一串容易记忆的字符,由若干个从 a ~ z 的 26 个英文字母及 0 ~ 9 的 10 个阿拉伯数字及"－"、"."符号构成并按一定的层次和逻辑排列。目前也有一些国家在开发其他语言的域名,如中文域名。域名不仅便于记忆,而且即使在 IP 地址发生变化的情况下,通过改变解析对应关系,域名仍可保持不变。

网络是基于 TCP/IP 协议进行通信和连接的,每一台主机都有一个唯一的标识固定的 IP 地址,以区别在网络上成千上万个用户和计算机。网络在区分所有与之相连的网络和主机时,均采用了一种唯一、通用的地址格式,即每一个与网络相连接的计算机和服务器都被指派了一个独一无二的地址。为了保证网络上每台计算机的 IP 地址的唯一性,用户必须向特定机构申请注册,该机构根据用户单位的网络规模和近期发展计划,分配 IP 地址。网络中的地址方案分为两套:IP 地址系统和域名地址系统。这两套地址系统其实是一一对应的关系。IP 地址用二进制数来表示,每个 IP 地址长 32bit,由 4 个小于 256 的数字组成,数字之间用点间隔,例如 168. 0. 0. 11 表示一个 IP 地址。由于 IP 地址是数字标识,使用时难以记忆和书写,因此在 IP 地址的基础上又发展出一种符号化的地址方案,来代替数字型的 IP 地址。每一个符号化的地址都与特定的 IP 地址对应,这样网络上的资源访问起来就容易得多了。这个与网络上的数字型 IP 地址相对应的字符型地址,被称为域名。

在 Internet 中,每一台计算机和每一个人名一样,都有一个唯一的地址。要在网中寻找任何一样东西。都需要知道它的地址。而每台计算机和用户都有独特的地址,这种地址是一种电子地址,格式是固定的,其格式为

主机名．类型名．机构名．最高层域名

最高层域名代表主机所在的国家或地区代码,它们由 Internet 网络协会负责网络地址分配的委员会进行登记和管理。国家或地区代码用两个字母表示,例如

cn—— 中国
us—— 美国
de—— 德国

第二级域名为机构名,它区分主机所在单位的类型。机构名用 2 个或 3 个字母表示,例如

com—— 商业机构
gov—— 政府机构
edu—— 教育机构

第三级域名为类型名,用于说明主机所在单位名称。例如

ac—— 中国科学院

例如,ns. cnc. ac. cn(中国科学院计算机网络中心主机 ns),其中:ns 为主机名,cnc 为计算机网络中心,ac 为中国科学院,cn 为中国。

2.2.1.2　注册域名

域名的注册遵循先申请先注册原则,管理机构对申请人提出的域名是否违反了第三方的权利不进行任何实质审查。同时,每一个域名的注册都是独一无二的、不可重复的。因此,在网络上,域名是一种相对有限的资源,它的价值将随着注册企业的增多而逐步为人们所重视。

既然域名是一种有价值的资源,那么,它是否能够成为知识产权保护的客体呢?在新的经济环境下,域名所具有的商业意义已远远大于其技术意义,而成为企业在新的科学技术条件下参与国际市场竞争的重要手段,它不仅代表了企业在网络上的独有的位置,也是企业的产品、服务范围、形象、商誉等的综合体现,是企业无形资产的一部分。同时,域名也是一种智力成果,它是有文字含义的商业性标记,与商标、商号类似,体现了相当的创造性。在域名的构思选择过程中,需要一定的创造性劳动,使得代表自己公司的域名简洁并具有吸引力,以便使公众熟知并对其访问,从而达到扩大企业知名度、促进经营发展的目的。可以说,域名不是简单的标识性符号,而是企业商誉的凝结和知名度的表彰,域名的使用对企业来说具有丰富的内涵,远非简单的"标识"二字可以穷尽。因此,目前不论学术界还是实际部门,大都倾向于将域名视为企业知识产权客体的一种。而且,从世界范围来看,尽管各国立法尚未把域名作为专有权加以保护,但国际域名协调制度是通过世界

知识产权组织来制定,这足以说明人们已经把域名看做知识产权的一部分。

当然,相对于传统的知识产权领域,域名是一种全新的客体,具有其自身的特性。例如,域名的使用是全球范围的,没有传统的严格地域性的限制;从时间性的角度看,域名一经获得即可永久使用,并且无须定期续展;域名在网络上是绝对唯一的,一旦取得注册,其他任何人不得注册、使用相同的域名,因此其专有性也是绝对的;另外,域名非经法定机构注册不得使用,这与传统的专利、商标等客体不同等。即使如此,把域名作为知识产权的客体也是科学和可行的,在实践中对于保护企业在网络上的相关合法权益是有利而无害的。

2.2.1.3　域名命名的一般规则

由于 Internet 上的各级域名是分别由不同机构管理的,所以,各个机构管理域名的方式和域名命名的规则也有所不同。但域名的命名也有一些共同的规则,主要有以下几点:

（1）域名中只能包含以下字符:

① 26 个英文字母。

②“0～9”十个阿拉伯数字。

③“-”(英文中的连词号)。

（2）域名中字符的组合规则:

① 在域名中,不区分英文字母的大小写。

② 对于一个域名的长度是有一定限制的。

（3）cn 下域名命名的规则为:

① 遵照域名命名的全部共同规则。

② 早期,cn 域名只能注册三级域名,从 2002 年 12 月份开始,中国互联网络信息中心(China Internet Network Information Center,CNNIC)开放了国内 . cn 域名下的二级域名注册,可以在 . cn 下直接注册域名。

2.2.1.4　域名解析

主机名称与域名只是为了方便记忆,对 TCP/IP 协议来说,它们是没有意义的,TCP/IP 内部只认得 IP 地址,并不认得这些名称。如果送出的电子邮件中所带的收、发信人资料是主机名称,那么信件在送出之前,系统必须要先经域名系统将主机名转换为 IP 地址。

所谓域名解析是根据域名得到 IP 地址的过程,域名解析要借助于网络中的名字服务器。希望要解析域名的主机向名字服务器发送询问报文,名字服务器在收到报文之后,运行一个名为解析器的软件,查找相应的 IP 地址。找到以后回答一个响应报文,应用程序得到响应报文中的 IP 地址,便完成了域名的解析。如果被询问的名字服务器无法解析域名,它会询问另一个名字服务器。依次类推,一直到完成解析或询问完所有的名字服务器为止。

2.2.2　IP 地址

2.2.2.1　IP 地址分类

Internet 上的每台主机都有一个唯一的 IP 地址。IP 地址就是使用这个地址在主机之间传递信息,这是 Internet 能够运行的基础。IP 地址的长度为 32 位,分为 4 段,每段 8 位,用十进制数字表示,每段数字范围为 0 ~ 255,段与段之间用英文句点隔开。例如 159.226.1.1。IP 地址由两部分组成,一部分为网络地址,另一部分为主机地址。

所谓 IP 地址就是给每个连接在 Internet 上的主机分配的一个 32bit 地址。

1. IP 地址分类

IP 地址分为 A、B、C、D、E 五类。常用的是 A、B 和 C 三类。A 类地址:允许 2^7 个网络,每个网络 $2^{24}-2$ 个主机;B 类地址:允许 2^{14} 个网络,每个网络 $2^{16}-2$ 个主机;C 类地址:允许 2^{21} 个网络,每个网络 2^8-2 个主机。

		7bit	24bit
A 类	0	网络号	主机号

			14bit	16bit
B 类	1	0	网络号	主机号

				21bit	8bit
C 类	1	1	0	网络号	主机号

地址范围

A 类　　0.0.0.0 ~ 126.255.255.255

B 类　　128.0.0.0 ~ 191.255.255.255

C 类　　192.0.0.0 ~ 223.255.255.255

2. 保留的 IP 地址

以下这些 IP 地址具有特殊的含义:

		本机
全 0	主机号	本网中的主机

全 1	全 1	局域网中的广播

网络号	全 1	对指定网络的广播

网络号	全 0	网络地址

127	任意值	回路

一般来说,主机号部分为全"1"的 IP 地址保留用作广播地址,主机号部分为全"0"

的 IP 地址保留用作网络地址。

按照 TCP/IP 协议规定,IP 地址用二进制来表示,每个 IP 地址长 32bit,比特换算成字节,就是 4B。例如一个采用二进制形式的 IP 地址是"00001010000000000000000000000001",这么长的地址,人们处理起来也太费劲了。为了方便人们的使用,IP 地址经常被写成十进制的形式,中间使用符号"."分开不同的字节。于是,上面的 IP 地址可以表示为"10.0.0.1"。IP 地址的这种表示法叫做"点分十进制表示法",这显然比 1 和 0 容易记忆得多。

有人会以为,一台计算机只能有一个 IP 地址,这种观点是错误的。可以指定一台计算机具有多个 IP 地址,因此在访问互联网时,不要以为一个 IP 地址就是一台计算机;另外,通过特定的技术,也可以使多台服务器共用一个 IP 地址,这些服务器在用户看起来就像一台主机似的。

将 IP 地址分成了网络号和主机号两部分,设计者就必须决定每部分包含多少位。网络号的位数直接决定了可以分配的网络数;主机号的位数则决定了网络中最大的主机数。然而,由于整个互联网所包含的网络规模可能比较大,也可能比较小,设计者最后选择了一种灵活的方案:将 IP 地址空间划分成不同的类别,每一类具有不同的网络号位数和主机号位数。

2.2.2.2　IP 地址分配

1. IPv4

IPv4 地址分配初期采用基于类别的方式,有 3 类主要方式:A、B 和 C 以及 2 种特殊的网络地址 D 和 E。

类型 A 地址:其中前 7bit 用于网络标识,后 24bit 用于主机标识,A 类地址可容纳 128 个网络,任意 A 类网络中可包括 16777216 个主机。类型 B 地址:其中前 14bit 用于网络标识,后 16bit 用于主机标识,B 类地址可容纳 16384 个网络,任意 B 类网络中可包括 16384 个主机。类型 C 地址:其中前 21bit 用于网络标识,后 8bit 用于主机标识,C 类地址可容纳 2097152 个网络,任意 C 类网络中可包括 256 主机。A、B、C 类地址用于标识某一网络节点的接口,称为单播地址,D 类地址不是用于标识单一的接口,而是用于标识多个网络节点接口的集合。E 类地址是预留地址。A 类网络地址是用于标识世界上最大型的网络,除了其中少量的预留和可重新分配的地址,A 类地址目前已经分配完毕。B 类地址也将使用殆尽。

IPv4 基于上述类别处理的管理方式限制了实际可使用的地址,例如一个拥有 300 个用户的网络期望采用一个 B 类地址,然而如果实际分配一个 B 类地址则用户拥有了 65536 个地址域,这远远超过用户需要的地址空间,造成地址的大量浪费。

为解决这种地址分配方式的弱点,互联网工程任务组(Internet Engineering Task Force,IETF)通过了无类域间路由选择(Class Inter - Domain Routin,CIDR)方案。CIDR 方案取消了 IPv4 协议中地址类别分配方式,可以任意设定网络号和地址号的边界,即根据网络规模的需要重新定义地址掩码,这样可为用户提供聚合多个 C 类的地址。但是 CIDR 方案的不足之处是必须在知道网络掩码后才能确定地址中网络编号和主机编号。

2. IPv6

1）IPv6 发展现状

随着中国互联网的高速发展，IP 地址资源稀缺的危机也就日益凸显。互联网数据中心（Internet Data Center, IDC）预言，如果中国的互联网继续以目前的速度发展，很快，中国将没有 IP 地址可用。要摆脱这种危机，IPv6（下一代 IP 协议）的发展已是刻不容缓。

IPv6 是新一代 IP 协议。由于互联网是全球公共的网络，因此大部分的网络资源，如 IP 地址、域名等，都是全球共享的，由一个统一的互联网络权利机构来实现管理和分配。IP 地址是互联网络协议即 IP 协议的重要组成部分，是在 IP 协议中对网络和网络中特定主机的全球唯一的标志。

这样，作为互联网发源地的美国，就拥有了全世界 70% 的 IP 地址，而其他国家，尤其是亚洲地区获得的 IP 地址就非常有限了。根据中国互联网络信息中心的数据，到 2002 年，中国大陆地区拥有 IP 地址大约为 2385 万个，这个数字，仅仅相当于一所美国大学所拥有的地址数量，甚至还不到 IBM 公司的 1/2。

IP 地址已经成为限制中国网络发展的一大瓶颈。但由于目前互联网采用 IPv4 协议。IPv4 的地址为 32 位，提供给全世界的 IP 地址大约为 42 亿个，而这些 IP 地址将会很快消耗殆尽。因此，希望通过重新分配地址，来解决中国 IP 地址的匮乏问题，并不实际。

而作为下一代网络核心技术的 IPv6，地址长度为 128 位，据初步计算，可提供的 IP 地址将在 IPv4 的 10 倍以上，足以解决全球 IP 地址稀缺的问题。有人曾这么形容，IPv6 可以为地球上的每一粒沙子提供一个独立的 IP 地址。即使人类进入了移动信息社会，每一部手机作为一个移动主机节点可设置一个 IP 地址，同时各种家用电器、汽车、控制设备等也有 IP 地址，IPv6 也能满足需要。

IPv6 的优势并不仅限于提供的 IP 地址数量增多。IPv6 的特点是：更快，以它为核心技术的下一代互联网将比这一代快 1000 倍；更安全，目前采用的 IPv4 协议中没有设置网络层安全机制，所以很容易被黑客攻破服务器、窃走数据。而 IPv6 协议中会加入认证、加密等机制，使互联网安全性显著提高。

正是由于 IPv6 的这些优势，从 20 世纪 90 年代开始，世界各国都在致力于 IPv6 的发展。1999 年，美国建成连接全国 180 所大学联网的下一代互联网，欧盟也于 2001 年建成了覆盖全欧的"6Net"。和欧美相比，日本显得更为积极。2000 年 9 月，日本政府就把 IPv6 技术的确立、普及作为政府的基本政策。

由于 IP 地址的匮乏，中国将有可能成为世界上第一个大规模采用 IPv6 的国家。中国教育和科研计算机网（China Education and Research Network, CERNET）副主任李星教授曾说过：中国是一个 IP 地址资源极度匮乏的国家，与其处处受制于人，倒不如尽早部署 IPv6 来摆脱困境。1999 年 12 月，中国就开始了下一代互联网的研究。我国政府在 IPv6 产业方面对 IPv6 技术以及产业发展给予了极大关注和支持，并在标准制定、技术研发、国家立项与资金支持、政府间交流与合作等方面给予了积极的推动。

目前，中国在 IPv6 技术的研究和实验方面卓有成效，大规模的实验工作也已经展开，国家资助的 863 项目对 IPv6 的研究也取得了阶段性成果。国内的主要运营商都相继进行了 IPv6 实验，并将陆续启动 IPv6 商用项目。目前，"下一代 IP 电信实验网"也正在与运营商紧密合作，积极筹划在北京建设中国首个 IPv6 商用智能小区，并接入国际最大的

IPv6 实验网 6BONE,这将是我国首次在真正的商用运营网中提供商用的 IPv6 服务。

2）IPv6 特点

IPv6 协议可根据用户的需要进行层状地址分配,这和 IPv4 采用块状地址分配是不同的,后者方式导致某些地址无法使用。在 IPv6 的分层地址分配方式中,高级网络管理部门可为下级网络管理部门划分地址分配区域,下级网络管理部门则可为更下层的管理部门进一步划分地址分配区域。

IPv6 将用户划分成 3 种类型。

（1）使用企业内部网络和 Internet;

（2）目前使用企业内部网络,将来可能会用到 Internet;

（3）通过家庭、飞机场、旅馆以及其他地方的电话线和 Internet 网络互联。

IPv6 协议为这些用户提供了不同地址分配方式。

（1）4 种类型的点到点通信/单播地址。用于标识单一网络设备接口,单播通信传播的分组可传送到地址标识的接口。

（2）改进的多播地址格式。用于标识归属于不同节点的设备接口集合,多播通信传送的分组可发送到地址标识的所有接口,这种地址方式是非常有用的。例如,可将网络中发送的新消息传送给所有登记的用户。特殊的多播地址可限制在特定网络链路或特定的系统组中进行通信。IPv6 协议没有定义广播地址,但可使用多播地址替代。

（3）新的任意播（Anycast）地址格式。IPv6 协议中引入了任意播地址,用于标识属于不同节点的设备接口集合,任意播传送的分组可发送到地址标识的某一接口,接收到信息的接口通常是最近距离的网络节点,这种方式可提高路由选择的效率,网络节点可通过地址表示通信过程传输路由可经过的中间跳数,即信息传输路由可不必由路由器决定。

2.2.3 信道及编码

任何一个通信系统,均可视为由发送端、信道和接收端三大部分组成。因此,信道是通信系统必不可少的组成部分。信道特性的好坏直接影响到系统的总特征。为了更好地适应信道的传输条件,从而对抗干扰,通信使用编码来优化信号的表达方式,编码包含两大类:信源编码以及信道编码。

2.2.3.1 信道的定义和分类

通常对信道的定义有两种理解:一种是指信号的传输媒质,如对称电缆、同轴电缆、超短波及微波视距传播路径、短波电离层反射路径、对流层散射路径以及光纤等,此种类型的信道称为狭义信道;另一种是将传输媒质和各种信号形式的转换、耦合等设备,包括发送设备、接收设备、调制器等部件和电路在内的传输路径或传输通路都归纳在一起,这种范围扩大了的信道称为广义信道。

广义信道按照它包含的功能,可以划分为调制信道与编码信道。在模拟通信系统中,主要是研究调制和解调的基本原理,其传输信道可以用调制信道来定义。在数字通信系统中,如果只关心编码和译码问题,可以定义编码信道来突出研究的重点。

2.2.3.2 信道容量的概念

当一个信道受到加性高斯噪声的干扰时,如果信道传输信号的功率和信道的带宽受限,则这种信道传输数据的能力将会如何? 这一问题,在信息论中有一个非常肯定的结论——高斯白噪声下关于信道容量的香农(Shannon)公式。本节介绍信道容量的概念及香农定理。

1. 信道容量的定义

在信息论中,称信道无差错传输信息的最大信息速率为信道容量,记为 C。从信息论的观点来看,各种信道可概括为两大类:离散信道和连续信道。所谓离散信道就是输入与输出信号都是取值离散的时间函数;而连续信道是指输入和输出信号都是取值连续的。可以看出,前者就是广义信道中的编码信道,后者则是调制信道。

仅从说明概念的角度考虑,只讨论连续信道的信道容量。

2. 香农公式

假设连续信道的加性高斯白噪声功率为 $N(W)$,信道的带宽为 $B(\mathrm{Hz})$,信号功率为 $S(W)$,则该信道的信道容量为

$$C = B\log_2\left(1 + \frac{S}{N}\right)(\mathrm{b/s})$$

这就是信息论中具有重要意义的香农公式,它表明了当信号与作用在信道上的起伏噪声的平均功率给定时,具有一定频带宽度 B 的信道上,理论上单位时间内可能传输的信息量的极限数值。

由于噪声功率 N 与信道带宽 B 有关,故若噪声单边功率谱密度为 $n_0(\mathrm{W/Hz})$,则噪声功率 $N = n_0 B$。因此,香农公式的另一种形式为

$$C = B\log_2\left(1 + \frac{S}{n_0 B}\right)(\mathrm{b/s})$$

由上式可见,一个连续信道的信道容量受 B、n_0、S 这 3 个要素限制,只要这 3 个要素确定,则信道容量也就随之确定。

3. 关于香农公式的几点讨论

香农公式告诉我们以下重要结论:

(1) 在给定 B、$\frac{S}{N}$ 的情况下,信道的极限传输能力为 C,而且此时能够做到无差错传输(即差错率为零)。这就是说,如果信道的实际传输速率大于 C 值,则无差错传输在理论上就已不可能。因此,实际传输速率 R_b 一般不能大于信道容量 C,除非允许存在一定的差错率。

(2) 提高信噪比 $\frac{S}{N}$(通过减小 n_0 或增大 S),可提高信道容量 C。特别是,若 $n_0 \to 0$,则 $C \to \infty$,这意味着无干扰信道容量为无穷大。

(3) 增加信道带宽 B,也可增加信道容量 C,但做不到无限制地增加。这是因为,如果 S、n_0 一定,有

$$\lim_{B \to \infty} C = \frac{S}{n_0} \log_2 e \approx 1.44 \frac{S}{n_0}$$

（4）维持同样大小的信道容量，可以通过调整信道的 B 及 $\frac{S}{N}$ 来达到，即信道容量可以通过系统带宽与信噪比的互换而保持不变。例如，如果 $\frac{S}{N} = 7, B = 4000\text{Hz}$，则可得 $C = 12 \times 10^3 \text{b/s}$；但是，如果 $\frac{S}{N} = 15, B = 3000\text{Hz}$，则可得同样数值 C 值。这就提示我们，为达到某个实际传输速率，在系统设计时可以利用香农公式中的互换原理，确定合适的系统带宽和信噪比。

通常，把实现了极限信息速率传送（即达到信道容量值）且能做到任意小差错率的通信系统，称为理想通信系统。香农只证明了理想通信系统的"存在性"，却没有指出具体的实现方法。但这并不影响香农定理在通信系统理论分析和工程实践中所起的重要指导作用。

2.2.3.3 几种常用信道

1. 话音信道

话音信道是指传输频带在 $300 \sim 3400\text{Hz}$ 的音频信道。按照与话音终端设备连接的导线数量，话音信道可分为二线信道和四线信道。在二线信道上，收、发在同一线对上进行；在四线信道上，收、发分别在两对不同的线对上进行。

2. 数字信道

数字信道是直接传输数字信号的信道。对于数字信道通常是以传输速率来划分的。数字通信常使用的数字信道又分为数字光纤信道、数字微波中继信道和数字卫星信道。

1）数字光纤信道

（1）光纤信道。

数字光纤信道是以光波为载波，用光纤作为传输介质的数字信道，光波在近红外区的，波长范围为 $0.76 \sim 15\mu\text{m}$，频率范围为 $20 \sim 390\text{THz}$。光纤信道由光发射机、光纤线路、光接收机 3 个基本部分构成。通常将光发射机和光接收机统称为光端机。光发射机主要由光源、基带信号处理器和光调整器组成。光源是光载波发生器，目前广泛采用半导体发光二极管或半导体激光器作为光源。光调制器采用光强度调制。光纤线路采用单模光纤组成的光缆。

（2）数字光纤信道的特点及其应用。

数字光纤通信与其他信道比较，有许多突出的特点：

① 频带宽，信息容量大。光纤的传输频带低的可达 $20 \sim 60\text{MHz}$，高的可达 10000MHz。因此，光纤信道特别适合宽带信号和高速数据信号的传输。由于光纤的传输频带极宽，因此，其传输容量也极大。

② 传输损耗小。目前使用的单模光纤，它的传输损耗在 0.2dB/km 左右，特别适合于远距离传输，目前的光纤信道无中继器传输距离可达 200km 左右。

③ 抗干扰能力强。光纤传输密封性好，有很强的抗电磁干扰性能，不容易引起串音与干扰。

2）数字微波中继信道

（1）数字微波中继信道的组成。

数字微波中继信道是指工作频率在 0.3～300GHz、电波基本上沿视线传播、传输距离依靠接力方式延伸的数字信道。数字微波中继信道由两个终端站和若干个中继站组成。

（2）数字微波中继信道的特点。

数字微波中继信道与其他信道比较，有以下特点：

① 微波频带较宽，是长波、中波、短波、超短波等几个频带宽总和的 1000 倍。

② 微波中继信道比较容易通过有线信道难以通过的地区，如湖泊、高山和河流等地区，微波中继信道与有线信道相比，抵御自然灾害的能力较强。

③ 与光纤等有线信道相比，微波中继信道的保密性较差。

④ 微波信号不受天电干扰、工业干扰及太阳黑子变化的影响，但是受大气效应和地区效应的影响。

3）数字卫星信道

（1）数字卫星信道的组成。

数字卫星信道由两个地球站和卫星转发器组成，地球站相当于数字微波中继信道的终端站，卫星转发器相当于数字微波中继信道的中继站。

（2）数字卫星信道的特点。

数字卫星信道与其他信道相比，具有如下特点：

① 覆盖面积大，通信距离远，且通信距离与成本无关。

② 频带宽，传输容量大，适用于多种业务传输。信道特性比较稳定。由于卫星通信的电波主要是在大气层以外的宇宙空间传播，而宇宙空间是接近真空状态的，所以电波传播比较稳定。

③ 受周期性的多普勒效应的影响，造成数字信号的抖动和漂移。

④ 数字卫星信道属于无线信道，当传输保密信息时，需采取加密措施。

2.2.3.4 编码

编码是信息从一种形式或格式转换为另一种形式的过程。用预先规定的方法将文字、数字或其他对象编成数码，或将信息、数据转换成规定的电脉冲信号。编码在电子计算机、电视、遥控和通信等方面广泛使用。

在网络传输中，编码主要有信源编码和信道编码两大类。

信源编码往往用来降低信息量，以提高传输的效率，其实质是压缩，包括话音压缩、图像压缩以及视频压缩。加密也可以看成是信源编码。

信道编码包括循环冗余校验码(Cyclic Redundancy Check,CRC)、卷积、交织。信道编码通过增加信息量，来对抗传输过程的干扰。

编码的最大技术特点是只对原始信号(承载了信息)进行加工处理，不涉及其他的辅助信号(不承载信息)，这是与调制最本质的区别。

由于这个特点，不是所有带"码"字的术语都属于编码，如扩频码以及扰码就不是编码，而是属于调制。

2.2.4 号码资源

号码资源是电信网络的重要组成部分。任何运营商要想建立起开放电信业务的网络，没有号码的支撑是无法实现的。每一个运营商都要拥有自己的网络号码资源，每一种业务也要有该业务特征的号码资源，每一个用户要想与其他用户之间建立通信联络也需要相关的用户号码。

2.2.4.1 电话用户号码

正是电话技术的发展使号码资源的价值日益体现。号码首先被用在对电话用户的编号。如今每一个用户的电话机都有一组固定的特有的以阿拉伯数字表示的号码。通常电话网规模不同，其用户号码长度也不同。世界部分国家的人口少，电话用户也少，电话网络规模不大，因此使用的用户号码有6位甚至5位的。我国公众电话网的用户号码位数开始趋于一致，特大本地网为8位编号，其他本地网为7位编号；但某些专用网的市话用户号码为6位。这里的专用网是指覆盖全国范围的特大专用网，并非指一所学校或者一家小企业内部形成那样的专用网。公众网的8位或7位号码的用户与同一城市专用网的6位号码用户之间的通信，通常要在专用网用户号码前加拨1位或加拨2位号码；专用网用户呼叫公众网用户通常也要加拨1位号码。公众网拨专用网时所增加的1位或2位号码正好是该专用本地网在该城市公众网中所处的汇接局号。加拨1位或2位号码后，所拨号码的总位数与公众网的号码位数正好一样。

用户号码无论是6位、7位还是8位，除了后面的千位号、百位号、十位号和个位号外，前面的2位、3位或4位号码也称为局号。如号码2345678，前面234是局号，后面5678就是234局的5678号用户。但通常电信部门发行的黄页号簿也是将全部7位号或8位号称为"用户号码"。也就是"用户号码"标示出用户所在电话局的局号。小单位或小企业内部小交换机可以形成一个小的专用网。这个小专用网用户号码的编号一般位数较小，长度较短。通常是2位编号或3位编号，规模稍大也有4位编号或5位编号。用户号码只有1位的情况也有，这样的小交换机用户数量一般是少于9户。因为从0～9的10个数字中，小交换机得留出一个数字作为与公众网的中继线的引示号。有些小学校、小船只、小公司可以用如此小容量的交换机。各国军队的海军驱逐舰、护卫舰上通常可装16门或32门小型程控交换机，显然需要2位数字的编号。一般的中、小学有这样的容量也可满足电话通信的需求。稍多一点用户的单位或公司就需要64门以上程控交换机，这时往往要3位号码编号。程控交换机的用户编号相对灵活一些。同样一台交换机，编号2位或编号3位，对硬件而言可以没有任何区别。只需要维护人员对有关软件进行适当的操作。

我国移动电话的号码，在模拟网阶段，中国联通曾经使用以"9"开头的6位或7位数字的用户号码。原中国电信经营的模拟移动电话时期则以"13"数字开头，共10位数字位长的移动用户号码。2000年撤换模拟设备，移动电话全网使用数字设备。目前以及今后，我国移动电话用户号码全部以"1"开头，目前为11位位长。有文章预测，随着用户数量继续增加，将来有增加到12位的可能。无论是固定电话网还是移动电话网，号码都是用户的标志，有了被叫用户号码，交换机才能建立一条通向被叫用户的通道。

2.2.4.2 长途电话地区代码

固定电话用户拨打长途电话时,需要知道被叫用户所在地区的长途电话地区代码。没有这个代码,交换机无法寻找电话局的出局方向,当然更无法寻找到需要连接的被叫用户。经常打电话的用户都知道,在同一个长途编号区内的用户相互之间拨打电话,只需直拨对方的用户号码。事实上,在同一个长途编号区内的所有用户都是本地网用户。从理论上说,一个长途编号区的地理范围有多大,与各交换局之间的传输距离有关。但真正的长途编号区无论在国内还是国外,都很难做到依地理范围的概念来划分。在一些西方国家,长途编号区的大小完全与经营这个区的电信商营销能力有关。有的城市有好几家电信运营商,各运营商的网络对这个城市地区的覆盖范围大小会不一样,而运营商都希望自己的网络有一个独立的长途区号。我国的长途区号是以行政区划来确定的。原先一个县就是一个长途编号区,随着传输技术的进步,传输质量的提高,我国县级的电话业务与上一级即市级合并成一个 C3 本地网,这样一个市和这个市所辖的几个县同属一个本地网使用同一个长途区号。例如,浙江省丽水市下辖云和县、缙云县、松阳县等,丽水市长途区号是"578",而云和县原先的长途区号是"5883"、缙云县原先的长途区号是"5881"、松阳县原先的长途区号是"5887",丽水市的另外几个县的长途区号也依次编号为"588X"。但丽水市 C3 长途本地网实现后,下属的几个县的长途区号全部都改为"578",整个丽水地区成为同一个本地网。在这个本地网中的任何两个县之间用户拨打电话,只需拨打本地7 位用户号码即可。C3 本地网实现给电信网络带来的好处,将在后面的章节讨论。

我国的公众网长途区号采用不等位制,专用网长途区号采用等位制。

2.2.4.3 国际长途的国家与地区代码

现代电信网络已经将各个国家的电信网络非常紧密地联结在一起。世界上任何两个国家之间的用户都能够十分方便地利用现代电信网络进行电话通信。而且,通话的质量与同一个城市内的两个用户没有什么区别。但是,用户在拨打国际长途电话时,必须在对方国家的长途区号前再加拨国家或地区代码。

国际电话网络的国家或地区代码并不是各个国家自己确定。没有规矩不成方圆。国际电话电报咨询委员会(Consultative Committee International Telephone and Telegraph,CCITT),根据国际电话网络结构,提出了国际电话的国家和地区代码方案。各国的国际出入口局都根据这个方案设置国际电话路由方向。国际电话电报咨询委员会于 1992 年改组为国际电信联盟(International Telecommunications Union,ITU)。国际电信联盟是联合国的一个条约组织,是国际电信最具权威性的标准化组织。现代电信网络的许多协议都是由这个组织首先提出并建议各国参照执行的。我国的国家代码是"86",我国香港地区的代码是"852"、澳门地区是"853"、台湾地区是"886"。除墨西哥外的北美地区以及除古巴外的加勒比海地区各岛国的国家和地区代码统一为"1",可见,这些国家与地区的电信网络构建得相当紧密。这些国家与地区之间拨打电话就不需要加拨国家或地区代码,如同我们国内长途业务一样的拨号方式,只需拨长途字冠和长途区号以及本地用户号码。

2.2.4.4 移动网网号和地区代码

我国移动电话号码与固定公众电话网号码的结构不同。移动电话用户号码无论是中国移动、中国电信、还是中国联通，主叫用户只需直接拨打被叫用户的 11 位手机号。这如同本地固定电话网内的两个用户之间的直拨电话一样。移动电话跨区呼叫也不需要像固定电话那样既要拨长途字冠，还要拨长途区号。移动用户号码本身隐含了网号和地区代码。三大运营商都有自己独立的移动电话网络，因此必须通过标识，以便移动交换机选择网络方向。另一方面，移动电话的普及速度要超过固定电话的普及速度。原因很简单，一个家庭，通常有一台固定电话就能满足通信要求，而移动电话则可能需要一人一部。因此，我国台湾地区的移动电话普及率至 2003 年，已经超过 105%，居世界第一。我国大陆随着经济发展、居民生活水平提高，移动电话用户的数字还将继续快速增加。而即使同是中国移动的用户，北京用户、南京用户相对的服务网络应该分别位于北京和南京两地，两地用户之间的通信，北京移动电话网络和南京移动电话网络与固定电话的长途业务那样，会有相应的接续方式以及信令传递等方面的协议。移动用户数量的增加，一个网络的号码资源就会出现短缺，因此，需要增加网号。我国信息产业部确定从 130～139 的 10 组号码作为移动网网号，同时将 150 到 159 和 180 到 189 作为移动网备用网号。信息产业部根据不同移动公司的号码需求按实际情况进行分配。不仅如此，即使同一个地区的移动电话用户之间通信，市内用户与市内用户、市内用户与该市的郊县用户之间通话费率并不一样。移动电话运营商之所以作出这样的区别，与不同用户之间通话成本不同有关。与固定电话类似，从市内到市内的距离相对较短，移动电话接续时，经过的基站次数少，接续成本低；而从市内到郊县距离远，转接次数多，移动电话的接续成本高。这看似与号码资源无关，移动电话网络恰恰是通过号码识别出主、被叫用户原服务网络。同样，移动电话用户有漫游业务，例如江苏的用户到了山东，山东的移动台站很快能识别出这是江苏的用户，而一切信息都隐含在号码之中。

因此以"1××"开头总共 11 位号码的移动电话号码，前 3 位号码为移动网网号，后面的号码中还隐含着不同省、市、区代码。各省移动公司还可以根据本省移动台站分布区划，在号码中标示出更为具体区域代码。

2.2.4.5 移动用户识别号码

无论是数字蜂窝移动通信网 GSM 还是码分多址移动通信网 CDMA 的用户，手机内都有一块存放个人身份识别码等内容的 IC 卡。这块 IC 卡在 GSM 网的用户手机中称SIM 卡，在 CDMA 用户手机中称为 UIM 卡。在这块卡中就存放着移动用户识别号码。移动用户识别号码与移动用户的电话号码不同，因为移动用户间的相互呼叫只需拨对方的以"1××"开头的 11 位号码即可。用户识别号码是为网络识别用户身份时使用的，用户识别号码就被存储在 SIM 卡中。用户识别号码是全球统一编码中唯一的识别用户的号码。它能使网络识别用户归属于哪一个国家、哪一家网络运营商，甚至归属于哪一个移动服务区。在这组识别号码中，移动国家号码共有 3 位，我国定为 460。因此，移动用户识别号码与移动用户电话号码有一定区别，但也有一定联系。识别号码与用户电话号码，其中 3 位是完全相同的；识别号码隐含在 SIM 卡中，用户号码供用户拨打使用。

2.2.4.6　智能网号码

智能网(Intelligent Network,IN)是现代电信发展的主要潮流之一。智能业务被广泛使用,并为电信用户以及电信运营商带来好处。智能网是一种能快速、灵活、方便、经济和有效生成并实现新业务的体系结构。它是在原有通信网上设置的附加网络体系,也可看作是叠加在原有通信网上的一种"业务网"。众所周知,程控交换机具有许多用户功能。许多程控交换教科书都会详细罗列程控交换机的一些特殊功能,如三方通话、转移呼叫、热线服务、遇忙回叫、呼叫拾取、闹钟服务等。如果运营商要求增加一些新的特殊功能,程控交换机也是可以做到的。但在智能网出现之前,每开发一种新业务,网络各节点的交换机都需要增加新的软件模块,同时对原有的软件进行必要的修改。这既费工又费时,有时还会限于原先的基础条件而产生新的矛盾,特别是这些工作必须依附于交换机制造商来完成。而电信网络运营商在开发一种新业务时需要在全网络实现,而组网的许多交换机又是多厂商制造的。因此,对要不断推出新业务以参与市场竞争的网络运营商来说矛盾日益突出。

1984 年,美国 Bellcore 提出智能网概念,引起各国电信技术专家的极大兴趣,并纷纷投入人力物力研究智能网。智能网的核心是将传统交换机的交换功能与业务控制功能相分离。向用户提供新业务,按照过去传统的技术和软件编程方法,一个新业务从定义到最后上网使用,其周期一般需要 1.5 ~ 5 年时间,而有了智能网就能减少到最多 6 个月。对智能业务用户来说,其用户号码具有鲜明的业务特征,对这种业务的发展以及用户使用都是有益的。

被叫付费业务是美国最早开展的智能业务,该业务以 800 开头,后面再有 7 位号码,总共是 10 位号码。我国的被叫付费业务也用 800 号码为前导,后面也是 7 位号码。我国的电话呼叫卡业务最初以 200 为前导,通常也称这个号码为接入码。后来又开发出联网范围更广、智能程度更高的 300 卡业务。300 卡在使用时,也必须先拨 300 号码,以作为这种业务的接入码。

400 号、600 号和 700 号业务也都是智能业务的接入码。500 号目前尚未启用,如果有新的业务产生则可启用这一号码。从上述号码看其鲜明特点是"整数百"编号。但也因为号码资源并非是取之不尽用之不竭的资源,所以各地方的电话呼叫卡业务也有以201、202 到208 等号码作为接入码的。而 300 号码于 2004 年底退出使用,但这种业务仍然广泛被使用。300 号码原为中国电信全国通用呼叫卡业务的接入码,它享有很高的知名度。其他网络公司也要求开发这种业务,因此这一号码开始演化成不同网络的不同号码,如铁通网络为"96300"。同样,800 号被叫付费业务是原中国电信开发供中国电信运营的网络用户使用的,各大通信公司成立后,也要求经营被叫付费业务,于是这个号码被延长一位使用,8000 号码由中国联通使用,8001 由中国移动使用,8006 和 8008 由中国电信和中国网通共同使用,8007 由铁通公司使用,8009 由中国电信单独使用。还有部分号码可作为备用。800 号付费业务的前面号码变成 4 位后,后面号码则只有 6 位。400 号码和 600 号码与 800 号码类似,也都演化成 4 位。

2.2.4.7 数据网网号

计算机技术的发展使数据通信的业务量猛增,互联网缩短了世界所有计算机之间的距离,数据通信已成为人类地球村最重要的通信工具之一。不同电信运营商有不同的数据网,而同一运营商数据传输技术不同,业务类别不同,其网络的接入号码也可以不同。如中国电信与中国联通的分组交换数据网同步拨号入网的接入码为16101,而其异步拨号入网的接入码为16102;中国电信与原中国网通的电子信箱业务网的接入码为16103。接入号码是进入这一网络的符号,也是这一网络的最重要标志。成千上万的用户凭此进入一个如同迷宫般的数据网络天地。

2.2.4.8 其他各种业务编号

知名度最高的紧急业务号码是火警119和匪警110,其次是急救120和交通事故122。任何一个人口集中的城镇,这几个号码都成为当地社会正常运行必不可少的元素。正因为其高度的重要性,在号码使用上也体现了高度的一致性。固定电话网用户与移动电话网用户拨打火警和匪警是完全一样的号码。信息社会对电信网络的依赖越来越多。除了电信运营商开发各种不同业务需要不同的号码资源外,非电信企业也因自身对客户的服务需要具有特殊表征形式的短号码。各地的环境保护、司法、物价、税收、邮政、银行、保险、电力以及保护消费者权益的有关部门等,都需要有一个专门的号码来为人民群众服务。如邮政电话信息服务号码185,就承载了多种不同的邮政业务。然而,185这样的号码也只使用到2004年底,到2005年初,这一号码的所有功能就转移到11185了,也就是原先3位的短号码变成了5位短号码。这也是号码资源越来越紧缺的原因。

2.3 网络信息资源

网络信息资源,是指存储在网络计算机磁介质、光介质及各类通信介质上的,依靠数字形式记录,通过多媒体形式表达的信息集合。

2.3.1 网络信息资源类型

网络信息资源因其划分依据不同具有纷繁复杂的类型,以下将从检索的角度,根据不同的检索依据对网络信息资源进行分类。

1. 按发布机构分

(1)企业站点信息资源。这类站点一般以com为一级或二级域名注册,如:http://www.microsoft.com(微软)。它们一般提供诸如公司总体概况、产品信息、服务信息等为主的初始信息,具有更新及时、动态性强的特点。

(2)行业机构站点信息资源。这类站点一般以所属上级部门为域名注册,有com、ac、gov等,如:http://www.miit.gov.cn(中华人民共和国工业和信息化部)。它们一般是行业信息,系统性、完整性好,主要信息内容有企业名录、市场行情、行业论坛、政策与法规、统计信息等。

(3)信息服务机构站点信息资源。这类站点一般以net、com、gov或行政区域为一级或二级域名注册,如:http://www.cnnic.net.cn(中国互联网络信息中心)。主要提供各类专题信息,如经济类等,广泛开展信息资源的开发与利用服务、网络功能的开发与应用服务,如全文数据库查询,建立搜索引擎等。

(4)学校,科研院所站点信息资源。这类站点一般以 edu 或 ac 为一级或二级域名注册,如 http://www.cqupt.edu.cn(重庆邮电大学),主要提供学术性较强的各种信息,如科研活动介绍、学术动态、信息检索、远程教育等。

2. 按发布形式分

(1)书目、索引、文摘型的二次文献数据库。如 ISI 网站上的 Web of science 是著名的 SCI、SSCI、AHCI 的 WEB 版,可以查阅各类引文数据;Bowker_Saur 网站上 Global Books in Print 可以查阅世界范围内已出版的英文图书。

(2)期刊文献数据库。如德国 Springer 出版社的 LINK 网站,可以查阅该社出版的 500 多种期刊;此外,如荷兰的 Elsevier、美国的 Academic、美国物理学会等网站上均可查阅本出版社或机构编辑出版的各类期刊全文数据。

(3)查阅知识条目的参考型数据库。如美国 Gale Net 专栏,可以查阅该出版社编辑出版的各类参考工具书。

(4)其他文献数据库。如英国的 Derwent 网站可以查阅 Derwent 专利全文数据;美国的 UMI 网站可以查阅学位论文数据库。

3. 按传输协议分

(1)网络论坛。网络论坛是一种最丰富、最自由、最具开放性的网络信息资源,是 Internet 上最受欢迎的信息交流形式。主要包括电子论坛、电子公告、新闻组、专题讨论组等。

(2)Web 信息资源。Web 采用超文本、超媒体技术,集文字、图像、声音、动画等多媒体信息为一体,以图形界面形式向用户提供网络信息。利用 Web 浏览器,通过超链接和统一资源定位器,可以方便地从一个服务器跳到另一个服务器、从一个网页跳到另一个网页,从一个文件跳到另一个文件,简单、快速地浏览、查找并获取全球范围内所需的 Web 信息资源。同时,利用 Web 浏览器还可以轻松地访问 Usenet、FTP、Gopher 等多种其他类型的网络资源。

(3)FTP。通过 FTP 可以将文件从本地机上传到远程计算机上,也可以从远程计算机上获取、下载文件。通过 FTP 可以获得电子图书、电子杂志、免费软件等信息资源。FTP 用户分记名和匿名两种,匿名 FTP 较为常用,即用 anonymo 作为用户名,用电子邮件地址或 guest 作为登录口令,登录到远程计算机上,然后利用那里的资源。这种匿名的访问,其权限由 FTP 服务器的权限设置决定。

(4)Gopher。这是一种基于菜单的网络信息系统。Gopher 是一个专门用于浏览 Internet 信息资源的程序,它提供交互式的界面,对系统要求较低,界面简单,操作方便。利用 Gopher 服务器,通过选择菜单项,在各级菜单的指引下,逐渐进入子菜单或某一个文件进行浏览。用户可以穿梭于这些以树型结构进行管理的文件中寻找所需信息,而不必考虑它们的具体地址,因此可以灵活地在网上搜索、漫游、查询所需信息。同时 Gopher 还提供与 Web、FTP、WAIS、Archie 的连接。

当然,网络信息资源类型繁杂,形式多样,还可以从多种维度对网络信息资源进行划分。

按网络信息资源人类交流形式,可分为正式出版的网络信息资源和非正式或半正式出版的网络信息资源,正式出版的网络信息资源就是指能通过互联网,网络用户能获取的包括网络图书、网络期刊、网络报纸、音像制品等出版物;非正式或半正式出版的网络信息资源包括从政府网站、公司网站、商业网站、教育科研机构网站、个人网站和其他公益性网站上获取的信息资源,另外还有 E – Mail、BBS、专题讨论栏目、文件文档、专家分析和新闻论坛等形式。

按网络信息资源的主要来源分,根据 2006 年第五次中国互联网信息资源调查报告显示,发布网络信息的主体主要有政府网站、公司网站、商业网站、教育科研机构网站、个人网站和其他公益性网站等。

按网络信息资源的组织方式分,可划分为文件、数据库、主题目录和超媒体四种类型;按网络信息资源所产生的功用分,可划分为价值信息和非价值信息;对网络用户自身对网络信息资源的需求来讲,网络信息资源的价值还存在着诸如状态、大小和效用等差别。

按网络信息资源呈现的形态分,可分为文本、音频、图像、软件、数据库、视频等多种形式。它们涉及领域广阔,包含经济、教育、科学、个体、艺术等行业,囊括了从新闻报道、电子报刊、商业信息、电子工具书、文献信息索引、书目数据库到电子地图、图表和统计数据等。

按照信息的发布形式划分,网络信息资源可以划分为二次文献数据库、参考型数据库、期刊文献数据库以及其他文献数据库;按照传输协议划分,网络信息资源可以划分为Web 信息资源、网络论坛、FTP、Gopher 等;按照发布机构划分,网络信息资源可以划分为企业站点信息资源、科研院校站点信息资源、信息服务机构站点信息资源、行业机构站点信息资源。

按网络信息资源的开发状态分,网络信息资源可以分成"未开发的'原始信息'和网络数据库"两种类型。未开发的"原始信息"(包括文化信息、教育信息、书目信息、政府信息、商业信息和学术信息)在互联网上呈现出数量多、内容杂的特点,而且它没有经过加工整理并且表现出无序状。可以这么说,现在能在互联网上搜寻到的绝大多数信息都属于"原始信息"。所以,必须将存在于数量庞大、排列无序的"原始"信息资源中的有价值的信息提取出来,加以利用。跨越计算机在网络上创建、运行的数据库就被称作网络数据库。网络数据库中的数据之间的关系不是一一对应的,可能存在着一对多的关系,这种关系也不是只有一种途径的涵盖关系,而可能会有多种路径或从属关系。

2.3.2 网络信息资源的特点

与传统文献相比,网络信息资源作为一种新型数字化资源有着较大的差别。若想对网络信息资源进行充分的利用就必须先要了解网络信息资源的特点。从信息检索的角度来讲,网络信息资源具有以下特点:

1. 从形式上看

(1)非线性。信息的非线性编排是超文本技术的一大特点。将信息组织成某种网状结构,浏览超文本信息时根据需要,或以线性顺序依次翻阅,或沿着信息单元之间的链接进行浏览。

（2）无序性。由于任何个人、机构都可不受限制，在网上自由地发布信息，所以，就整个 Internet 而言，信息存储的杂乱无章，给信息资源的利用增加了一定难度。

（3）交互性。网络信息资源是基于电子平台、数字编码基础上的新型信息组织形式，其呈现方式从静态的文本格式发展到动态的多媒体的链接。多媒体本质上是互动的媒体，它不仅集中了语言、非语言两类符号，而且有超越传统方式的信息组织方式。它能以不同的方式述说同一件事情，即能从一种媒介流动到另一种媒介，触动人类不同的感官经验。

2. 从内容上看

（1）数量上的海量化。它给用户选择提供了十分广泛的信息资源的选择余地；但同时，大量冗余信息给用户造成了很大的筛选信息资源的麻烦。

（2）种类繁多。在网络信息中，Internet 的信息资源无所不包，类型丰富多样，除了如学术信息、商业信息、政府信息、个人信息等文本信息外，还包括大量非文本信息，如图形、图像、声音信息等。呈现出多类型、多媒体、非规范、跨地理、跨语种等特点。

（3）分布开放，内容间关联程度强。一方面网络信息资源的分布具有开放、分散、无序化的特点；另一方面由于网络特有超文本链接方式，使得内容之间又有很强的关联程度。

3. 从效用上看

（1）时效性。网络媒体极高的信息传播速度使得信息的时效性增强，远超过其他任何一种信息媒体。同时网络信息更新频繁率之高，增长速度之快也是其他媒体信息所无法企及的。

（2）共享性。Internet 信息资源不仅具备一般意义上信息资源的共享性，还表现为可供所有 Internet 用户随时访问，不存在传统媒体信息由于副本数量的限制所产生的信息无法获取的现象。

（3）强选择性。与传统信息相比，网络信息具有更强的可选择性。

（4）强转化性。为使信息资源得以充分利用，人们总是要将信息加以转化，而网络环境下的信息资源转化十分高效。

（5）高增值性。由于网络信息资源具有时效性、共享性、强选择性、强转化性的特点，使得它是一种成本低，产出高的可再生资源，即具有高增值性。

4. 从检索上看

（1）信息通道的双向性。

（2）信息检索的网络性。

（3）检索快捷、关联度强。专用搜索引擎及检索系统的大量使用使得信息的检索变得更为方便快捷。同时，利用超文本链接构建立体网状资源链，把不同国家地区、不同服务器，甚至不同网页中各种不同信息资源通过节点链接起来，增强了信息资源的关联度。

2.3.3 网络信息资源开发与利用的内涵与层次

现如今，作为全球化的信息资源集散地，Internet 上网络信息资源爆炸式产生、传播迅速且不可枯竭似乎已得到了人们的普遍认可，但网络信息资源的无序扩张使得用户通过终端直接从网络上获取的信息资源只是一种大量重复的表层信息，往往不是用户所需的特定信息。网络信息资源形式上的充分与事实上的稀缺形成了鲜明的对比,对其开发利用已成为一个热点问题。

网络信息资源,包括网络搜索引擎、数据库联机信息服务系统、图书馆联机馆藏、电子出版物(网络版报纸、期刊、图书)、软件、官方信息如政府文件、档案和法令法规、电子公告、专题讨论信息、会议文献、广告(产品展示、服务介绍、联机订购)、艺术作品等。从信息媒体的表现形式上讲,Internet 信息是"非出版的数字化信息";从传播范围上讲,Internet 信息是"社会化的信息"。Internet 信息资源无论是在数量、传播范围、类型、结构、分布和载体形态、内涵、传播手段、交流机制等方面都与传统信息资源有显著的差异,这也就赋予了网络信息资源开发许多特殊性。

所谓网络信息资源开发,是指依托网络应用技术,将存储在网络媒体中的信息资源从不可获取状态变为可获取状态,从可获取状态变为可用状态,从低水平的可用状态变为高水平的可用状态的过程。可获取状态的开发,即为网络信息资源的存、取的开发。以一个网站的信息资源建设为例,可获取状态的开发意味着按一定需求目标存储该站点上的信息资源,使其处于一个可获取的状态,即保证用户所需的信息存在。而可用状态的开发意味着通过开辟与已存在的信息资源相适应的服务项目,保证这些信息资源处于一个用户可以方便使用的状态。比如,网站中检索服务的开展,使得该网站中信息资源与用户之间建立起了一个传输通道,使资源处于一个可用状态。而通过网上信息服务、专题检索代理、专题分析研究服务等手段则会使得网上信息资源的利用在质与量两方面都获得大大提高,以上这些工作即可认为是高水平可用性开发。

不难看出,信息资源开发是有层次的,而不同的层次代表着信息资源开发的不同深度。

2.3.4 网络信息资源开发的三个层次

网络信息资源开发包括可获取性开发、可用性开发和高水平可用性开发三个层次。

1. 可获取性开发

包括建网、联网以及网上信息资源从无到有、从有到优的开发。

(1)建网与联网。对于网络信息资源的任何存储与利用活动都离不开网络基础设施,硬件设施建设构成了网络信息资源开发的基础平台。而这一基础平台的构建过程中,应保证不同型号、不同操作系统的计算机可以共存于同一网络中,而不同网络又可以通过网络协议相互传输信息和数据,为网络信息资源的共享打下基础。

(2)信息资源建设。即为在硬件设施上进行信息资源的建设,如网站主页建设、子页建设以及 Web 和数据库的集成开发等。只有当信息资源被存储于网上,这些信息资源才被认为处于一个可获取状态。

2. 可用性开发

主要包括镜像资源的开发、收费资源的代理服务、免费资源深度与广度的挖掘、局域网与区域网资源的组织和服务等。网上的信息服务形式主要有接入服务和信息内容服务两种类型。信息内容服务又包括了计算机软硬件信息服务、在线数据库服务、新闻信息服务、电子报刊服务等。依托网络技术,实现信息推送、信息打包、信息镜像、信息代理等服务,以解决网上获取信息费时费力的问题。通过自己的资源特色、服务特色吸引用户,只有有了用户,节点资源才可能处在可用状态中。

3. 高水平可用性开发

这种基于提高网上资源利用的质与量的开发主要包括对现有网上信息资源再加工,如浓缩、重组、导航等。可称这种对现有网上资源再加工,以挖掘其利用深度的开发为二次开发。

1)浓缩

所谓浓缩就是在对网上资源进行定向搜寻的基础上,进行下载、编译,然后再将编译结果以网页的形式在 Web 站点的相关栏目下再现。

2)专业信息的重组与导航

所谓重组,就是根据特殊需求对网上资源进行定向搜寻与重新组织。网络环境下,用户可以直接通过自己的终端自由登录,再也不用像传统信息服务那样需要在服务人员的帮助下借阅、索取、复印资料。然而网上信息资源的量大、分布零散、动态变化大等特点导致网上信息搜索者的信息获得率很低,使得许多用户对网上信息失去兴趣,由此造成了网上信息资源利用率的下降,而重组类产品二次开发正是为了解决这个问题。同时,作为伴随网络信息资源一次开发而问世最早、使用最广的二次开发项目,导航服务根据浏览者的浏览行为给予浏览导航,即在浏览者需要系统导航时能够提供可能有价值的节点信息,主要包括概念导航和结构导航两部分。

3)网络知识挖掘

如果说上述二次开发项目均是基于扩大网上信息利用量为目的,那么,网络知识挖掘则旨在最大限度地减少知识从获取到利用的中间环节,将有效信息资源一步到位送至用户面前。网络知识挖掘的基础是数据挖掘。数据挖掘是指从大量的、不完全的、有噪声的、模糊的、随机的数据中,提取隐含在其中的、事先未知的、潜在的、有用的知识的过程。传统的数据挖掘面向的主要是结构化及半结构化的数据库,但网上信息及其组织形式各不相同,这就使得对 Internet 上的信息进行挖掘比面向单个数据库的数据挖掘要复杂得多。因此,人们需要一种称为网络知识挖掘的新技术。

所谓网络知识挖掘,是指利用数据挖掘技术,从异构数据组成的网络文档中发现和抽取知识,通过概念及相关因素的延伸比较找出用户需要的深层次知识的过程。其目的是让用户摆脱原始数据细节,从综合的多媒体信息源中解放出来,直接与数据所反映的知识打交道,使处理结果以可读、精练、概括的形式呈现给用户,这样用户就可以将主要精力真正用到分析本质问题,提高决策水平上去。根据挖掘对象不同,网络知识挖掘可分为:网络内容挖掘(Web Content Mining)、网络结构挖掘(Web Structure Mining)和网络用法挖掘(Web Usage Mining)。

网络内容挖掘:是指通过对网络信息内容的准确定位,提示众多信息之间的关系,挖掘在网络数据或文档中的知识内容。网络内容挖掘是网络知识挖掘中最常用也最重要的一种。

网络结构挖掘:网络信息依靠超链接将信息单元按其之间的内在联系组织为一个有机统一体,它表现为网状的非线性结构,且每个信息单元称为一个节点,每个节点以一个网页展示,它可以包含单媒体,也可以是多媒体,每个网页又以一个文件的形式存放,节点与节点之间采用超链接联系起来。网络结构挖掘是挖掘 Web 潜在的链接结构模式,是对

Web 页面超链接关系、文档内部结构、文档 URL 中的目录途径结构的挖掘,通过分析一个网页链接和被链接的数量及对象来建立 Web 自身的链接结构模式,可用于网页归类,并可由此获得有关不同网页间相似度及关联度的信息,有助于用户找到相关主题的权威站点。

网络用法挖掘:是指对用户访问 Web 时服务器方留下的访问记录进行挖掘,从中得出用户的访问模式和访问兴趣。它的挖掘对象不是网上原始数据,而是由用户和网络交互过程中抽取出来的第二手数据。这些数据包括网络服务器访问记录、代理服务器日志记录、浏览器日志记录、用户简介、注册信息、用户对话或交易信息、用户提问式等。网络用法挖掘分为一般访问模式追踪和定制用法追踪。一般访问模式追踪通过分析用户访问记录了解其访问模式及访问兴趣,以便将网络信息更有效地进行重组,帮助用户准确而快速地找到所需信息,满足特定用户的特殊情报需求。定制用法追踪根据已知的访问模式,当用户进行某一信息的查询时,系统会自动地动态地将有关信息的组织结构及组织方式提供给用户。定制用法追踪体现了个性化的趋势。

2.4 网络资源动态性

2.4.1 网络资源动态性简介

网络资源是一种动态资源,网络资源产生于自然界和人类社会的实践活动之中,它随时间的变化而变化。人类社会经济活动是一个永不停歇的运动过程,网络的结构不断变化,其中的信息也总处在不断产生、积累的过程中,并呈现不断丰富、不断增长的趋势。

法国著名的哲学家、数学家、物理学家勒内·笛卡儿曾经说过:"给我物质和运动,我将建造一个宇宙。"由此可以看出物质本身是不会主动进化的,能够促进进化的是物质的运动。网络资源也是如此,它是在不断发展和进步的,也正因此才得以不断趋于合理。简而言之,动态性是网络资源的基本属性之一。

2.4.2 网络资源动态性表现

网络资源的动态性主要表现在三个方面:逻辑资源动态性、信息资源动态性、存储动态性。

1. 逻辑资源动态性

逻辑资源动态性,主要表现在号码以及域名资源的变更、修改、回收和重新发放,以及编码方式的变化等方面,其中典型的例子是动态 IP。

动态 IP 即动态 IP 地址。通过 Modem、ISDN、ADSL、有线宽频、小区宽频等方式上网的计算机,每次上网所分配到的 IP 地址都不相同,这就是动态 IP 地址。因为 IP 地址资源很宝贵,大部分用户都是通过动态 IP 地址上网的。所谓动态就是指,当你每一次上网时,电信会随机给你分配一个 IP 地址,静态就是每次上网都用一个地址,那些能够显示你的 IP 地址的浏览器显示的一般都是不正确的,例如家里上网,ADSL 也好、拨号也好都是动态的,是电信随机分配的,而且有时间性,重启 ADSL 的话就会变。

对于大多数拨号上网的用户,由于其上网时间和空间的离散性,为每个用户分配一个固定的 IP 地址(静态 IP)是非常不可取的,这将造成 IP 地址资源的极大浪费。因此这些用户通常会在每次拨通 ISP 的主机后,自动获得一个动态的 IP 地址,该地址当然不是任意的,而是该 ISP 申请的网络 ID 和主机 ID 的合法区间中的某个地址。拨号用户任意两次连接时的 IP 地址很可能不同,但是在每次连接时间内 IP 地址不变。

2. 信息资源动态性

信息资源动态性,主要表现在信息资源的内容以及形式总是在不断地自觉或者不自觉地变化更新着,其中典型的例子是大数据的动态性。

大数据的特性之一就是数据的动态性和及时性。天体物理学和理论物理学早就依赖于从宇宙间获取的大量数据,类似的学科还有环境生态学、医药学、自控技术。但是,这和今天讨论的大数据不是一回事。今天的大数据是基于互联网的及时动态数据,不是历史的或严格控制环境下产生的东西。今天的大数据,是在不断更新,不断丰富的。

3. 存储动态性

存储动态性,主要表现在信息资源存储的方式、存储的位置都是在不断变化的。其中典型的例子是云存储。

云存储是一个多区域分布、遍布全国、甚至于遍布全球的庞大公用系统。

简单来说,云存储就是将存储资源放到云上供人存取的一种新兴方案。使用者可以在任何时间、任何地方,透过任何可联网的装置连接到云上方便地存取数据。云存储系统由多个存储设备组成,通过集群功能、分布式文件系统或类似网格计算等功能联合起来协同工作,并通过一定的应用软件或应用接口,对用户提供一定类型的存储服务和访问服务。

参 考 文 献

[1] 徐刘杰. 网络信息资源动态发展利用的周期性研究[J]. 开放教育研究, 2012, 18(04).
[2] 张晓娟. 网络信息资源:概念,类型及特点[J]. 图书情报工作, 1999, (2): 10 – 12.
[3] 谢新洲. 网络信息资源分类研究述评[J]. 情报杂志, 2012, (02).
[4] 谢希仁. 计算机网络[M]. 北京:电子工业出版社, 2008.

第3章 网络信息资源的存储特性

上一章介绍了网络信息资源的种类、特点、开发与利用等内容,这一章中将重点介绍网络信息资源的存储特性。网络信息资源的业务属性是什么? 网络信息资源是如何组织的? 存储架构又如何? 网络信息资源的运行特性有哪些? 在这一章中都将详细介绍。

3.1 网络信息资源的业务属性

3.1.1 业务的概念与定义

网络为用户提供的所有能力或功能都可以称为业务或网络业务。全球信息基础设施(GII)的建议书 Y.110 中对业务与应用从不同的角度作了定义。为了在一个价值链上向上走,客户角色会从供应角色处请求并激活业务。业务是以角色之间发生的交易为特征的,一般来说,客户角色将为它所需要的每一个价值项目请求服务,在电影院看电影就是购买服务的一个例子。在此业务是在不同的参与者扮演的角色之间提供的,同时业务是在一个契约的背景下提供的,必须具有充分的特征,以便契约能完成并得到验证。

网络业务中可以区分出两个方面。其一是信息的透明传送,包括信号的传输、交换、选路、寻址、Qos 保证,以及信息传输中相关的其他处理,包括网络层面上的接入控制、流量控制、认证、加密与解密、信息的编码与解码、压缩等都是一些信息透明传送可能需要的功能。至于用户如何来使用这种信息的传送能力,完全由用户决定。网络服务中的这一方面相当于窄带综合业务数字网(ISDN)中与应用无关的承载业务。其二是基于信息传送的其他服务能力,它将涉及较高的协议层次,与具体应用相关。但不管涉及何种应用,就服务提供商而言,都是向用户提供的业务。

1. 业务属性

属性(Attributes)是属性描述技术中的一个重要术语。属性描述技术目的是要以结构化的简明方式来描述对象,并突出对象的一些重要方面。为了能识别具有可比性的对象,例如:ISDN 的承载业务,将从这对象的总体概念中分离出一些突出的特征。这些突出的特征就称为属性,每一个属性是独立于其他属性的,因而任何一个属性值的改变将不会影响其他属性。为了描述一个特定的对象,属性需要分配有适当的属性值,分配了具体属性值的一组属性就可以用来识别一个特定的对象。业务属性是用于描述业务的属性。

2. 业务的动态行为

业务动态行为(Service Behavior)是描述用户与网络之间在请求与使用服务过程中互动的全过程,其中包括业务请求到业务完成过程中,用户与网络之间要交换的全部信息,信息交换的全过程,以及在上述过程中网络与用户实体所采取的动作。在 ITU - T 的规范中这种动态行为的描述通常采用规范描述语言(SDL)和消息序列图(MSC)进行表述,也可以采用 UML 等其他方式进行表述。

3.1.2 网络信息资源的业务

3.1.2.1 电话通信网业务

1. 话音业务

通过网络向人们提供话音信息传递服务,是最早的,也是最经典、最基本的业务,通信网络也是因为人们对远距离话音通信的渴望而产生的。基于话音传递的网络在相当长的时间推动了网络的发展,即使今天很多网络的技术、理论都是基于话音的网络通信的,可以说话音业务对网络的影响是最大的。现在能支持话音业务的网络已经从面向连接的网络扩展到面向无连接的网络,从固定方式发展到了移动方式。可以说在用于通信的网络中很难有不支持话音业务的能力的,只是看人们愿不愿意在某个网络上去开发这种业务。关于这种业务有很多的技术资料,这里就不再赘述了。

2. 可视图文业务

可视图文业务是以现有公用电话网和公众数据分组交换网为依托,利用公用或专用数据库向社会提供服务,是计算机、电话、电报技术三者结合应用的一种新型通信业务。可视图文系统通信通常是由处理中心、数据库、电话网和用户终端设备(如带有适配器的电话机、专用可视图文或个人计算机加调制解调器)组成的。

可视图文分为交互型可视图文(Videotex)和广播型可视图文(Teletext)两种类型。交互型可视图文是一种双向通信业务,它是利用交换网将计算机中心与可视图文终端连接起来,按用户要求提供文字、图形、数据等信息业务。网络连接的数据终端越多,使用的效益就越大。广播型可视图文是一种单向通信业务,它是利用广播电视信号中空隙行传送文字或图形信息,通过适配器解码在电视接收机屏幕上显示。图文电视节目可以和正常电视节目同时收看,也可以单独收看。其设备简单,廉价方便。可用于家庭的简单数据检索,如天气预报、文娱消息、商品信息等。

我国可视图文系统的网络是一个广域分布式结构,系统由用户终端、编辑终端、网间接入设备、数据库和业务管理中心组成。图 3-1 是我国可视图文业务网络构成示意图。

3. 会议电视业务

会议电视是在现有公用数字网上开发的一项增值业务,是一种以视觉为主的通信业务形式。它的基本特征是:可以在两个或多个地区的用户之间实现双向全双工声频、视频的实时通信,并可附加静止图像、可视图文、传真等信号传输。它能将远距离的多个会议室连接起来,使各方与会人员如同在"面对面"进行通信。它将在我国政府级会议、商业活动、办公自动化、矿山紧急救援和现场指挥中有广阔的发展前景。

会议电视系统是为开放会议电视业务而使用的所有设备的总称。它由终端设备、编码设备和包括传输媒介在内的数字网络组成。图 3-2 是会议电视系统的组成框图。

1)终端设备

会议电视系统终端设备由视频、音频输入输出设备,编译码器,附加信息设备以及系统控制复用设备,网络接口和信令等部分组成。终端设备主要完成会议电视信号的发送和接收任务。

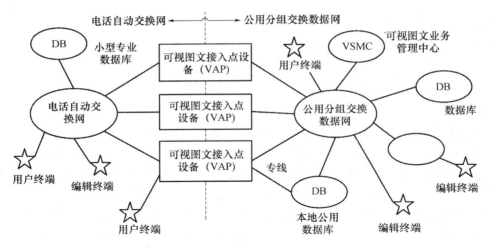

图 3-1 可视图文业务网络构成示意图

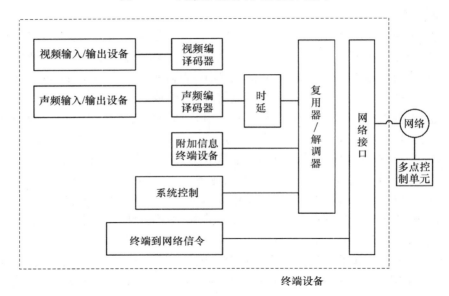

图 3-2 会议电视系统组成框图

2）多点控制单元

多点控制单元(MCU)是位于网络节点上的一种交换设备,它与所有的会议电视终端必须是点对点连接。3 个或多个会议电视终端通过一个或多个 MCU 形成会议呼叫,建立通信。按终端业务类型的不同,终端和 MCU 之间的数字信道可以从 64Kb/s 到 2.048Mb/s。从终端送出的视频、声频、控制和指示信号以及用户数据组成的信息流在 MCU 中完成同一种模式的转换,实现通信。MCU 必须具备模型交换、视频交换、速率转换功能。进行会议电视业务通信,除了终端设备、传输信道外,多点控制单元必不可少。MCU 的多少及连接方式又决定了会议电视网的大小。

3）会议电视的信号传输

会议电视网是根据业务需要临时组成的。所有长途数字网(光缆、卫星、数字微波)

均可成为会议电视网的网络支撑。不开放会议电视时,这些长途电话可作为电话和其他非话业务的传输信道。

4）会议电视专用会议室的构成

会议电视终端放在专用会议室,使用专用网来连接专用会议室和通信机房,电信部门提供的长途干线和节点交换机与终端会议室的连接,如图3-3所示。

图3-3　会议电视专用会议室的构成

在国外,日、美、法、德等国研究开发了64Kb/s活动图像传送技术。其核心是一种高效能的计算机预测编码技术,将摄取的活动图像信号进行数字压缩,使之在一个普通的64Kb/s数字话路上同时进行活动图像与话音的传送。对于活动较少的场面,目前可获得基本满意的活动图像效果,由于这种业务仅占用一条普通数字电路,即可同时传送话音及图像,故这一技术具有重大实用意义。目前一些外国公司已制造出屏幕大小不同的各种可视电话和电视会议设备。美国AT&T公司还提供64Kb/s、384Kb/s、2.048Mb/s、2.544Mb/s以及34Mb/s系列的产品。

我国一些主要城市也具备了开放会议电视的条件。北京、上海等城市都建立了符合国际标准的会议电视室,并且已与美国、日本、韩国等国家开放点对点的会议电视。为了尽快在全国主要城市开放会议电视业务,各地可建立符合国际标准的64Kb/s、384Kb/s和2Mb/s的会议电视系统和设备,实现全国联网。

4. 有线电视业务

有线电视(Cable TV,CATV)是以电缆和光缆等为主要传输媒介,向用户传送本地、远地的卫星及自办节目的电视系统。有线电视以其节目来源丰富、覆盖范围大、传输质量优良等特点在世界各国得到迅速发展,有线电视应用极为普遍。目前我国的通信光缆已有相当规模。

有线电视系统一般由接收信号源、前端设备、干线传输系统和用户分配网络等部分组成。图3-4所示是一个有线电视系统的基本组成框图。

1）接收信号源

接收信号源部分包括卫星地面站、微波站、电视接收天线、摄像机和录像机等。有线电视系统中,目前主要的接收信号源是电视接收天线和卫星接收天线。

2）前端设备

前端设备是在接收信号源与电缆传输分配系统之间的设备。它把天线接收的广播电视信号或自办节目设备送来的电视信号进行必要的处理,然后再把全部信号经混合网络送到干线传输分配系统。图3-4所示仅是传输几个典型节目的有线电视系统前端设备基本构成。由于传输频道不多,一般信号处理都采用带通滤波器、频率变换器、调制器、频道放大器、导频信号发生器及混合器等简易部件。对于传输节目多、技术性能要求高的大型有线电视系统,由于采用邻频道传输而带来频道间的干扰增大,一般简易部件已不能满

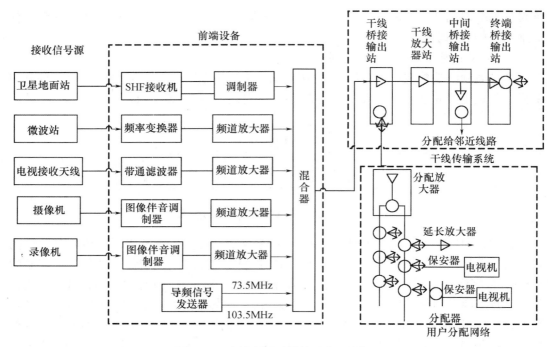

图 3-4　有线电视系统的基本组成框图

足技术要求。目前大都采用技术复杂的信号处理器来实现频率变换、调制、放大等功能。

此外前端设备还包括系统监视、付费电视、防盗报警等特殊服务的设备。

3）干线传输系统

干线传输系统是把前端接收处理、混合的电视信号传输给用户分配系统的一系列传输设备。主要有各种类型的干线放大器和干线电缆，为高质量地传输电视信号，应当采用优质低耗的同轴电缆或光缆。同时采用自动电平控制（ALC）和自动斜率控制（ASC）的干线放大器。

根据系统需要选择不同类型的干线放大器和中间桥接、终端桥接等放大器，加上适当的同轴电缆，可构成任何复杂的干线传输系统。

4）用户分配网络

用户分配网络直接把来自于传输系统的信号分配给家庭用户的电视机。用户分配网络包括线路延长分配放大器、分支器、分配器、串接单元支线、用户线以及用户终端盒等，用户分配网络的电缆可以使用芯线较细的电缆。

5. 电子邮箱

电子邮箱是一种消息处理系统（Message Handling System，MHS），也称作信息处理系统或报文处理系统。它是 20 世纪 80 年代中后期发展起来的一种全新的信息通信（Telematic）技术和业务。MHS 建立在计算机通信网上，可以提供多种业务，包括电子邮件、文件传送、EDI、传真存储转发、图像、数字话音等。MHS 建立在开放式系统互联模型第 7 层上，实现了第 7 层的部分功能。它为用户计算机直接提供第 7 层的应用接口和工作平台，因此常称 MHS 为数据通信平台（或信息通信平台）。这种业务的特点是在通信过程中不要求收信人在场，也不需要将每一收到的信息都以复制的形式出现，可具有转发和同时向多用户发送消息的能力,可以进行迟延投递、加密处理等。利用电子邮箱避免了用户占线和无人应答而不能通信等问题。

MHS 具体实现方式为:在通信网上加挂一台或几台大容量计算机;在计算机上,用软件的方法实现用户代理(UA)、报文传输代理(MTA)、报文存储器(MS)、访问单元(AU)等单元功能以及它们的通信规程;用计算机的硬盘作为报文存储器的物理存储机构,在硬盘上为每一个用户分配一定的存储空间作为用户的"信箱";通信在用户信箱之间进行。因此,MHS 系统又称为"信箱系统"。

信箱系统对用户的通信完全是透明的,相当于一个黑匣子。典型的通信过程是(以电子信箱 E – mail 为例):用户首先进入自己的信箱,然后通过键入命令的方式(交互式)将需要发送的报文发到对方的信箱中。报文在信箱之间进行传递和交换。也可以与另一个信箱进行传送和交换(MTA 功能)。收方在取信时,也需要首先进入自己的信箱。通信过程如图 3 – 5 所示。

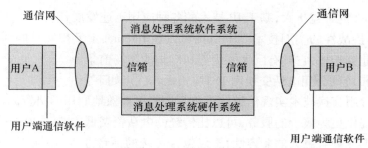

图 3 – 5 消息处理系统的通信过程

6. 传真通信业务

传真应用扫描技术,可以传送任意的文字、静止图像,并以复制形式记录下来,属于以人的视觉为对象的图文通信的一种。如果经扫描把连续的光信号转换成模拟的电信号的传真即为模拟传真。如果把模拟电信号再进行抽样、量化、编码便是数字传真。传送黑白图片上的黑白信息的传真称为文件传真。

公众传真和用户传真是公用电话网上传送文件的两种业务。公众传真是在局间传达文件的传真业务,用户传真是在用户间传送文件的传真业务。国际电报电话咨询委员会制定了一类机(G1)、二类机(G2)、三类机(G3)以及四类机(G4)的国际标准。具有自动纠错能力的数字传真机定义为四类传真机(G4),它在数字网上传输速率为 64Kb/s,几秒钟(约 9s)内可传送一个 A4 版面。三类传真机也是数字传真机,可以在模拟网上传送也可以在数字网上传输,其传输率为 4800b/s 或 9600b/s。

我国目前的传真通信是采用电路交换方式在公用电话网上进行的,通信是实时通信,传真系统上的功能只能在终端完成。随着计算机技术和通信技术的发展与结合,人们已不满足实时通信了,要求建立具有存储转发功能的非实时性传真通信。即存储转发传真网,提供多种功能,如图文传真、不同类型传真机之间的互通,提供 ASCII 码终端与传真机的通信以及定时投递、传真信箱、重新呼叫、重新发送、传真测试、信息查询、传递成功或未成功通知功能。建立存储转发的传真通信网,可以进一步促进传真通信业务的更快发展。

7. 智能用户电报

目前广泛应用的电报（Telegraph）有公众电报和用户电报（Telex）。在现代通信网中可承载的用户业务包括用户电报、智能用户电报（Teletex）以及数据等新型业务。

用户电报是将电报或电传终端、线路从传统的电报局延伸到用户，用户借助呼叫器或键盘进行呼叫，经程控交换机相应的接口与交换网络相连，使用户利用各自的终端互通电报。

智能用户电报（Teletex）的通信过程与用户电报（Telex）不同，它不是双方操作员之间的人工通信，而是双方终端存储器之间的自动通信，是迅速发展起来的信息通信业务之一。智能用户电报终端集通信技术、计算机技术和汉字信息处理于一体，为适应办公室自动化技术的需要而具有文字制作、编辑、通信、打印等功能，已成为自动、高速（1200～9600b/s）传送中、大容量文件的主要通信设施，并可与现有的 Telex 网互通。

8. IP 电话

随着 Internet 的日益扩大，基于 IP 技术的各种应用迅速发展，其中 IP phone 就是前几年兴起的、具有挑战性的实用技术。IP 电话可以在 Internet 上实现实时的话音传输服务，和传统的电话业务相比，它具有巨大的优势和广阔的市场前景。

IP 电话与传统的公用电话交换网 PSTN 相比其优点如下：

（1）采用分组交换技术实现信道的统计复用能更有效地利用网络资源；

（2）可以提供更为廉价的服务，可以比传统的电话资费低 40%～70%；

（3）和数据业务有更大的兼容性，不仅包含传统的话音业务，还涵盖了视频、数据等多媒体实时通信业务。

但 IP 电话还处于发展时期，其话音质量、互通性及网络容量还有待于改进。

IP 电话系统的基本结构如图 3-6 所示。IP 电话系统由终端设备、网关、多点控制单元和网络管理等 4 个基本组件构成。其中网关是通过 IP 网络提供话音通信的关键设备，是 IP 网络和公用电话交换网（PSTN）/综合业务数字网（ISDN）/专用小交换机（PBX）互联的接口，完成寻址和呼叫控制；多点控制单元的功能在于利用 IP 网络实现多点通信，使得 IP 电话能够支持诸如网络会议这样一些多点应用。

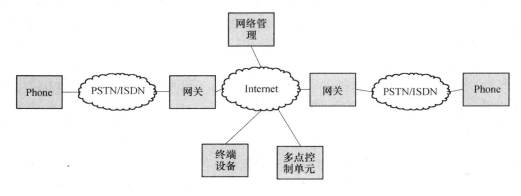

图 3-6　IP 电话系统的基本组成

3.1.2.2 智能网业务

智能网（Intelligent Network，IN）是提高网络智能化的最新技术和概念，它把信息传输和信息处理结合起来，使通信网具有智能性。用户可以对通信网进行控制，使网络能按用户的意图，改变网络的某些功能，引入新的业务，以适应用户的需要。

智能网基于不同的功能组件，产生和提供多种电信业务。目前国外已发展到 60 多种功能组件，有此功能组件的组合，在智能网上已经开放或即将开放的电信业务有：被叫集中付费的 800 号业务，大众呼叫、大众播音和转发信息的 900 号业务，联网的 911 应急业务，可使用呼叫卡或信用卡记账、或被叫或第三方或主被叫分摊付费的可选记账业务，虚拟专用网业务，具有自动回叫、自动重叫、选择性呼叫转移、主叫跟踪等功能的用户局域信令业务，通用号码业务、个人号码业务、附加计费业务、移动电话业务、电话选举轮询业务和 ISDN 业务等多项业务。随着智能网研究的进一步深入，功能组件的继续推出，必将出现更多的电信业务。

智能网由六大部分组成，如图 3 - 7 所示。

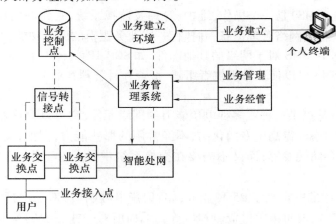

图 3 - 7　智能网的基本结构

1. 业务交换点

业务交换点（SSP）是一个模块，它允许交换系统在能接通呼叫之前识别出哪些是需要专门处理的呼叫。原有电话网中的数字程控交换机皆可作为智能网中的 SSP 的基础，当然还需要加上必要的软、硬件以及与共路信号网的接口。一般而言，增加部分可以合在一个模块上，再装入原有交换机之中。SSP 的功能是：接收用户驱动信息，识别其是否对智能网呼叫；与业务控制点（SCP）保持联系；同智能周边系统（IP）协同工作。

业务交换点的入口可以有多种情况，SSP 具有几种连接，各代表两种入口。一种是电话用户可以是数字用户线，也可以是模拟用户线；另一种是综合业务用户既可以通过 7 号信令的电话用户部分接入，也可通过 7 号信令的综合业务用户部分接入。

2. 业务控制点

SCP 是智能网的关键部分，它存储用户数据和服务逻辑。其主要功能是接收 SSP 送来的查询信息，经与数据库存储的信息比较、验证后，进行地址翻译，然后向相应的 SSP 发出呼叫处理指令。

由于 SCP 是智能网的核心,工作必须高度可靠。美国贝尔通信研究公司规定:SCP 每年的服务中断时间不得超过 3min,为了提高可靠性,SCP 在网中的配置起码是双份(一主用、一备用),有的甚至采用三份配置。

3. 信号转接点

信号转接点(STP)沟通 SSP 与 SCP 之间的信号联络,在网中的位置如图 3 – 7 所示。它实质上是分组数据交换机。为可靠起见,STP 总是成对配置的。

4. 7 号信令网

7 号信令网(SS7)是智能网的命脉,因为它在智能网节点间传送控制指令,使各种智能服务正常进行。

国际电报电话咨询委员会于 1980 年提出第一套 7 号信令的技术规范,1988 年增补的事务处理功能应用部分(TCAP)可适应智能网提供各种新业务功能的要求。它包括处理子层、网元子层及 TC 用户 3 个部分。

5. 业务管理系统

业务管理系统(SMS)是一个操作、维护、管理及监视系统,它允许用户能够管理自己的数据,生成报表,收集网络管理信息,并执行一些业务逻辑的测试功能。

在整个智能网中,SMS 对于网络的其他部件,如 SCP、IP 和 SSP 等进行管理,通过业务建立环境(SCE),SMS 可以使业务提供者组建、配置并且管理新业务。

6. 智能外网

智能外网(IP)是提供一种或多种电信能力的网络元件,它可以允许新技术被引用到网络之中,并允许网络取得高度专门化的、不经常用的那些能力,例如,文字与话音交换、话音识别、传真的存储转发等,而又不需要在交换系统中做大量工作。智能网装有与 IP 的标准接口。

智能网 CS_1 标准中定义了 25 种业务,如:记账卡呼叫(ACC)、虚拟专用网(VPN)、通用个人通信(UPT)、被叫集中付费(FPH)等。下面就对一些主要的智能业务进行简单的介绍:

1)计账卡呼叫(ACC,300 号业务)

300 号业务允许用户在任何一部双音多频(DTMF)电话计上发起 300 号呼叫,并把费用记在规定的账号上。使用记账卡业务的用户必须有一个 300 号的卡号。用户使用本业务时,按规定输入接入码、卡号、密码,智能网对用户输入的卡号、密码进行校验,当校验通过,向用户发出确认提示后,持卡用户才可像正常呼叫一样拨被叫号码(包括区号)进行呼叫。

2)虚拟专用网(VPN,600 号业务)

600 号业务是利用公用电话网的资源向某些单位提供一个逻辑上的专用网,申请该业务的单位可以在该专用网范围内开放各种功能,该业务主要具有以下优点:

(1)开通了虚拟专用网的单位,相当于拥有了自己程控交换机,专用网内的用户之间的通话,可以直接拨分机号,不计费。

(2)开通了虚拟专用的单位,不再需要自己的程控交换机,免去购买交换机的投资,同时也不再为维护自己单位的程控交换机付出人力和财力的开销。

3）通用个人通信（UPT,700 号业务）

UPT 业务是指 UPT 用户通过个人号码能在任何终端（固定的或移动的终端）上与任何用户（UPT 用户和非 UPT 用户）进行通话。该业务具有以下特点：其一，UPT 用户可以在任何地方的任何终端上呼叫其他用户，称为 UPT 去话；其二，其他用户呼叫 UPT 用户称为 UPT 来话。任何用户在拨某 UPT 用户的 UPT 号码时，无论该 UPT 用户在何处，都能接通到该用户当前所登记的终端上，并与该用户进行通信。UPT 的计费与通常通话的计费不同，UPT 去话费用不是记在该去话的终端账号上，而是记到该 UPT 的账号上；来话的费用就可以全记到该 UPT 的账号上，也可以采用分摊计费的方法，还可以有主叫全付。另外，UPT 系统给 UPT 用户提供了一组业务供其选用，灵活方便。

4）被叫集中付费（FPH,800 号业务）

电话呼叫通常是主叫付费，被叫不付费。而 800 号业务正好相反，它不是由主叫付费，而是由被叫付费，这是该业务最主要的特点。该业务还有一个重要的特点是唯一号码，尽管申请 800 号业务的单位或个人有多个电话号码，但只需将其中的一个号码登记为 800 号业务的号码，对外只公开这个号码，所有对单位的来话费都记在该号码上，所以该业务也称为被叫集中付费。尽管该单位对外只公开了一个号码，但 800 号业务的来话呼叫，可根据主叫地理位置的不同，接至该单位的不同电话上。例如：某公司在全国的各大城市都有自己的子公司，并且都有各自的不同本地电话号码。当申请了 800 业务后，该公司对外的联系电话只有一个了，当某客户需要与该公司联系时，只需拨打该公司的 800 号电话，则该电话就接至离该客户最近一个子公司的电话上，这次通话很可能就是本地通话，该公司需要支付的电话费仅为本地通话费。

5）电话投票业务（VOT）

电话投票业务是通过电话进行投票选举的一种智能业务。选举人可在任何一部数字电话机上发起呼叫，按规定输入接入码、密码等，智能网对用户输入的密码进行检验，当检票通过，并向用户发出确认提示后，选举人就可以根据提示音进行投票。投票完毕后，智能网自动完成投票统计。

6）大众呼叫业务（MAS）

大众呼叫业务提供一种类似热线电话的服务。它最主要的特点是具有在瞬时高额话务量的情况下防止网络拥塞的能力。当用户从电视、广播和报纸上广告得知，在某一特定的时间内呼叫一个特定的电话号码有中奖机会时，即可能出现瞬时大话务量。例如，电视节目主持人作为业务用户，可以向电信部门申请一个热线电话号码。在每次拨通这一号码时，系统将呼叫者接到节目主持人热线电话或者拨通这一电话号码后，呼叫者将听到一段录音通知，要求呼叫者输入一个数字以表示他对某个问题的意见或偏好。系统把这个数字记录下来并进行统计，该业务中止时，电信部门可向业务用户提供大众对该问题各种意见的详细情况。

3.1.2.3　数字数据网业务

数字数据网（Digital Data Network,DDN）是以四通八达的数十万条光缆为主体，包括数字微波、卫星等的数字电路，通过数字电路管理分配设备构成的数字数据电路管理和分配的网络。DNN 的主要目的是灵活方便地向用户提供永久性或半永久性的数字电路出租业务。

由于 DDN 是全透明网,又有高的可靠性、高的信道利用率和小的时延,它可以支持多种业务服务,如图 3 - 8 所示。

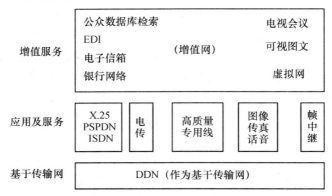

图 3 - 8   DDN 可支持的网络和新业务服务

具体地说,DDN 的业务主要是时分复用(TDM)专用电路业务,并在此基础上通过引入相应的服务模块(如帧中继服务模块、话音服务模块等)而提供的网络增值业务。

1. 专用电路业务

DDN 提供中高速、高质量点到点和点到多点的数字专用电路,供公用电信网内部使用和向用户提供租用电路业务。具体用于信令网和分组网上的数字通道,提供中高速数据业务、会议电视业务、高速 Videotext 业务等。

DDN 提供的专用电路可以是永久性的,也可以是定时开放的。网上具有一定的备用电路,对要求高可靠性的重要用户,在网络故障时将优先自动切换到备用电路。

2. 虚拟专用网(VPN)业务

数据用户可以租用公用 DDN 网的部分网络资源构成自己的专用网,即虚拟专用网。用户能够使用自己的网管设备对租用的网络资源进行调度和管理。

3. 帧中继业务

帧中继技术是在 X.25 分组传输原理基础上发展起来的一种交换技术,与分组交换技术相比,具有系统简单、可靠性高、兼容性好和处理能力强的优点。帧中继业务即虚宽带业务,它把不同长度的用户数据包装在一个较大的帧内,加上寻址和校验信息,其传输速率可达 2.048Mb/s。

帧中继业务如图 3 - 9 所示,它是在 DDN 的时分复用专用电路基础上引入帧中继模块(Frame Relay Module,FRM)来实现的。帧中继业务用户分为两类:一类是具有 CCITT Q.922(帧方式承载业务 ISDN 数据链路层规程)接口的用户称为帧中继用户;另一类不具有 Q.922 接口的用户称为非帧中继用户。帧中继用户可直接与帧中继模块相连,非帧中继用户必须经帧中继装拆单元(Frame Assembly Disassembly,FAD)及协议转换后才可与帧中继模块相连。由于帧中继模块与帧中继装拆单元之间的专用电路可独立于数字数据网节点和网络拓扑,因此,可把帧中继业务看作在专用电路业务上的增值业务和独立的增值网络(帧中继网络)业务。

帧中继应用可包括块交互型数据应用(指 CAD/CAM 计算机辅助设计和生产,时延小

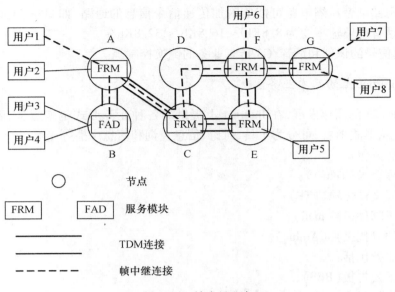

图 3 – 9　帧中继业务

于几个毫秒,吞吐量在 500～2048b/s 内)、文件传输(指大型文件传输,其时延要求稍低,但需较大吞吐量,如 16～2048b/s)、复用低比特率及字符交互通信(如文本编辑,其特点是短帧、低时延和低吞吐量)。

4. 话音/G3 传真业务

话音/G3 传真业务是通过在用户入网处设置话音服务模块(Voice Service Module,VSM)来提供话音/G3 传真业务,如图 3 – 10 所示。话音服务模块的主要功能为:

(1)电话机和 PBX 连接的 2/4 线模拟接口(包括启动方式、信令方式);

(2)话音压缩编码(如采用 ADPCM 或其他编码方式)使每路话音信号在集合信道上占用速率为 8b/s、16b/s、32b/s 等;

(3)模拟接口的信号和集合信道上的信令间转换;

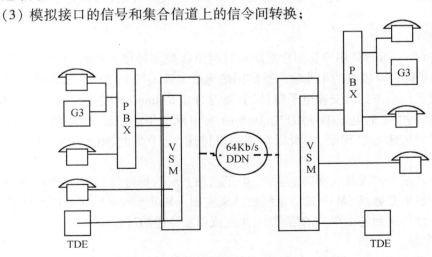

图 3 – 10　数字数据网上的话音/G3 传真业务

（4）对每路话音压缩电路可能要附加传递信令信息的通路，如800b/s，这样每路带信令的压缩话音电路速率变为8.8Kb/s、16.8Kb/s、32.8Kb/s。

G3传真信号的识别和话音/G3传真业务的倒换控制等。

3.1.2.4　Internet上的基本业务

随着Internet的高速发展，在Internet上提供的各种业务形式越来越多，若把这些业务进行分类，从形式上看，可分为工具、讨论、信息查询和信息广播等4类。

工具类业务包括：

（1）远程登录（Telnet）；

（2）远程文件传输（FTP）；

（3）电子邮件（E – mail）；

（4）文件寻找工具（Archie）。

讨论类业务包括：

（1）电子公告板（BBS）；

（2）网络新闻论坛（NET – news 或 USENET）；

（3）实时在线交谈（IRC）；

（4）视频会议（MS Netmeeting）。

信息查询类业务包括：

（1）Gopher 分布式文件查询系统；

（2）WAIS 广域信息服务；

（3）WWW 万维网超文本查询系统。

信息广播类业务包括：

（1）在线话音（Real Audio Broadcast）；

（2）在线电视广播（On – Line TV）。

下面主要介绍 Internet 的基本业务功能：电子邮件、文本传输、远程登录以及环球信息网业务。

1. 电子邮件

电子邮件（E – mail）是用户和用户之间通过网络收发多种信息形式的业务服务。在Internet 上，电子邮件系统是使用非常广泛的网络通信工具。每个用户可以通过电子邮件系统同世界上任何地方的人交换电子邮件，只要对方也是 Internet 的用户或者是同 Inter-net 相连的其他网络上的电子邮件用户。Internet 有多种电子邮件服务程序，为用户提供完善的电子邮件传递与管理服务，可以实现邮件传递、电子交谈、电子会议以及专题讨论等。

电子邮件系统的实现是在网络上设立"电子信箱系统"，即邮件服务器（Mail Server）。电子邮件的传递则是通过 SMTP 这一系统软件来实现。Mail Server 根据用户的电子邮件地址将每封邮件传送到各个用户的信箱中，来完成信息传递的过程。

2. 文本传输

文本传输（File Transfer Protocol，FTP）尽管是"文件传输协议"的缩写词，但是在业务领域内，通常被认为是一种业务，即在网络上主机系统之间传送文件的一种服务。FTP 是

Internet 上最早使用的文件传输程序,它使用户能够登录到 Internet 的主机系统(如数据库服务器等),实现用户终端系统与服务器系统之间的双向信息传送。

FTP 可以传输任何格式的数据,包括文本文件、二进制可执行文件、图像文件、声音文件、数据压缩文件等。用 FTP 可以访问 Internet 的各种 FTP 服务器。访问 FTP 服务器有两种方式:一种访问是用户登录到服务器系统;另一种访问是用"匿名(Anonymous)"进入服务器,Internet 上有许多 FTP 服务器允许用户以"anonymous"为用户名(Username)和以电子邮件地址为口令(Password)进行连接。这种 FTP 服务器为未注册用户设定特别的子目录,其中的内容对访问者完全开放。

3. 远程登录

远程登录(Telnet)实质上就是"远程登录",它允许用户登录到一个主机系统中使用其资源,这个主机系统可能在同一个房间内,也可能相距数千公里或上万公里。

远程登录使用的工具是 Telnet。它在接到远程登录的请求后,就通过一定的进程将本地机同远端主机系统连接起来,一旦信道连通,本地机就成为主机系统的终端,用户就可以使用主机系统的多种资源,如处理资源、存储资源以及信息资源等。

Telnet 与 FTP 不同之处在于,Telnet 把用户的本地机当成主机系统的一台终端,用户在完成登录后,就取得了主机系统上的资源使用权限。但是,FTP 没有给予用户这种地位,它只允许用户对主机系统的文件进行有限的操作,包括查看文件、交换文件以及改变文件目录等,即有限资源使用权限。

4. 环球信息网业务

环球信息网(WWW,也称万维网)浏览在 Internet 上应用最广泛,它是基于客户机/服务器(Client/Server)结构的。其实质就是用户利用计算机终端使用 Web 浏览器(Browser)向环球信息网的 Web 服务器发出各种请求,并用浏览器对 Web 服务器发送过来的用超文本标记语言(Hyper Text Markup Language,HTML)定义的超文本(Hyper Text)信息和各种多媒体(Multimedia)数据格式进行解释、显示和播放。在 Web 服务器端则是由 HTML 写成的主页(Homepage)构成。浏览器和服务器之间使用超文本传送协议 HTTP(Hyper Text Transfer Protocol)来传送信息流。

WWW 使 Internet 成为具有信息资源增值能力的系统,利用 WWW 可以开展网上聊天、网上游戏、网络会议、网络寻呼、网上点播活动等,因此 WWW 也是当前 Internet 服务系统中最具吸引力的系统。

这里只是介绍了一些主要的网络业务,当然网络业务远远不止这些,就 Internet 网而言还有广域信息服务器(WAIS)、网络文件搜索系统(Archie)、USENET 与网络新闻(NET News)、交互式信息传递服务、目录服务、索引服务、活动代理服务等,在电信网上还有大量的增值业务。同时由于网络及相关技术的不断进步和资源水平的不断提高,人们也在开发新的业务,如虚拟现实,以实现多维空间信息和多种感觉信息的同时传递和交互等。另外,值得一提的是这些业务形式都是能够用固定和移动通信方式实现的终端业务。

WWW 服务的特点是它高度的集成性。它能将各种类型的信息(如文本、图像声音、动画、影像等)与业务(如 News、FTP、Telnet、Gopher、E – mail 等)紧密连接在一起,提供生动的图形用户界面。WWW 为人们提供了查找和共享信息的简便方法,同时也是人们进行动态多媒体交互的最佳手段。

3.1.2.5　综合业务数字网业务

1. 窄带综合业务数字网的业务分类

窄带综合业务数字网业务是由建议书 I.210 定义的。依据 I.210,ISDN 的基本业务分为两个大类:①承载业务(Bearer Services);②终端电信业务(Teleservices)。

在基本业务的基础上,ISDN 还提供补充业务。补充业务是附加在基本业务上的。离开了基本业务,补充业务是不可能提供的,补充业务只是为基本业务提供更多的特性。

在承载业务中,ISDN 定义了 12 种电路方式与数据包方式的承载业务:

(1) 8kHz 结构应用不受限的 64Kb/s 电路方式承载业务。

这一业务可以说是基本的 ISDN 承载业务。在电话、4 类传真机、电视电话等多个终端与终端之间作通信时使用这种承载业务。但是,电话终端使用这一承载业务作相互通信时,在 64Kb/s 不受限承载业务的情况下,网络并不提供 A/μ 变换及回波抑制等话音通信必要的功能,所以在终端侧需具备这些功能。

(2) 8kHz 结构可用于话音传送的 64Kb/s 电路方式承载业务。

这一承载业务给终端提供适于话音通信的信息传输能力,在线路上要插入 A/μ 变换器、回波抑制器、低比特率话音编码等话音处理设备。采用这一承载业务时,并不保证数字信号传输时的透明性,也就是说,主叫侧送出的数字信号比特流与被叫侧终端从网络接收到的比特流一般是不同的,因此,这一承载业务不能用于 4 类传真、电视电话等通信。

(3) 8kHz 结构可用于 3.1kHz 音频信息传送的 64Kb/s 电路方式承载业务。

(4) 8kHz 结构可在应用不受限和话音传送两者间进行选择的 64Kb/s 电路方式承载业务。

(5) 8kHz 结构应用不受限的 2 * 64Kb/s 电路方式承载业务。

(6) 8kHz 结构应用不受限的 384Kb/s 电路方式承载业务。

(7) 8kHz 结构应用不受限的 1536Kb/s 电路方式承载业务。

(8) 8kHz 结构应用不受限的 1920Kb/s 电路方式承载业务。

(9) 数据包方式的虚电路业务。

(10) 数据包方式的永久虚电路业务。

(11) 数据包方式的无连接业务。

(12) 数据包方式的用户信令业务。

以上是 ISDN 在 20 世纪 80 年代末考虑要提供的。数据包方式的服务实际上提供的主要是基于 X.25 的业务和帧中继业务。无连接业务和用户信令业务未见使用。

窄带综合业务数字网提供的终端电信业务包括电话(Telephone)、智能用户电报(Teletex)、4 类传真(Telefax4)、混合方式(Mixed-mode)和电视图文(Videotex)。实际上除了电话以外,其他各种 ISDN 终端电信业务的使用都非常有限。

ISDN 的补充业务功能极为丰富,标准化的补充业务有如下 7 类 25 种:

1) 号码识别补充业务(Number Identification Supplementary Services)

◇ 直接拨入(Direct Dialing In)

◇ 多用户号码(Multiple Subscriber Number)

◇ 主叫线识别提供(Calling Line Identification Presentation)

◇ 主叫线识别提供限制（Calling Line Identification Restriction）

◇ 被叫线识别提供（Calling Line Identification Presentation）

◇ 被叫线识别提供限制（Calling Line Identification Restriction）

◇ 恶意呼叫识别（Malicious Call Identification）

◇ 子地址寻址（Sub – addressing）

2）呼叫提供类补充业务（Call Offering Supplementary Services）

◇ 呼叫传送（Call Transfer）

◇ 遇忙呼叫前转（Call Forwarding Busy）

◇ 无应答呼叫前转（Call Forwarding No Reply）

◇ 无条件呼叫前转（Call Forwarding Unconditional）

◇ 呼叫转向（Call Deflection）

◇ 寻线（Line Hunting）

3）呼叫完成类补充业务（Call Completion Supplementary Services）

◇ 呼叫等待（Call Waiting）

◇ 呼叫保持（Call Hold）

◇ 对占线用户呼叫的完成（Completion of Calls to Busy Subscribers）

4）多方通信补充业务（Multiparty Supplementary Services）

◇ 会议呼叫（Conference Calling）

◇ 三方业务（Three Party Service）

5）社团类补充业务（Community of Interest Supplementary Services）

◇ 封闭用户群（Closed User Group）

◇ 专用编号计划（Private Numbering Plan）

6）计费类补充业务（Charging Supplementary Services）

◇ 信用卡业务（Credit Card Calling）

◇ 资费咨询（Advice of Charge）

◇ 对方付费（Reverse Charging）

7）额外信息传送类补充业务（Additional Information Transfer Supplementary Services）

◇ 用户到用户的信令传送（User – to – User Signaling）

2. 宽带综合业务数字网（B – ISDN）的业务分类

宽带综合业务数字网将业务分为如下 2 类 5 种。

1）互动式业务

◇ 会话业务（Conversational Services）

◇ 电子邮递业务（Messaging Services）

◇ 信息索取业务（Retrieval Services）

2）分配式业务

◇ 用户对信息呈现不可控的分配服务（Distribution Services without User Individual Presentation Control）

◇ 用户对信息呈现可控的分配服务（Distribution Services with User Individual Presentation Control）

依据建议书 I.211,上述各种服务中又可以识别多种不同的业务,每种业务又可以支持多种不同的应用。

3.1.2.6 下一代网络业务

下一代网络(NGN)是业界瞩目的研究热点,各标准组织、研究单位、运营商、设备开发商都在积极地进行研究和实验。下一代网络之所以受到如此的关注,与它所提供的业务密切相关,它不但继承了现有网络所提供的各种业务,同时提供更加丰富多彩的数据业务以及多媒体业务和应用,并且由于其分层结构和开放接口,业务提供方式更加灵活多样,业务种类更加丰富和个性化。下一代网络是个有能力提供全业务的网络,包括话音、数据、视频、流媒体、Internet 接入、数字 TV 广播、移动等各种带宽、有线和无线的业务和应用,并提供开放的业务接口,允许多种业务提供商构建和提供业务。从用户的角度看,NGN 包含现有业务环境(如电话业务、无线/移动业务、广播和分布式业务、Internet 等)提供的所有电信业务和应用。从技术的角度看,NGN 涉及电信技术、计算机技术、安全技术、电子应用技术、广播技术等多种技术手段。图 3-11 为 NGN 业务架构。

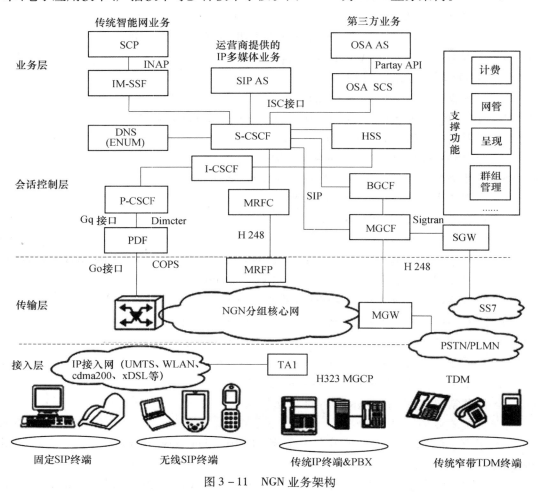

图 3-11 NGN 业务架构

NGN 采用分层的体系结构:业务功能与传送功能相分离,控制、承载、会话、业务相分离,接口逐渐开放和标准化,业务相关的功能与底层的传输技术无关,便于各层技术的独立发展。

(1)接入层:通过各种接入手段将各类用户连接至网络,并将信息格式转换成能够在网络上传递的信息格式。例如,将话音信号分割成 ATM 信元或 IP 包。

(2)传输层:采用分组技术,提供一个高可靠性的、提供 QoS 保证和大容量的统一的综合传送平台。

(3)会话控制层:实现呼叫控制,其核心技术就是软交换技术,完成基本的实时呼叫控制和连接控制功能,它是与业务无关的,目的是支配网络资源,软交换要支持众多协议接口。

(4)业务层:在呼叫建立的基础上提供额外的增值服务,以及运营支撑。

NGN 业务的特点包括:

(1)多媒体化:NGN 中发展最快的特点将是多媒体特点,同时多媒体特点也是 NGN 最基本、最明显的特点。

(2)开放性:NGN 具有标准的、开放的接口,为用户快速提供多样的定制业务。

(3)个性化:个性化业务的提供将给未来的运营商带来丰厚的利润。

(4)虚拟化:虚拟业务将是个人身份、联系方式甚至住所都虚拟化。用户可以拥有个人号码,可以使用号码携带虚拟业务,实现在任何时候、任何地方的通信。

(5)智能化:NGN 的通信终端具有多样化、智能化的特点,网络业务和终端特性结合起来可以提供更加智能化的业务。

从根本上讲,NGN 所提供的业务与现有的各个网络相比,从种类和特征上并没有很大的差异,最主要的区别在于 NGN 业务和网络相对分离所导致的业务提供模式的变化,从而带来商业模型的变化。在 NGN 业务环境下,业务和网络独立提供、独立发展,多种角色通过多种方式参与业务提供,NGN 业务市场份额不断扩大,价值链不断增长。

3.2　网络信息资源组织及方式

3.2.1　网络信息资源组织的内涵及其特征

3.2.1.1　网络信息资源组织的内涵

网络信息资源组织是网络信息资源开发的关键环节。所谓网络信息资源组织,就是采用一定的方式,将 Internet 中某一方面大量的、分散的、杂乱的信息经过整序、优化,形成一个便于有效利用的系统过程。其中信息优化,即信息的优选、浓缩、重新表述及三者的综合运用。

整序之"序"有广义和狭义之分。从狭义上讲,是指个体在集合中的排列顺序;从广义上讲,还包括个体内部单元之间的组合顺序。显然,整序属于狭义整序的范畴,而优化中的浓缩、重新表述就是从网络信息的内容特征入手对信息进行内部整序,属于广义整序的范畴,优选属于信息收集过程中的组织细节。所谓信息的内容特征是相对其外部特征而言的。所谓信息的外部特征就是指信息的物质载体所直接反映的特征,构成信息载体外在的、形式的特征。所谓信息的内部特征就是指信息所包含和承载的具体内容,即通过信息载体传递和交流的具体内容。网络信息组织的基本对象和管理依据就是网络信息资源的外部特征和内部特征两个方面。

由上述可以看出,网络信息资源组织实质是一个序化过程,这个过程通常可以分为两个阶段,即序化阶段和优化阶段。网络信息资源的序化是按照一定的方法将无序的信息组织成为有序信息的过程。网络信息的优化是在序化的基础上,针对某种目的,依照结构功能优化原理对信息进行再序化的过程,它是信息序化的继续和升华。在实际的操作工程中,信息的序化和优化没有十分明确的界限,它们是一个辩证统一的整体。

3.2.1.2 网络信息资源组织的特征

网络信息资源组织问题涉及人、技术、信息资源等方面。人可能是信息资源的生产者,创造了原始信息或者对他人的原始信息进行组织而生成再生信息;也可能是信息资源的使用者;更多的是兼有两种身份。网络信息资源是网络信息组织的对象。信息技术以计算机技术和通信技术为核心,可以用作信息生产者进行信息组织的工具,这时信息组织方法必须与信息技术相适应;也可以用作信息用户或者信息的手段,这时信息组织结果的表述方式必须与信息技术相适应。网络信息资源组织充分考虑信息资源与人、信息技术之间的关系,强调信息组织面向人与信息技术,其综合性、复杂性和广泛性,决定了网络信息组织作为交叉研究领域的特征。

1. 跨学科性

网络信息组织问题存在于各个学科领域之中。问题存在的广泛性决定了网络信息组织的跨学科性,主要表现为面对网络信息资源组织问题,众多学科的"立体作战"。具体来说,网络信息组织从网络信息资源这一跨学科的术语入手,通过信息组织的语法、语义和语用三个层面将多学科协调统一起来。

2. 独立性

网络信息资源组织的理论是通过不同学科的概念、原理、方法和技术手段相互融合、相互借助而形成的,但是这些概念、原理、方法和技术手段并不是简单地堆砌在一起,而是还要经过某种移植和创新、改造和加工,通过理论的借鉴、方法的移植、技术的应用使得彼此之间能够有机的融合,形成一个新系统的力量体系。

3. 偏序性

网络信息资源组织吸收了逻辑性、认知心理学、管理学、系统科学、信息传播理论、信息检索学等不同学科的理论和方法。从微观上看,网络信息组织的研究中采用了科学抽象、分析与综合、归纳与演绎等多种具体方法,既有定性的,也有定量的。从宏观上看,网络信息组织采用系统方法,从系统的观点分析研究网络信息组织的一般规律,用以指导人类的网络信息组织行为,达到提高网络信息利用程度或利用概率的目的。

总之,网络信息资源组织理论源于人类网络实践活动中的信息组织行为。人们在网络环境的实践中积累了丰富的信息组织经验,这些经验上升为理论,同时又反过来指导网络信息实践活动,推动网络信息组织实践的科学性和有效性,从而实现了理论与实践的结合。这种理论与实践的有机结合,不仅将把网络信息资源组合的研究推向崭新的发展阶段,而且也有效地发挥了理论对实践的指导作用,有利于构筑完整的网络信息资源组织的理论的方法体系。

3.2.2　网络信息资源组织方式

根据 Internet 上信息资源的特征和构成,同时也根据人们对网络信息资源开发利用的需要,可以把网络信息划分为不同层次。即按照这些层次来组织和管理网上的信息资源。

3.2.2.1　网上初次信息组织

将网外丰富信息资源数字化上网,如同初次文献的生产一样,可以把这种经过数字化信息称为"网上初次信息"。网上初次信息来源广泛、种类繁多、内容复杂、包罗万象。网上初次信息主要有以下组织方法:

1. 自由文本方式

这种信息组织方式主要用于全文数据库建造,是对非结构的文本信息进行组织和处理的一种方式,它不是对文献特征的格式化描述,而是用自然语言深入揭示文献中的知识单元。根据文献中的自然语言揭示文献所含的知识单元,按文献全文的自然状况直接设置检索点。

所谓全文数据库,是将一部图书、一篇文章或一种杂志的全部文本都输入计算机,使之成为计算机可以阅读和处理的文本。这种文本数据库可以在全文检索软件的支持下,对文本中的各种大小知识单元——关键词、人名、地名,乃至文本中的每一个字进行检索,并可以按用户的需要,将检索结果按章节、段落、句子等形式输出,也可对有关的关键词或人名、地址进行聚类输出。

2. 超文本方式

超文本方式与普通文本的区别之一在于它的非线性组织,能提供一种跳跃式扫读文本内容的手段;区别之二在于显示组织,它不仅显示对象,而且显示对象间关系。

超文本信息组织方式将网络上相关文本的信息有机地编辑在一起,以节点为基本单位,节点间以链路相连,将文本信息组织成某种网状结构,使用户可以从任何一节点开始,根据网络中信息间的联系,从不同角度浏览和查询信息。目前 Internet 上绝大部分初次信息均采用这种组织方式。

3. 主页方式

这种信息组织方式类似于档案的组织方式,它将有关机构或个人的信息集中组织在一起,是对某机构或个人的全面介绍。目前 Internet 上关于机构或个人的信息几乎毫无例外地均采用这种组织方式。对于主页形式来说,提供一定的统一性是很重要的,如果一个单位各部门之间的主页在形式上能够统一,那么存取信息就会容易得多。相反,如果部门之间在主页上有不同的表示形式,用户在浏览时就会花时间做调整。

3.2.2.2　网上再次信息组织

初次信息入网后,如何快捷、高效地从浩如烟海的网上初次信息中找到用户所需要的信息,是一个十分棘手的问题。Internet 虽是现代信息技术集大成者,但它却不具备将网上信息资源自动转换为用户所需特定信息的功能。需要将关于知识信息组织理论、原理和方法应用于 Internet 上的信息层次控制,构建网上初次信息检索工具。如传统的文献体系中的"文献链"原理一样。

在传统的文献体系结构中,各类的文献组成一个文献链。文献链的概念揭示了各种文献彼此的依存关系及其产生演变的时间顺序。图书、期刊等初次文献经过替代、重组、综合浓缩后进入再次文献领域,成为形形色色的检索工具、手册、名录、文摘、题录等。再次文献经过再次替代,进入三次文献领域,成为书目之书目、文献指南、综述之类的文献,形成文献的不同层次,构成了文献链的基本环节。同样,可以将文献链的原理用于网络信息组织控制,对以自由文本、超文本和主页方式进入网络的网上初次信息进行索引。索引是可以选取有检索意义的标识进行索引,如网址、篇名、主题、文档内容、服务器名和用户信息等。

目前网上再次信息的组织主要有下列形式:

1. 搜索引擎

这是目前 Internet 上对网上再次信息进行组织的主要形式。搜索引擎是指根据一定的策略、运用特定的计算机程序从互联网上搜集信息,再对信息进行组织和处理后,为用户提供检索服务,将用户检索相关的信息展示给用户的系统。搜索引擎包括全文索引、目录索引、元搜索引擎、垂直搜索引擎、集合式搜索引擎、门户搜索引擎与免费链接列表等。Yahoo、百度和谷歌等是搜索引擎的代表。搜索引擎的工作原理分为四步:

(1)第一步:爬行。搜索引擎是通过一种特定规律的软件跟踪网页的链接,从一个链接爬到另外一个链接,像蜘蛛在蜘蛛网上爬行一样,所以被称为"蜘蛛",也被称为"机器人"。搜索引擎蜘蛛的爬行是被输入了一定的规则,它需要遵从一些命令或文件的内容。

(2)第二步:抓取存储。搜索引擎是通过蜘蛛跟踪链接爬行到网页,并将爬行的数据存入原始页面数据库。其中的页面数据与用户浏览器得到的 HTML 是完全一样的。搜索引擎蜘蛛在抓取页面时,也做一定的重复内容检测,一旦遇到权重很低的网站上有大量抄袭、采集或者复制的内容,很可能就不再爬行。

(3)第三步:预处理。搜索引擎将蜘蛛抓取回来的页面,进行各种步骤的预处理。包括提取文字、中文分词、去停止词、消除噪声(搜索引擎需要识别并消除这些噪声,比如版权声明文字、导航条、广告……)、正向索引、倒排索引、链接关系计算以及特殊文件处理等。除了 HTML 文件外,搜索引擎通常还能抓取和索引以文字为基础的多种文件类型,如 PDF、Word、WPS、XLS、PPT、TXT 文件等。我们在搜索结果中也经常会看到这些文件类型,但搜索引擎还不能处理图片、视频、Flash 这类非文字内容,也不能执行脚本和程序。

(4)第四步:排名。用户在搜索框输入关键词后,排名程序调用索引库数据,计算排名显示给用户,排名过程与用户直接互动。但是,由于搜索引擎的数据量庞大,虽然能达到每日都有小的更新,但是一般情况搜索引擎的排名规则都是根据日、周、月阶段性不同幅度地更新。

2. 指示数据库

作为网上再次信息形式之一的指示数据库,是有关网上初次信息地址及关于信息的描述信息。指示数据库包括:一批原始信息,包括访问频度高的原始资源镜像,自建的信息资源等一套方便信息组织与用户查询的支持技术。

指示数据库建库方式、数据结构与普通的存储结构化数据的书目数据相似,除存储网上初次信息的地址和描述信息外,还要一句一定的索引语言抽取或赋予该初次信息标识作为检索点。用户输入检索式,计算机自动进行扫描匹配,将符合用户要求的记录检索出来供用户选择。用户若对某一网上初次信息感兴趣,可再转到浏览器,输入该初次信息地址,即可获得所需的网上初次信息。这种方式与搜索引擎方式相比较,缺点是须经过两个步骤,第一步在数据库中获得地址,第二步在浏览器中输入地址进行查找,而不像搜索引擎那样初次检索的结果便是超文本方式,直接检索便可获得所需初次信息。优点是入库记录都经过严格选择,具有较强的针对性和较高的可靠性,检索结果适应性强,而不像搜索引擎那样检索结果过于庞杂,常常使用户无所适从。因此,指示数据库方式常用来组织专题性或专用网上再次信息。

3. 菜单方式

这种方式主要用于浏览网上再次信息。在网络环境下,浏览检索的重要性日渐突出,用户越来越多的通过浏览检索来确定其尚不清晰的信息需求,并初步了解网上初次信息的内容,根据需要及时调整检索策略。以菜单方式组织的网上再次信息本来是一个超文本文件,一般是围绕某一专题,采用分类法、时序法、主题法等方式,将与该专题有关的网上初次信息的线索和有关描述信息依次罗列,供用户浏览选择,用户若对其中一项感兴趣,直接可以点击。由于菜单方式组织的网上再次信息专题性较强,且能较好地满足检索的要求,因而受到用户的欢迎。

运用搜索引擎,对网上初次信息进行加工,用指示数据库和菜单方式组织成网上再次信息,从而使网上初次信息进入再次信息领域,实现了对网上初次信息的控制。在逻辑上序化和优化了网络信息资源,为充分开发利用这种信息资源提供了前提条件和可能。这种加工实质是抽取初次信息的地址,抽取或赋予初次信息以描述的标识,这三者构成了再次信息的内容,其实质是文献链中的替代方法。替代就是根据一定的规则描述网上初次信息的特征,对其内容进行各种不同程度的压缩,并通过再次信息组织方式对描述结果有序化,是对网上初次信息的再次传递,体现了信息工作者有价值的劳动,并成为网上信息流的控制闸门,使流向得以合理调节。正是这种替代成为了初次信息过渡到再次信息的桥梁。若有必要,完全可以对网上再次信息进行再次替代形成网上三次信息。帮助用户快捷、高效地找到合适的搜索引擎浏览器、指示数据库和专题菜单,以进一步提高检索效率和网络信息资源开发与利用水平。从网上初次信息到网上再次信息,再到网上三次信息,网络资源的可控性、有序性、易用性一步步增强。三个不同层次的信息分别代表着对信息的不同加工程度,构成一个网络信息链,网络信息组织程度也大大提高。

综上所述,不难看出,网络信息资源组织这一综合性的课题,分配给信息管理的任务主要是从技术角度提供知识信息组织的理论和方法,以便有效地获取和利用网上信息。

3.3 网络信息资源的存储架构

3.3.1 网络存储系统

网络存储系统是现代存储技术与计算机网络技术相结合的产物,它以网络技术为基础,将服务器系统的数据处理与数据存储相分离,实现对数据的海量存储。在网络环境下,将数据分散到若干个相互独立的存储节点(Storage Node)中保存可以提高数据服务的安全性和可靠性。相对于集中式存储,分布式的网络存储已成为存储系统设计的主流。网络化存储将成为未来存储市场的热点。这种观点得到业界日益广泛认同。网络存储系统的结构经历了由基于单服务器的直接附加存储(Direct Attached Storage, DAS),发展到以网络附加存储(Network Attached Storage, NAS)和存储区域网(Storage Area Network, SAN)为主要形式的基于局域网的网络存储,以及对象存储技术(Object – Based Storage, OBS),最后进化为基于广域网的数据网格(Data Grid)。

网络存储系统的研究集中于 I/O(输入/输出)性能、存储管理、数据共享、网络存储标准等四个方面。I/O 性能是衡量网络存储系统的传统指标,人们通常从体系结构和 I/O 设备的性能优化这两个方面来提升 I/O 性能。存储体系结构分为基于 Infiniband 的存储结构和基于 DAFS(DirectAccess File System)的存储结构。为了提高 I/O 设备的性能,可以采用 Cache 技术、先进的磁盘调度算法和数据分布技术。DAFS 协议不仅是有效提升 NAS 结构 I/O 性能的方法,也可以作为下一步融合 NAS 和 SAN 存储系统的核心协议。

在存储管理方面,存储虚拟化是提高网络存储系统可管理性的核心技术之一,也是目前研究的热点。存储虚拟化的目标是对主机和应用程序屏蔽物理存储设备的特性,实现对物理设备透明的管理。虚拟化通过整合高、中、低端存储设备,磁盘、磁带、光盘设备,以及 FC、IB、Ethernet(IP)等不同连接方式的设备,在统一管理的标准下,实现存储系统之间良好的互操作性。虚拟化存储技术包括三种具体的技术:基于主机的虚拟化技术、基于存储设备的虚拟化技术和基于网络的虚拟化技术。目前的 SAN 存储系统的统一虚拟化存储研究成果主要集中于三个方面:客户端虚拟化、设备集群和系统集群。

在 Internet 的环境中,因为数据库并非直接与各用户终端进行联机,而是与 Web 服务器进行沟通。这也就是三层结构。在这种结构之下,数据库从直接服务于各终端用户转变为只和 Web 服务器交互,它们之间的稳定与性能,将左右整个 Internet。因此,选址最合适的数据库,与数据库相容的 Web 服务器及发展新型的数据库就尤为重要了。

3.3.1.1 数据库及其管理系统的选择

一般来说,在具体选购数据库管理系统时,应考虑以下几个因素:

1. 对于数据类型的支持

在传统的数据库中,主要支持的数据类型并不多,不外乎就是字符串、整数、浮点数等。这些数据类型对于传统应用来说,或者勉强够用,但是对于 Internet 而言,就远远不足了。Internet 中的数据库尤其需要具备处理多媒体信息的能力。传统的关系数据库对于这方面的处理能力并不理想,目前应选择面向对象数据库或对象关系型数据库。

2. 与 web 服务器的结合

在 Internet 中,最常与数据库进行沟通的就是 Web 服务器了。因此,数据库与 Web 服务器的结合难易,也就成了选择数据库考虑的一个焦点。传统数据库与 Web 服务器的连接,是通过 CGI 程序来进行,多半是使用 ODBC 界面。这种方式的好处是支持各种数据库,但是缺点是速度慢,对于 Web 服务器来说负担很重。此外,使用 ODBC 需要专业的程序设计人员。目前一些公司都有对 Web 服务器提供特别的支持,只需要安装一些程序,或是直接购买该公司的 Web 服务器,就可以使用很简单的方式,设计出于数据库相连接的页面。因此,选择一个能够完全搭配 Web 服务器的数据库是最重要的。

3. 性能与稳定性

在 Internet 环境中,对于数据库的访问量往往会较传统的访问量大许多。因此,对于数据库的性能应该要特别注意。除了性能以外,数据库的稳定与否,是另一个左右用户工作效率的因素,甚至比性能这项更重要。因为一旦数据库不稳定,则可能一段时间内完全不会工作,此时的性能趋近于零。除了平常使用的稳定性,也要特别注意巅峰用量的稳定性。有时候因为某些因素会导致用户在同一时间对信息的要求很密集,此时的负载量将会大增,如果数据库不能处理此时的工作,就会形成无法负担的情形。因此,注意在满载使用量的情况下,甚至超载的情况下数据库工作的情况也是很重要的。

另外,目前有些数据库产品甚至还有双主机的设计,也就是会有两个数据库同时工作,其中一台称为备份主机。这台备份主机信息与真正的进行服务的数据库是一模一样的。当进行服务的主机不能正常工作时,此备份主机马上会取代原来的主机。这种结构的数据库具有更高的稳定性。

(1) 扩充性。通常很难预期 Internet 对教育数据库的需求在几年之后会变化多大,所以数据库的扩充性就成为了考虑因素之一。如果数据库的扩充性不佳,那么几年之后,当整个数据库不够使用时,要扩充数据库就成为一个大问题。我们不可能将整个数据库抛弃,然后花更多的钱购买一个新的数据库,最理想的方式就是只扩充需要的部分就可以了。此时扩充性就十分重要了。

(2) 安全性。在 Internet 中使用的数据库,很可能用来存放重要的信息,这些信息是不容许修改或是被非相关人士接触的。因此,如果数据库的保密性不足,信息将很容易被别有用心的人窃取或篡改。所以,谨慎地选址高安全性的数据库将可以保护重要的信息。

3.3.1.2　与数据库相容的 Web 服务器

Web 服务器是 Internet 中的信息汇集处,将不同来源、不同格式的信息汇集成为统一的界面,便是 Web 服务器的主要工作。适用于 Internet 的 Web 服务器主要考虑的因素有:

(1) 配合组织内现有的网络结构。如果新加入的 Web 服务器能够与现有的网络系统集成在一起,将可以减少许多不必要的成本。

(2) 与后端服务器的结合。

(3) 管理的难易度。

(4) 开发 Web 页面的难易程度。在 Internet 开发的 Web 页面,多半采用一种比较笨的方式:就是将编写好的 Web 页使用 FTP 或是其他的文件传送方式将文件送到服务器上。比较好的做法应该是,用户不需要分辨是将 Web 页面的文件存放在自己的机器里,还是在服务器上,用户只需要负责编辑 Web 页面的内容。至于 Web 页面的存放,会有服务器自行控制,也就是服务器会自动将重新编辑好的文件取代旧的文件。更多的做法是帮助用户留下旧的版本,并提供用户版本的管理功能。

(5) 安全性,网络黑客这个名词,近年来时有耳闻,只要有网络的地方就有他们的踪迹。Web 服务器本身就是黑客们最喜欢攻击的地方。

（6）稳定性。系统稳定性是采购 Web 服务器需要考虑的重要因素。尤其是注意服务器在高峰时间的工作情况,很多系统往往承受不住突然升高的访问负载。此外,机器故障也是难以避免的。对于大的机构而言,一台备用的机器是值得的。在平时,备用机器的主要工作就是复制服务器的信息,一旦故障发生,就立刻取代原有的机器继续工作,这样可以把损失减到最少。当然,对一个设计优良的服务器而言,这个工作应该由系统自动进行,而不是由管理人员来做。

3.3.1.3 发展的新型数据库

数据仓库与决策支持系统是目前比较先进的新型数据库。

1. 数据仓库的概念

随着技术的成熟和并行数据库的发展,信息处理技术的发展趋势是从大量的事务型数据库中抽取数据,并将其清理、转换为新的存储格式,即为决策目标把数据聚合在一种特殊的格式中。随着此工程的发展和完善,这种支持决策的、特殊的数据存储即被定义为:数据仓库是支持管理决策过程的、面向主题的、集成的、稳定的、不同时间的数据集合。

主题是数据库归类的标准,每个主题对应一个客观分析领域,如客户、商店等,它可为辅助决策集成多个部门不同系统不同的大量数据。数据仓库包含了大量的历史数据,经集成后进入数据仓库的数据是极少更新的。数据仓库内的数据时限为 5 ~ 11 年,主要用于进行时间趋势分析。数据仓库的数据量很大,是一般数据库数据量的 100 倍。

2. 数据仓库的结构

（1）数据仓库的逻辑结构和物理结构。数据仓库是存储数据的一种组织形式,它从传统数据库中获得原始数据,先按辅助决策的主要要求形成当前基本数据层,再按综合决策的要求形成综合数据层。随着时间的推移,有时控制机制将当前基本数据层转为历史数据层。课件数据仓库中的逻辑结构数据有 3 ~ 4 层数据组成,它们均由元素数据组织而成。数据仓库中数据的物理存储形式有多维数据库组织形式和基于关系数据库组织形式。

（2）数据仓库系统,由三部分组成。一是数据库:数据库的数据来源多个数据源,包括企业内部数据、市场调查报告及各种文档之外的外部数据。二是仓库管理:在确定数据仓库信息需求后,首先进行数据建模,然后确定从源数据到数据仓库的数据抽取、清理和转换过程,最后划分为维数及确定数据仓库的物理存储结构。三是分析工具:用于完成实际决策问题所需的各种查询检索工具、多维数据的分析工具、数据开采工具等,以实现决策支持系统的各种要求。

3. 数据仓库的开发流程

开发数据仓库的流程包括以下步骤:

（1）启动工程建立开发数据仓库工程的目标及制定工程计划。计划包括数据范围、提供者、技术设备、资源、技能、组员培训、责任、方式方法、工程跟踪及详细工程调度等。

（2）建立技术环境选择实现数据仓库的软硬件资源,包括开发平台、网络通信、开发工具、终端访问工具及建立服务水平目标等。

（3）确立主题进行数据建模,根据决策需求确定主题,选择数据源,对数据仓库的数据组织进行逻辑设计。

64

（4）设计数据仓库中的数据库基于用户的需求，着重于某个主题，开发数据仓库中数据的物理存在结构，即设计多维数据结构的事实表和维表。

（5）数据转换程序实现从源系统中抽取数据、清理数据、格式化数据、综合数据、装载数据等过程的设计和编码。

（6）管理源数据定义源数据，即表示、定义数据的意义及系统各组成部件之间的关系。

（7）管理数据仓库环境，数据仓库必须像其他系统一样进行管理，包括质量检测、管理决策、支持工具及应用程序，并定期进行数据更新，使数据仓库正常运行。

4. 基于数据仓库的决策支持系统

数据仓库是一种管理技术，它将分布在网络中不同站点的信息集成在一起，为决策者提供各种类型的、有效的数据分析，起到决策支持的作用。随着数据仓库的广泛应用，基于数据仓库的决策的支持系统应运而生。数据仓库的使用分为三大类：

（1）提高数据分析的速度和灵活性。

（2）为访问和综合大量数据提供集成基础。

（3）促进或再创造商业过程。

3.3.2 网络信息资源存储分类

3.3.2.1 集中式存储与分布式存储

集中式存储指建立一个庞大的数据库，把各种信息存入其中，各种功能模块围绕信息库的周围并对信息库进行录入、修改、查询、删除等操作的组织方式。集中式存储简而言之，是既支持基于文件的 NAS 存储，包括 CIFS、NFS 等文件协议类型，又支持基于块数据的 SAN 存储，FC、ISCSI 等访问协议，并且可由一个集中式界面进行管理，是结构化数据和非结构化数据存储的温馨港湾。

与目前常见的集中式存储技术不同，分布式存储技术并不是将数据存储在某个或多个特定的节点上，而是通过网络使用企业中的每台机器上的磁盘空间，并将这些分散的存储资源构成一个虚拟的存储设备，数据分散地存储在企业的各个角落。

3.3.2.2 本地存储与网络存储

本地存储就是本地磁盘，是指安装于同一台计算机主板上，不可随意插拔、移动的磁盘（硬盘），一般包括计算机操作系统所在分区及其他分区。本地磁盘区别于通过网络连线访问的共享磁盘（如服务器磁盘或网络上其他计算机的共享磁盘）或通过本计算机外部连线连接但可随意插拔的移动磁盘（硬盘）。同一台计算机内部安装的数块磁盘均可称作该计算机的本地磁盘。

无论是 DVR、DVS 后挂硬盘还是服务器后面直接连接扩展柜的方式，都是采用硬盘进行存储应该说采用硬盘方式进行的存储，并不能算作严格意义上的存储系统。其原因有以下几点：第一，其一般不具备 RAID 系统，对于硬盘上的数据没有进行冗余保护，即使有也是通过主机端的 RAID 卡或者软 RAID 实现，严重地影响整体性能；第二，其扩展能力极为有限，当录像时间超过 60 天时，往往不能满足录像时间的存储需求；第三，无法实现数据集中存储,后期维护成本较高,特别是在 DVS 后挂硬盘的方式,其维护成本往往在一年之内就超过了购置成本。

随着网络技术和计算机技术的发展,海量的数据要求能够简便、安全、快速地存储,因此数据的存储方式也逐渐由本地存储向网络存储转变。除了现有主流网络存储技术 DAS、NAS 与 SAN 技术,近年来更有两种新型的网络存储技术——基于对象的存储和云存储发展较为迅速。

将来网络的核心必将是数据,而网络存储技术不仅能够解决数据存储空间不足的问题,还具有其他存储系统无可比拟的成本和性能优势。网络存储技术正朝着高容量、高速度、高安全性等方向发展,也不断取得突破和成效。在不久的将来,网络存储技术必定会得到更广泛的应用和越来越多的认同。

目前高端服务器使用的专业网络存储技术大概分为四种,有 DAS、NAS、SAN、ISCSI,它们可以使用 RAID 阵列提供高效的安全存储空间。

1. 直接附加存储

直接附加存储(DAS)是一种直接与主机系统相连接的存储技术,如作为服务器的计算机内部硬件驱动。到目前为止,DAS 仍是计算机系统中最常用的数据存储方法。DAS 即直连方式存储,顾名思义,在这种方式中,存储设备是通过电缆(通常是 SCSI 接口电缆)连接到服务器的,I/O 请求直接发送到存储设备。DAS,也可称为服务器附加存储(Server – Attached Storage,SAS),它依赖于服务器,其本身是硬件的堆叠,不带有任何存储操作系统。DAS 结构示意图如图 3 – 12 所示。

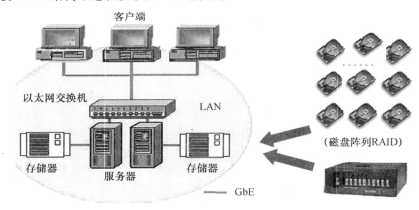

图 3 – 12　DAS 结构示意图

DAS 购置成本低,配置简单,使用过程和使用本机硬盘并无太大差别,对于服务器的要求仅仅是一个外接的 SCSI 口,因此对于小型企业很有吸引力。但是 DAS 也存在诸多问题:①服务器本身容易成为系统瓶颈;②服务器发生故障,数据不可访问;③对于存在多个服务器的系统来说,设备分散,不便管理。同时多台服务器使用 DAS 时,存储空间不能在服务器之间动态分配,可能造成相当的资源浪费;④数据备份操作复杂。

DAS 的适用环境可分为以下三种:

(1)服务器在地理分布上很分散,通过 SAN 或 NAS 在它们之间进行互联非常困难时(商店或银行的分支便是一个典型的例子);

（2）存储系统必须被直接连接到应用服务器（如 Microsoft Cluster Server 或某些数据库使用的"原始分区"）上时；

（3）包括许多数据库应用和应用服务器在内的应用，它们需要直接连接到存储器上，群件应用和一些邮件服务也包括在内。

2. 网络附加存储

网络附加存储（NAS）是一种采用直接与网络介质相连的特殊设备实现数据存储的机制。由于这些设备都分配有 IP 地址，所以客户机通过充当数据网关的服务器可以对其进行存取访问，甚至在某些情况下，不需要任何中间介质客户机也可以直接访问这些设备。NAS 结构示意图如图 3 - 13 所示。

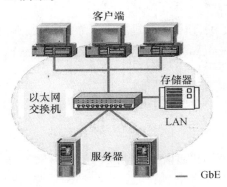

图 3 - 13   NAS 结构示意图

NAS 实际是一种带有瘦服务器的存储设备，这个瘦服务器实际是一台网络文件服务器。NAS 设备直接连接到 TCP/IP 网络上，网络服务器通过 TCP/IP 网络存取管理数据。NAS 作为一种瘦服务器系统，易于安装和部署，管理使用也很方便，同时由于可以允许客户机不通过服务器直接在 NAS 中存取数据，因此对服务器来说可以减少系统开销。NAS 为异构平台使用统一存储系统提供了解决方案。由于 NAS 只需要在一个基本的磁盘阵列柜外增加一套瘦服务器系统，对硬件要求很低，软件成本也不高，甚至可以使用免费的 Linux 解决方案，成本只比 DAS 略高。NAS 存在的主要问题是：①由于存储数据通过普通数据网络传输，因此易受网络上其他流量的影响，当网络上有其他大数据流量时会严重影响系统性能；②由于存储数据通过普通数据网络传输，因此容易产生数据泄露等安全问题；③存储只能以文件方式访问，而不能像普通文件系统一样直接访问物理数据块，因此会在某些情况下严重影响系统效率，比如大型数据库就不能使用 NAS。

3. 存储区域网

存储区域网（SAN）是一种通过光纤集线器、光纤路由器、光纤交换机等连接设备将磁盘阵列、磁带等存储设备与相关服务器连接起来的高速专用子网。SAN 是指存储设备相互联接且与一台服务器或一个服务器群相连的网络，其中的服务器用作 SAN 的接入点。在有些配置中，SAN 也与网络相连，SAN 中将特殊交换机当作连接设备。它们看起来很像常规的以太网络交换机，是 SAN 中的连通点。SAN 使得在各自网络上实现相互通信成为可能，同时带来了很多有利条件。SAN 结构示意图如图 3 - 14 所示。

SAN 由三个基本的组件构成：接口（如 SCSI、光纤通道、ESCON 等）、连接设备（交换

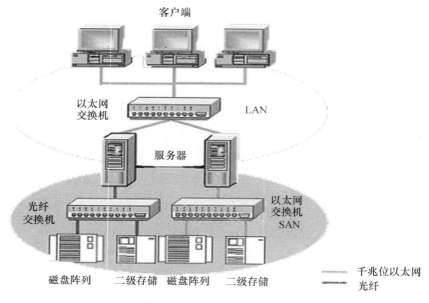

客户端

以太网交换机　　　　　　LAN

服务器

光纤交换机　　　　　以太网交换机　SAN

磁盘阵列　二级存储　磁盘阵列　二级存储

千兆位以太网
光纤

图 3 - 14　SAN 结构示意图

设备、网关、路由器、集线器等)和通信控制协议(如 IP 和 SCSI 等)。这三个组件再加上附加的存储设备和独立的 SAN 服务器,就构成一个 SAN 系统。SAN 提供一个专用的、高可靠性的基于光通道的存储网络,SAN 允许独立地增加它们的存储容量,也使得管理及集中控制(特别是对于全部存储设备都集群在一起的时候)更加简化。而且,光纤接口提供了 10 km 的连接长度,这使得物理上分离的远距离存储变得更容易。

　　SAN 实际是一种专门为存储建立的独立于 TCP/IP 网络之外的专用网络。目前一般的 SAN 提供2Gb/S 到 4Gb/S 的传输数率,同时 SAN 独立于数据网络存在,因此存取速度很快,另外 SAN 一般采用高端的 RAID 阵列,使 SAN 的性能在几种专业网络存储技术中傲视群雄。SAN 由于其基础是一个专用网络,因此扩展性很强,不管是在一个 SAN 系统中增加一定的存储空间还是增加几台使用存储空间的服务器都非常方便。通过 SAN 接口的磁带机,SAN 系统可以方便高效地实现数据的集中备份。SAN 作为一种新兴的存储方式,是未来存储技术的发展方向,但是,它也存在一些缺点:①价格昂贵,不论是 SAN 阵列柜还是 SAN 必需的光纤通道交换机价格都是十分昂贵的,就连服务器上使用的光通道卡的价格也是不容易被小型企业所接受的;②需要单独建立光纤网络,异地扩展比较困难。

　　4. ISCSI

　　ISCSI(Internet Small Computer System Interface, Internet 小型计算机系统接口)使用专门的存储区域网成本很高,而利用普通的数据网来传输 SCSI 数据实现和 SAN 相似的功能可以大大地降低成本,同时提高系统的灵活性。ISCSI 就是这样一种技术,它利用普通的 TCP/IP 网来传输本来用存储区域网来传输的 SCSI 数据块,ISCSI 的成本相对 SAN 来说要低不少。随着千兆网的普及,万兆网也逐渐地进入主流,使 ISCSI 的速度相对 SAN 来说并没有太大的劣势。ISCSI 目前存在的主要问题是:

　　(1)新兴的技术,提供完整解决方案的厂商较少,对管理者技术要求高。

　　(2)通过普通网卡存取 ISCSI 数据时,解码成 SCSI 需要 CPU 进行运算,增加了系统

68

性能开销,如果采用专门的 ISCSI 网卡虽然可以减少系统性能开销,但会大大增加成本。

（3）使用数据网络进行存取,存取速度冗余受网络运行状况的影响。

3.3.3　网络信息资源存储管理

随着网络存储信息容量的不断增大,存储管理越来越复杂,管理费用占存储预算的比例越来越高。存储虚拟化技术是解决存储管理问题的有效手段,已经越来越受到业界的关注。据统计,目前数据存储花费占企业总体开支的比重越来越大,而其中有 91% 用来购买存储管理软件,企业不得不考虑如何以有限的资源满足存储发展的需求。

针对海量数据和大规模存储资源的自主优化技术,已经有很多有益的技术被研究出来。这些技术有些是根据存储外部负载的大小来调整系统的存储策略,有些是将内部的存储资源进行划分,区别放置不同类型的数据,还有些存储技术定义了管理规则,根据规则自动调整系统的存储管理。这些方法都在一定程度上实现了根据外部负载的特征结合存储资源的分级管理,以调整数据的分布策略达到系统性能优化的目的,并且具备一定的自主优化功能。

1. AutoRAID 技术

AutoRAID 技术是 HP 公司设计的一种分级 RAID 技术,它兼顾了 RAIDI 和 RAIDS 的不同优点,能适应不同的数据访问场景。AutoRAID 把频繁使用的数据存放在高速高性能的磁盘阵列中,而相对便宜的 RAIDS 方磁盘阵列则用来保存不太常用的数据。整个系统容易管理且易于扩展,AutoRAID 不需要手工将数据在磁盘阵列中进行转移,系统的扩展非常简单,在系统中添加新磁盘后,系统会自动判断新磁盘的属性,如转速、容量、接口标准指标等,然后根据相应的策略自动将其添加到合适的 RAID 中,一般是 RAIDI 阵列。新的磁盘一旦被加入阵列系统,AutoRAID 会马上利用其存储空间,将更多的数据存放到 RAIDI 的磁盘阵列中,这样系统中更多的数据被 RAIDI 所管理,提高了这部分数据的存取性能,同样也就提高了系统的整体访问性能,从而实现系统的优化。特别是 AutoRAID 的磁盘阵列可以使用不同容量和不同性能等规格的异构磁盘。AutoRAID 系统可以进行动态数据转移,它是系统内的一种管理和性能优化机制,通过不间断监控磁盘阵列中的设备运行状态和性能,来判断是应该将数据写入或存放在 Cache 里面,还是将数据从 Cache 中倒入到 RAIDI 的磁盘阵列,或是将数据从 Cache 中倒入到 RAIDS 磁盘阵列。这种管理和性能优化机制非常适合变化的外部数据访问环境,在不影响数据可靠性的前提下保证系统的高性能,同时降低了系统的成本。对复杂的外部数据(如事务处理和大块文件访问)访问环境,这种方法非常有效。

2. 分布式 RAID

分布式 RAID(Distributed RAID)是一种新的分布式网络计算环境中的多复制算法,由加州大学伯克利分校的 Stonebraker Michael 教授和 Gethard 教授共同研究提出。在此之前的多复制算法通常需要和冗余信息相等的额外存储空间来提供数据复制,而分布式 RAID 算法能在分布式网络计算环境中,不需要更多的存储空间,只需要比普通较少的存储空间以不降低性能的代价来实现用户数据的复制。这种技术的主要思想是在分布式网络计算环境中对 RAID 的技术加以扩展,并将该技术称为冗余分布式磁盘阵列队(Redundant Array of Distributed Disks,RADD)。冗余分布式磁盘阵列能够支持在分布式网络环境中实现可靠的数据冗余数据复制,对远程的数据访问就像在本地的数据实现 RAID 存取一样。这种复制方法增加了系统的高可用性,提高了单个物理位置的计算机系统发生临时故障(如掉电、软硬件故障)和永久性故障(如雷击、地震、洪水等不可抗力)时的可用性,就像 RAID 中的磁盘故障一样。同样,冗余分布式磁盘阵列可以考虑替代传统的网络环境下的多复制技术,并且冗余分布式磁盘阵列也是替代分布式环境中的主备系统等高可用模式的选择。

但是分布式 RAID 同样只是在系统逻辑结构层面提供分布式环境中的 RAID 提供管理的支持,没有根据负载动态特征对系统进行优化,也没有根据存储资源的物理特性进行分级管理,达不到根据外部环境实现内部数据分布的效果,作用还比较局限。

3. ISTORE

ISTORE(Introspective – Storage)技术最早由加州大学伯克利分校的 David Patterson 和 Aaron Brown 等人提出,是一种针对数据密集网络服务的新型存储技术。ISTORE 是一种新型的自省的存储服务器架构技术,建立了像乐高玩具一样的可插拔的硬件和自适应软件框架,用来建立实时的自我监控。ISTORE 主要使用了自适应的存储管理技术以提供存储系统的整体可靠性以及扩展性等关键指标,同时极大地降低了存储系统的管理成本开销和系统管理的复杂性。使用了 ISTORE 技术的存储系统能够实时监控系统的软硬件运行状态和感应外部负载访问的变化情况,包括突如其来的各种存储系统软硬件故障和系统告警事件,比如磁盘接口通道或系统失效故障等。自动化的自我管理和实时监控硬件体系架构与灵活扩展的软件体系架构共同保证了系统的自适应能力,这种组织方式使得存储系统可以定义特定的有针对性的系统监控内容和自适应管理策略。

虽然 ISTORE 技术主要提供了系统硬件级故障的实时监控和相对简单的自适应管理策略,但是由于没有真正对外部负载的存取特性进行分析和适应,也就无法根据自身的状况调整数据分布策略以达到整体性能优化的效果。同时,ISTORE 系统中的资源管理也仅仅是针对设备的故障,没有针对内部资源的性能和可用性分级思想,管理比较简单。

4. 多分区 RAID

多分区 RAID(Multi – artitionRAID,MI – RAID)的基本思想与 AutoRAID 有些类似,它将磁盘阵列划分为一系列分区,每个分区对应一种 RAID 级别,并根据 I/O 数据的活跃程度将其分布在不同的 RAID 级别分区上。它主要针对的问题是当阵列出现单个失效盘时,尽可能将磁盘阵列的性能下降减低到最小程度。RAID 技术使用校验散布(Parity Declustering)的思想、RAID 的数据分布策略是将级别最小的 RAID 放置在存储磁盘柱面的中间(性能较好),并依序递增,将 RAID 级别高的放置在柱面的两侧(性能较差)。数据的存放有两种方式:一种是将先写的数据存放在 RAID 级别最低的磁盘阵列中,将最后写的数据存放在 RAID 级别最高的磁盘阵列;还有一种则是根据数据的工作负载大小来放置,将负载大的放在 RAID 级别低的磁盘阵列,将负载小的放置在 RAID 级别高的磁盘阵列。

5. MaPReduce 并行技术

2008 年卡内基梅隆大学的并行数据实验室提出了 MaPReduce 并行技术。MaPReduce 是一种并行处理的设计范例。该范例越来越多地用于云计算环境中的数据密集型的应用程序。MaPReduce 环境中的负载运行特征表现为不仅有助于服务提供者(服务提供者能够制定更好的调度决策),也有助于用户了解他们的任务对性能的影响特征。Ma-

PReduce 是一种处理和产生大规模数据集的编程模型,同时也是一种高效的任务调度模型。缺点是它更多的是从编程和数据处理上提供并行计算优化,没有结合系统的物理结构和负载特征对系统进行优化,也没有针对并行存储环境中的数据逻辑组织结构进行数据的动态分布,对整个系统的性能优化方面还有局限性。

6. 块重组技术

块重组技术(Block－reORGanization,BORG),是一种自我优化的存储系统中基于观察到的 I/O 负载的自动块重组技术。块重组技术基于 I/O 负载的 3 个特征:非统一的访问频率分布、非持久的位置和不连续访问中的局部决定论。为了实现目标,块重组技术管理着一个不大的专用磁盘分区,该分区通过显著减少寻道和旋转延迟,来响应大部分 I/O 请求。块重组技术对剩余的存储是透明的,包括应用文件系统和 I/O 调度进程,从而不修改或者最小化的修改存储的实现。块重组技术主要是在单机环境下,基于 I/O 特征进行数据管理优化,而无法在多用户环境中,针对复杂的并行请求负载特征,根据系统内部的存储资源的性能和容量状况进行存储系统的优化。

7. 云存储技术

云存储是在云计算(Cloud Computing)概念上发展出来的一个新的概念。云计算是分布式计算(Distributed Computing)、并行计算(Parallel Computing)和网格计算(Grid Computing)进一步虚拟化基础上的发展,是透过网络将硬件、平台、软件虚拟化之后提供给用户,用户可以像用水电一样使用各种计算机软硬件及服务资源。云计算平台可以根据需要动态地部署、配置、重新配置以及回收应用软件平台和服务器资源。

云计算是新一代的数据中心管理平台,相比传统的数据中心具有非常突出的技术优势,使用户能够通过提高利用率、降低管理和基础架构成本以及加快部署周期,进一步降低成本和简化 IT 管理。"云"也是下一代计算平台,它主要利用虚拟化技术提供动态的资源池,保障云中服务的高可用性。云存储的概念与云计算相似,它是指通过集群应用服务、网格计算和分布式文件系统等技术,将网络中各种异构的存储设备通过云管理软件集合起来协同工作,共同对外提供可靠数据存储和业务访问服务的存储系统。

与传统的存储系统相比,云存储不仅仅是一个硬件设备,而是一个由接入网、网络设备、服务器、存储设备、应用软件、公用访问接口和客户端应用程序等多个部分组成的复杂系统。各部分系统以存储设备为核心,通过云上的应用软件来对外提供可靠的数据存储和业务访问服务。从数据的生命周期上来看,云存储对数据的元数据定义考虑的是数据对象的静态特征,数据在存放后物理位置通常是固定的,而数据在使用过程中外界对它的需求是会不断发生变化的,目前云存储还无法反映这种动态特征并实时调整数据分布策略。另外,云存储也没有根据存储设备的性能和容量特性划分存储设备的服务级别,实现数据的动态分布,从而响应不同负载特征的数据访问需求。

8. 自组织存储系统技术

通常认为可用性和性能是大规模存储系统最重要的指标。大规模存储系统包括大量的可配置共享存储资源和网络,管理的工作量和复杂性非常大,并且难以手工管理。要解决这些问题,存储系统必须变得更加聪明,即具有一定程度的自我管理能力和智能,甚至在一定程度上实现存储系统的自动化管理。目前已有一些自动化管理的存储技术,可以在一定范围内对大规模存储系统进行智能化的管理,这些管理策略通常可以根据一定的规则自主地调整数据的分布。

　　大规模海量磁盘存储系统,由于外部用户的并发性、数据访问的多样性、管理的设备众多,并且设备多为异构,实现系统的自我管理非常困难。Tertiary 磁盘项目就是一种自组织系统,它设计了一个"自维护"的管理方案,来对系统进行自主管理。Tertiary 磁盘系统是由 IP 网络互联的多个 PC 服务器节点集群组成的大规模海量磁盘阵列存储系统。它的"自维护"表示的是存储系统能够对系统的管理策略在一定程度上根据事先定义好的规则自主管理,这样可以适当减轻、简化系统管理员的工作负担,降低系统管理的复杂度和出错可能性。系统不需要人工实时维护,只需要管理定期维护,检查系统日志和运行报告,系统在进行维护的时候,动作由事先定义好的规则管理执行,实现系统规则的管理。因此 Tertiary 技术在某种程度上实现了大规模海量磁盘存储系统的自主管理,不但可以降低管理和维护成本,还有助于减少系统管理人员由于经验问题导致出错的可能性,是一种比较好的自组织存储系统。

　　Oceanstore 是一个类似于云存储系统的全球范围的海量存储系统,它向外界提供点对点的收费存储服务,用户可以是移动用户,这样就保证了移动范围的可靠数据服务。该系统提出了"内省"和免维护的思想。利用 P2P 技术,系统中的数据结合哈希算法被复制到全球不同地理位置,数据被复制后存放在多个物理位置的存储节点上,这样就提高了数据的可用性,可以避免因为各种故障,如软硬件失效、人为错误、系统错误配置和不可抗力的自然灾害等意外带来的数据丢失。Oceanstore 由数以百万的存储和服务器组成,这些节点的存储空间、带宽、计算能力都不相同,由于是 P2P 系统,许多节点都会动态地加入和退出系统,并且有些节点随时会出现故障,这样一来,整个系统的所有节点属性和存储负载都在不断变化之中,如果用手工方式管理来适应如此大规模和多样性并不停变化的存储系统,其复杂性是非常惊人的,也是不可行的。

　　为了解决复杂的管理问题,Oceanstore 使用了"内省"思想(Introspection),这是一种模仿自然界生物系统的自适应性的机制。"内省"管理机制主要包括了系统监控(Observation)模块和系统优化(Optimization)模块,系统监控模块的主要功能是负责监控整个全球范围内的系统运行的状态并保存动作的历史记录,同时对监控结果进行负载特征和行为特征统计分析并归纳出合适的动作模式。系统优化模块则根据这些结果对系统进行管理和优化,目的是实现一个全球范围的免维护(Maintenance – free)的海量存储系统,可以满足基于 Internet 的全球范围的分布式系统的可靠的点对点存储服务。

　　当前的企业级存储系统的系统管理策略和组织结构常常是根据一些管理经验和事先定义好的策略设计的,这种方法往往存在两类问题。首先,管理的成本过高。系统管理往往需要大量有经验的存储系统管理员,系统的管理成本往往远远超过系统采购成本;其次,考虑到企业级存储系统的用户访问的并发性和多样性,以及管理的复杂性,往往具有丰富系统管理经验的管理员也有可能在复杂的系统状态环境中作出错误的管理决定。为了提高管理的正确性和简单性,需要提供简单有效的管理工具来帮助他们对当前情况快速作出判断,提供合适的管理建议,最后制定一个接近最优化管理方案决策并实施。

　　存储系统的自主化性能优化和管理问题可以被当作一个寻找最优化解的问题,目标是要找到能动态适应外部存取负载,满足用户数据存储的可用性和性能服务的要求,对内部的管理资源进行调整,实现最优化数据分布设计,这是一个 NP 难度问题,需要综合考虑各方面的问题加以平衡。

3.4　网络信息资源的运行特性

3.4.1　交互特性

网络信息资源的交互特性体现在网络资源能满足用户与用户、用户与网络以及网络与网络之间的信息交流互换。

用户与用户通过借助网络终端呈现多种交互方式，文字、话音、图片、图像、视频等。用户间的信息表征交互也从传统的互联网语言单一业务发展到现在的基于智能 APP 应用的社群交互。在传统的公共电话交换网络(Public Switched Telephone Network,PSTN)，用户之间借助于电信骨干网络实现即时交互，网络的资源则要求具有响应的及时性；当前的网络资源除了对即时性要求外，需要满足大容量性、高速特性等要求。

用户与网络之间的交互随着技术的发展呈现出多种交互手段，从传统的指令交互发展到现在的声音、动作等。网络资源可以实现对数据传感信息的采集，并由此与用户实现单向或者双向交互。

网络与网络之间的信息交互从微观表现为电信号、光信号等形式；按照信息的连续性可分为连续型、离散型。

3.4.2　可存储性

网络信息资源的存储指通过网络存储设备，包括了专用数据交换设备等存储介质以及专用的存储软件，利用原有网络或构建一个存储专用网络为用户提供统一的信息系统的信息存取和共享服务。网络信息资源的存储性不仅解决了原来分布式应用产生的大量"信息孤岛"的问题，还使得建立安全备份机制和灾难恢复手段成为可能。

现有的网络信息资源存储主流技术包括直连存储、存储网络技术、SCSI 技术、RAID 技术、SAN 技术、NAS 技术、IP 存储、磁带技术、光存储技术、面向数据库的存储技术以及云存储技术等。

3.4.3　可恢复性

网络信息资源的可恢复性主要表现在网络数据信息资源的可恢复性、网络链路的可恢复性。

1. 网络数据信息资源的可恢复性

网络数据资源的可恢复性建立在网络可存储性的基础上，通过对数据备份完成，一般通过专业的数据存储管理软件结合相应的硬件和存储设备来实现。网络数据的主要备份技术包括 LAN 备份、LAN Free 备份和 SAN Server – Free 备份三种。当数据发生错误或网络部分系统出现崩溃或服务器宕机时，网络资源的共享特性使得数据可以从本端或远程获得恢复。

2. 网络链路的可恢复性

网络链路的可恢复性主要体现在网络硬件资源及软件资源对网络链路、网络拓扑的容错检测及恢复。网络中协议则对网络错误的检测及修复提供了基础，通过设计标准，实现对网络设备的主要管理能力,如设备地址、设备标识、接口标识等。如链路发现协议LLDP(Link Layer Discovery Protocol),实现网络管理系统查询及判断链路的通信状况;如Cisco 公司开发的基于发现物理拓扑的私有协议(Cisco Discovery Protocol,CDP),实现对网络拓扑的自调整和自恢复。

3.4.4　可计算性

可计算性描述的是网络信息资源的可计算性,主要表现在网络对资源容量的可计算及网络资源的评估。

网络信息资源的可计算性为资源的高效利用提供了基础平台,其可计算性包括宏观的网络吞吐量(Mb/s)、网络容量(PB)、用户数量的计算,以及微观的 CPU 占用率、内存占用量、系统 IOPS 性能等。网络资源的特性的评估则实现对业务支撑的反馈,网络资源的计算特性为不同网络业务等级(Service Level)划分和服务的提供给出了范围,如基于不同QoS 的业务有不同的质量模型,基于流媒体的传输则对网络的延时和吞吐量有严格的要求,基于安全认证业务则要求网络的端对端到达率满足特定的条件阈值。网络资源的评估策略按照评估精度划分为定量和定性两种,按照对象可以分为面向用户、面向业务和面向系统,常见的分析方法如基于层次分析法(Analytic Hierarchy Process,AHP)、回归分析法、综合评价的方法等。

3.4.5　时效性

网络信息资源具有时效性,时效性是指信息的新旧程度、行情最新动态和进展。信息的时效性是指信息的效用依赖于时间并有一定的期限,其价值的大小与提供信息的时间密切相关。例如搜索引擎的评价指标"全、准、快、新"。这里的"全"指信息的全面程度,包括拓展和本意。"准"为信息排序合理,根据用户的需要,及可以为用户带来什么而进行描述。"快"就是说响应速度,如果响应速度不快,如何能做到收录快呢?"新"就是说信息的时效性、及时性。

时效性一般分为三大类别。范时效性:例如天气预报每天发布预报就是这样一种范时效性;周期时效性:在一定时段进行更新的,例如一些网站几天一更新,就是一个周期时效性;突发时效性:例如突然发生的地震、海啸等。

3.4.6　传输特性

网络信息资源运行具有传输特性,信息传输是指信息从一端经过信道传送到另一端,并被对方所接收,包括传送和接收等一系列过程。信息的传输需要有传输介质的保障,传输介质分有线和无线两种,有线为电话线网线或专用电缆;无线是指利用电台、微波及卫星技术等。信息传输过程中不能改变信息,信息本身也并不能被传送或接收。必须有载体,如数据、语言、信号等,且要求传送方面和接收方面对载体有共同解释,信息传输包括时间上和空间上的传输。时间上的传输也可以理解为信息的存储,比如,孔子的思想通过书籍流传到了现在,它突破了时间的限制,从古代传送到现代。空间上的传输,即通常所说的信息传输,比如,用语言面对面交流、用百度 HI 聊天,发送电子邮件等,它突破了空间的限制,从一个终端传送到另一个终端。网络信息的传输特性又包括有效性、可靠性以及安全性。有效性用频谱复用程度或频谱利用率来衡量。可靠性用信噪比和传输错误率来衡量。安全性用信息加密强度来衡量,提高安全性的措施是采用高强度的密码与信息隐藏或伪装的方法。

3.4.7　冗余特性

网络信息资源运行时具有冗余特性,冗余就是重复的意思,网络信息资源运行时的冗余特性有两个方面的意思:①对数据进行冗余性的编码来防止数据的丢失、错误,并提供对错误数据进行反变换得到原始数据的功能。②为了提高信息传输的可靠性,向目的端多次发送同样的信息。

针对第一点,网络信息在数据链路层封装成帧时会多增加一些多余的信息,以便在接收端成功地进行帧的界定以及信息完整无误的接收。数据链路层要解决三个基本问题,封装成帧、透明传输以及差错检测,封装成帧是说数据链路层对来自上层的比特流添加首部和尾部,以构成帧,这样在接收端就能根据尾部和首部字段识别出一个完整的帧。透明传输是指任何信息都能通过传输信道无误地到达接收端,若信息中包含有帧首部和尾部的信息,则需要进一步添加冗余信息,以便让接收端知道该字符是正常传送的信息而不是一个帧的帧首或者帧尾。差错检测,所谓差错是指因现实的通信链路并不理想而导致在传输过程中比特出现差错的状况,差错检测则是指在经通信链路的传输后能发现出错的比特并进行纠正。常见的差错检测方法有循环冗余码和奇偶校验码。从链路层需要解决的三个基本问题可以看出,冗余信息在解决这三个问题的过程中的重要性,其均是通过增加冗余信息以达到信息可靠接收的目的。

针对第二点,对于大部分以广播模式通信的系统,其常常需要单向重复的广播一些信息,这样一来相对于广播信道而言其传输的信息就存在很大的冗余性以及重复性。

网络信息资源运行时具有冗余特性,其目的是提高目的端信息接收的可靠性。

参 考 文 献

[1] 周晴. 面向全业务运营的网络演进[M]. 北京:人民邮电出版社,2009.

[2] 黄晓斌. 网络信息资源开发与管理[M]. 北京:清华大学出版社,2009.

[3] Akamine S. Organizing Information on the Web to Support User Judgments on Information credibility [C]. Universal Communication Symposium (IUCS). 2010(10):123 – 130.

[4] 马张华,黄智生. 网络信息资源组织[M]. 北京:北京大学出版社,2007.

[5] Neiger Gil, Santoni A, Leung F, et al. Intel Virtualization Technology: Hardware Support for Efficient Processor Virtualization [J]. Intel Technology Journal. 2008(7):167 – 178.

[6] 张江陵,冯丹. 海量信息存储系统[M]. 北京:科学出版社,2003.

[7] Hans Coufal. The Future of Data Storage: Principles, Potential and Problems [C]. Invited Talk at the 1st USENIX Conference on File and Storage Technologies. 2002(1):28 – 30.

[8] 鲁士文. 存储网络技术及应用[M]. 北京:清华大学出版社,2010.

[9] De – zhi Han. Snins: A Storage Network Integrating NAS and SAN [C]. Machine Learning and Cybernetics. 2005(8): 488 – 493.

第4章　网络结构及动态特性

网络拓扑结构是指用传输媒体互联各种设备的物理布局。将参与 LAN 工作的各种设备用媒体互联在一起有多种方法,实际上只有几种方式能适合 LAN 的工作。在本章中,将对网络的拓扑结构从物理和逻辑上以及静态性和动态性几方面分类进行说明。

4.1　基　本　结　构

基本结构可以进一步分为物理拓扑结构和逻辑拓扑结构。逻辑拓扑结构与信道密切相关,将在后面的章节介绍。这里主要介绍物理拓扑结构的网络拓扑结构,它指网络中节点和边的互联形状和结构,也可以说是指网络在物理上的连通性。网络的拓扑结构有很多种,但是基本的拓扑机构,只有如下的 3 种,即总线型结构、星型结构、环型结构。其余网络拓扑结构都可从这 3 种中演变而来,如图 4 – 1 所示。

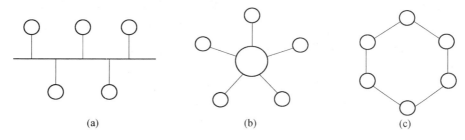

(a)　　　　　　　　　　(b)　　　　　　　　　　(c)

图 4 – 1　3 种典型网络拓扑结构
(a)总线型拓扑图;(b)星型拓扑图;(c)环型拓扑图。

4.1.1　总线型拓扑结构

1. 总线型拓扑结构概述

总线型拓扑是一种基于多点连接的拓扑结构,是将网络中的所有的设备通过相应的硬件接口直接连接在共同的传输介质上。节点之间按广播方式通信,一个节点发出的信息,总线上的其他节点均可“收听”到。总线型拓扑结构使用一条所有 PC 都可访问的公共通道,每台 PC 只要连一条线缆即可。在总线结构中,所有网上计算机都通过相应的硬件接口直接连在总线上,任何一个节点的信息都可以沿着总线向两个方向传输扩散,并且能被总线中任何一个节点所接收。由于其信息向四周传播,类似于广播电台,故总线网络也被称为广播式网络。总线有一定的负载能力,因此,总线长度有一定限制,一条总线也只能连接一定数量的节点。最著名的总线型拓扑结构是以太网(Ethernet)。

总线上传输信息通常多以基带形式串行传递,每个节点上的网络接口板硬件均具有收、发功能,接收器负责接收总线上的串行信息并转换成并行信息送到 PC 工作站;发送器是将并行信息转换成串行信息后广播发送到总线上,总线上发送信息的目的地址与某节点的接口地址相符合时,该节点的接收器便接收信息。由于各个节点之间通过电缆直接连接,所以总线型拓扑结构中所需要的电缆长度是最小的,但总线只有一定的负载能力,因此总线长度又有一定限制,一条总线只能连接一定数量的节点。

总线型结构是使用同一媒体或电缆连接所有端用户的一种方式,也就是说,连接端用户的物理媒体由所有设备共享,各工作站地位平等,无中央节点控制,公用总线上的信息多以基带形式串行传递,其传递方向总是从发送信息的节点开始向两端扩散,如同广播电台发射的信息一样,因此又称广播式计算机网络。各节点在接收信息时都进行地址检查,看是否与自己的工作站地址相符,相符则接收网上的信息。

使用这种结构必须解决的一个问题是确保端用户使用媒体发送数据时不能出现冲突。在点到点链路配置时,这是相当简单的。如果这条链路是半双工操作,只需使用很简单的机制便可保证两个端用户轮流工作。在一点到多点方式中,对线路的访问依靠控制端的探询来确定。然而,在 LAN 环境下,由于所有数据站都是平等的,不能采取上述机制。对此,研究了一种在总线共享型网络使用的媒体访问方法:带有碰撞检测的载波侦听多路访问,英文缩写成 CSMA/CD。

总线型结构适用于局域网,对实时性要求不高的环境,在早期的计算机局域网中是应用非常广泛的,这种结构自身是可以互联或叠加组合的,使得该结构有更多的应用和更大的范围,如图 4-2 所示。

2. 令牌总线工作原理

令牌总线媒体访问控制是将局域网物理总线的站点构成一个逻辑环,每一个站点都在一个有序的序列中被指定一个逻辑位置,序列中最后一个站点的后面又跟着第一个站点。每个站点都知道在它之前的前趋站和在它之后的后继站标识。为了保证逻辑闭合环路的形成,每个节点都动态地维护着一个连接表,该表记录着本节点在环路中的前继、后继和本节点的地址,每个节点根据后继地址确定下一站有令牌的节点。

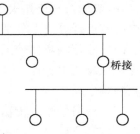

图 4-2　组合总线结构

在正常运行时,当站点做完该做的工作或者时间终了时,它将令牌传递给逻辑序列中的下一个站点。从逻辑上看,令牌是按地址的递减顺序传送至下一个站点的,但从物理上看,是带有目的的令牌帧广播到总线上所有的站点,当目的站点识别出符号的地址,即把该令牌帧接收。只有收到令牌帧的站点才能将信息帧送到总线上,不像 CSMA/CD 访问方式那样,令牌总线不可能产生冲突。由于不可能产生冲突,令牌总线的信息帧长度只需根据要传送的信息长度来确定,就没有最短帧的要求。而对于 CSMA/CD 访问控制,为了使最远距离的站点也能检测到冲突,需要在实际的信息长度后添加填充位,以满足最短帧长度的要求。

3. 总线型结构的主要特点

总线型拓扑的优点与环型拓扑结构差不多,主要有如下几点。

(1) 网络结构简单,易于布线。因为总线型网络与环型网络一样,都是共享传输介质,也通常无需另外的网络设备,所以整个网络结构比较简单,布线比较容易。

(2)扩展较容易。这是它相对同样是采用同轴电缆(或光纤)作为传输介质的环型网络结构的最大的一个优点。因为总线型结构网络中,各节点与总线是并行连接(环型网络中连接器与电缆是串行连接)的,所以节点的扩展无须断开网络,扩展容易了许多。而且还可通过中继器设备扩展连接到其他网络中,进一步提高了可扩展性能。

(3)维护容易。同样是因为总线型结构网络中的连接器与总线电缆并行连接的,所以这给整个网络的维护带来了极大的便利,因为一个节点的故障不会影响其他节点,更不会影响整个网络,所以故障点的查找就容易了许多。这与星型结构的类似。

尽管有以上一些优点,但是它与环型结构网络一样,缺点仍是主要的,这些缺点也决定了它在当前网络应用中也极少使用的命运。总线型结构的主要缺点表现在以下几个方面。

(1)传输速率低。上节介绍的 IEEE 802.5 令牌环网中的最高传输速率可达16Mb/s,但 IEEE 802.4 标准下的令牌总线标准最高传输速率仅为 10Mb/s。所以它虽然在扩展性方面较令牌环网有一些优势,但它同样摆脱不了被淘汰的命运。现在 10Mb/s 的双绞线集线器星型结构都不再应用了,总线型结构的唯一优势就是同轴电缆比双绞线更长一些的传输距离,而这些优势相对光纤来说,根本不值一提。在星型结构中同样可以采用光纤作为传输介质,以延长传输距离。

(2)故障诊断困难。虽然总线型拓扑结构简单,可靠性高,而且是互不影响的并行连接,但故障的检测仍然很不容易。这是因为这种网络不是集中式控制,故障诊断需要在网络中各节点计算机上分别进行。

(3)故障隔离比较困难。在这种结构中,如果故障发生在各个计算机内部,只需要将计算机从总线上去掉,比较容易实现。但是如果是总线传输介质发生故障,则故障隔离就比较困难了。

(4)网络效率和传输性能不高。因为在这种结构网络中,所有的计算机都在一条总线上,发送信息时比较容易发生冲突,故这种结构的网络实时性不强,网络传输性能也不高。

(5)难以实现大规模扩展。虽然相对环型网络来说,总线型的网络结构在扩展性方面有了一定的改善,可以在不断开网络的情况下添加设备,还可添加中继器之类的设备予以扩展,但仍受到传输性能的限制,其扩展性远不如星型网络,难以实现大规模的扩展。

综上所述,单纯总线型结构网络目前也已基本不用,因为传输性能太低(只有10Mb/s),可扩展性也受到性能的限制。目前使用总线型结构的就是后面将要介绍的混合型网络。

4.1.2 星型拓扑结构

1. 星型拓扑结构概述

星型拓扑结构(图4-1)是一种以中央节点为中心,把若干外围节点连接起来的辐射式互联结构,各节点与中央节点通过点与点方式连接,中央节点执行集中式通信控制策略,因此中央节点相当复杂,负担也重。这种结构适用于局域网,特别是近年来连接的局域网大都采用这种连接方式。这种连接方式以双绞线或同轴电缆作连接线路。在中心放一台中心计算机,每个臂的端点放置一台 PC,所有的数据包及报文通过中心计算机来通信,除了中心机外每台 PC 仅有一条连接,这种结构需要大量的电缆,星型拓扑可以看成一层的树型结构,不需要多层 PC 的访问权争用。星型拓扑结构在网络布线中较为常见。

星型网是目前广泛而又首选使用的网络拓扑设计之一。星型结构是指各工作站以星型方式连接成网。星型结构是由中央节点和通过点到点通信链路接到中央节点的各个用户节点组成星型方式连接成网。中央节点执行集中式通信控制和信息处理策略,在星型网中任何两个节点要进行通信都必须经过中央节点控制。因此,中央节点的主要功能有三项:当要求通信的站点发出通信请求后,控制器要检查中央转接站是否有空闲的通路,被叫设备是否空闲,从而决定是否能建立双方的物理连接;在两台设备通信过程中要维持这一通路;当通信完成或者不成功要求拆线时,中央转接站应能拆除上述通道。而各个用户节点的通信处理负担一般较小,一旦建立了通道连接,可以无延迟或极小延迟地在连通的两个节点之间传送数据。这种结构以中央节点为中心,因此又称为集中式网络。

现有的数据处理(如计算机网络等)和话音通信(如电信网络等)的信息网大多采用这种结构,大家每天都使用的电话属于这种结构。它在一个单位内为综合话音和数据工作站交换信息提供信道,还可以提供话音信箱和电话会议等业务,是局域网的一个重要分支。

2. 星型拓扑结构的特点

星型拓扑结构的主要优点体现在以下几个方面。

(1)网络传输数据快。因为整个网络呈星型连接,网络的上行通道不是共享的,所以每个节点的数据传输对其他节点的数据传输影响非常小,这样就加快了网络数据传输速度。不同于下面将要介绍的环型网络所有节点的上、下行通道都共享一条传输介质,而同一时刻只允许一个方向的数据传输。其他节点要进行数据传输只有等到现有数据传输完毕后才可。另外,星型结构所对应的双绞线和光纤以太网标准的传输速率可以非常高,如普通的 5 类、超 5 类都可以通过 4 对芯线实现 1000Mb/s 传输,7 类屏蔽双绞线则可以实现 10Gb/s,光纤则更是可以轻松实现千兆位、万兆位的传输速率。环型、总线型结构中所对应的标准速率都在 16Mb/s 以内,明显低了许多。

(2)实现容易,成本低。星型结构所采用的传输介质通常采用常见的双绞线(也可以采用光纤),这种传输介质相对其他传输介质(如同轴电缆和光纤)来说比较便宜。如目前常用的主流品牌的 5 类(或超 5 类)非屏蔽双绞线(UTP)每米也仅 1.5 元左右,而同轴电缆最便宜的细同轴电缆也要 1.8 元以上。

(3)节点扩展、移动方便。在这种星型网络中,节点的扩展只需要从交换机等集中设备空余端口中拉一条电缆即可;而要移动一个节点只需要把相应节点设备连接网线从设备端口拔出,然后移到新设备端口即可,并不影响其他任何已有设备的连接和使用,不会像下面将要介绍的环型网络那样"牵一发而动全身"。

(4)维护容易。在星型网络中,每个节点都是相对独立的,一个节点出现故障不会影响其他节点的连接,可任意拆走故障节点。正因如此,这种网络结构受到用户的普遍欢迎,成为应用最广的一种拓扑结构类型。但如果集线设备出现了故障,也会导致整个网络的瘫痪。

星型拓扑结构的主要缺点体现在如下几个方面。

(1)核心交换机工作负荷重。虽然说各工作站用户连接的是不同的交换机,但是最终还是要与连接在网络中央核心交换机上的服务器进行用户登录和网络服务器访问的,所以,中央核心交换机的工作负荷相当繁重,要求担当中央设备的交换机的性能和可靠性非常高。其他各级集线器和交换机也连接多个用户,其工作负荷同样非常重,也要求具有较高的可靠性。

(2)网络布线较复杂。每个计算机直接采用专门的网线电缆与集线设备相连,这样整个网络中至少就需要所有计算机及网络设备总量以上条数的网线电缆,使得本身结构就非常复杂的星型网络变得更加复杂了。特别是在大中型企业网络的机房中,太多的电缆无论对维护、管理,还是机房安全都是一个威胁。这就要求在布线时要多加注意,一定要在各条电缆与集线器和交换机端口上做好相应的标记。同时建议做好整体布线书面记录,以备日后出现布线故障时能迅速找到故障发生点。另外,由于这种星型网络中的每条电缆都是专用的,利用率不高,在较大的网络中,这种浪费还是相当大的。

(3)广播传输,影响网络性能。其实这是以太网的一个不足,但因星型网络结构主要应用于以太网中,所以相应也就成了星型网络的一个缺点。因为在以太网中,当集线器收到节点发送的数据时,采取的是广播发送方式,任何一个节点发送信息在整个网中的节点都可以收到,严重影响了网络性能的发挥。虽然说交换机具有 MAC 地址"学习"功能,但对于那些以前没有识别的节点发送来的数据,同样是采取广播方式发送的,所以同样存在广播风暴的负面影响,当然交换机的广播影响要远比集线器的小,在局域网中使用影响不大。

综上所述,星型拓扑结构是一种应用广泛的有线局域网拓扑结构,由于它采用的是廉价的双绞线,而且非共享传输通道,传输性能好,节点数不受技术限制,扩展和维护容易,所以它又是一种经济、实用的网络拓扑结构。

3. 多级级联星型结构

复杂的星型网络级联就是在如图 4-1 所示基本星型结构的基础上通过多台交换机级联形成的,从而形成多级级联星型结构,满足更多、不同地理位置分布的用户连接和不同端口带宽需求。星型结构通过复合形成一个等级网络,从而形成更多的次中央节点,来均衡信息的流量达到优化网络结构的目的。如图 4-3 所示星型结构的一种组合,从每个层次来看它都是由若干个星型结构的集合,因此星型结构同样可以演变成一种能实用的网络拓扑结构。

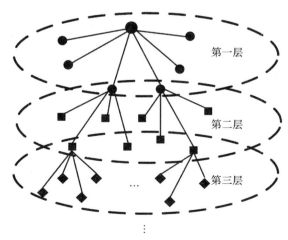

图 4-3　星型结构的组合与演变

星型拓扑结构广泛应用于网络的处理集中于中央节点的场合,但是单一的星型结构应用极少,而其组合结构在实践中得到广泛应用,特别是在目前的有线电视网络、计算机局域网和广域网网络中。

4.1.3　环型拓扑结构

1. 环型拓扑结构概述

环型拓扑结构由节点和连接节点的链路组成一个闭合环如图4-1所示。环型拓扑结构在 LAN 中使用较多。这种结构中的传输媒体从一个端用户到另一个端用户,直到将所有的端用户连成环型。数据在环路中沿着一个方向在各个节点间传输,信息从一个节点传到另一个节点。这种结构显而易见消除了端用户通信时对中心系统的依赖性,也消除了节点通信时对中心系统的依赖性,通常用在局域网实时性要求较高的环境。

环型网中各节点通过环路接口连在一条首尾相连的闭合环型通信线路中,就是把每台 PC 连接起来,数据沿着环依次通过每台 PC 直接到达目的地,环路上任何节点均可以请求发送信息。请求一旦被批准,便可以向环路发送信息。环型网中的数据可以是单向也可是双向传输。信息在每台设备上的延时时间是固定的。由于环线公用,一个节点发出的信息必须穿越环中所有的环路接口,信息流中目的地址与环上某节点地址相符时,信息被该节点的环路接口所接收,而后信息继续流向下一环路接口,一直流回到发送该信息的环路接口节点为止。特别适合实时控制的局域网系统。在环型结构中每台 PC 都与另两台 PC 相连,每台 PC 的接口适配器必须接收数据再传往另一台。因为两台 PC 之间都有电缆,所以能获得好的性能。最著名的环型拓扑结构网络是令牌环网(Token Ring Network)。

2. 令牌环工作原理

环型网络的一个典型代表是采用同轴电缆作为传输介质的 IEEE 802.5 的令牌环网。目前也有用光纤作为传输介质的环型网,大大提高了环型网的性能。令牌环网络结构最早由 IBM 推出,最初的同轴电缆令牌网传输速率为 4Mb/s 或 16Mb/s,较当时只有 2Mb/s 的以太网性能高出好几倍,所以在当时得到了广泛的应用。但随着以太网技术的跳跃式发展,令牌环网络技术性能就显得不能适应时代的要求,逐渐被淘汰出局了。在这种令牌环网络中,RPU(转发器)从其中的一个环段(称为"上行链路")上获取帧中的每个位信号,再生(整形和放大)并转发到另一环段(称为"下行链路")。如果帧中宿(目的)地址与本节点地址一致,复制 MAC 帧,并送给附接本 RPU 的节点。在这种网络中,MAC 帧会无止境地在环路中再生和转发,由发送节点完成。其中有专门的环监控器,监视和维护环路的工作。RPU 负责网段的连接、信息的复制、再生和转发、环监控等。一旦 RPU 出现故障就可导致网络瘫痪。

在令牌环网络中,拥有"令牌"的设备才允许在网络中传输数据。这样可以保证在某一时间内网络中只有一台设备可以传送信息。在环型网络中信息流只能是单方向的,每个收到信息包的站点都向它的下游站点转发该信息包。信息包在环型网络中传输一圈,最后由发送站进行回收。当信息包经过目的站时,目的站根据信息包中的目标地址判断出自己是接收站,并把该信息复制到自己的接收缓冲区中。环路上的传输介质是各个计算机公用的,一台计算机发送信息时必须经过环路的全部接口。只有当传送信息的目标地址与环路上某台计算机的地址相符合时,才被该计算机的环接口所接收,否则,信息传至下一个计算机的环接口。

以上是数据的接收方式,在数据的发送方面,为了决定环上的哪个站可以发送信息,在这种网络中,平时在环上流通着一个叫令牌的特殊信息包,只有得到令牌的站才可以发送信息,当一个站发送完信息后就把令牌向下传送,以便下游的站点可以得到发送信息的机会。

环型网络的访问控制一般是分散式的管理,在物理上环型网络本身就是一个环,因此它适合采用令牌环访问控制方法。有时也有集中式管理,这时就得有专门的设备负责访问控制管理。而环型网络中的各个计算机发送信息时都必须经过环路的全部环接口,如果一个环接口程序故障,整个网络就会瘫痪,所以对环接口的要求比较高。为了提高可靠性,当一个接口出现故障时,采用环旁通的办法。

3. 环型拓扑结构特点

环型结构网络的主要优点体现在以下几个方面。

(1)网络路径选择和网络组建简单。在这种结构网络中,信息在环型网络中流动是一个特定的方向,每两个计算机之间只有一个通路,简化了路径的选择,路径选择效率非常高。同样因为这样,这类网络的组建就相当简单。

(2)投资成本低。这主要体现在两个方面:一方面是线材的成本非常低。在环型网络中各计算机连接在同一条传输电缆上,所以它的传输电缆成本就非常低,电缆利用率相当高,节省了投资成本;另一方面,由于这种网络中没有任何其他专用网络设备,所以无须花费任何投资购买网络设备。

尽管有以上两个看似非常诱人的优点,但环型网络的缺点仍是主要的,这也是它最终被淘汰出局的根本原因。环型结构网络的主要缺点体现在以下几个方面。

(1)传输速度慢。这是它最终不能得到发展和用户认可的最根本原因。虽然说在出现时较当时的 10Mb/s 以太网,在速度上有一定优势(因为它可以实现 16Mb/s 的接入速率),但由于这种网络技术后来一直没有任何发展,速度仍在原来水平,相对现在最高可达到 10Gb/s 的以太网来说,它实在是太落后了,连无线局域网的传输速度都远远超过了它。这么低的连接性能决定了它只能承受被淘汰的局面,所以目前这种网络结构技术可能只在实验室中可以见到。

(2)连接用户数非常少。在这种环型结构中,各用户是相互串联在一条传输电缆上的,本来传输速率就非常低,再加上共享传输介质,各用户实际可能分配到的带宽就非常低了,而且还没有任何中继设备,所以这种网络结构可连接的用户数就非常少,通常只是几个用户,最多不超过 20 个。

(3)传输效率低。因为这种环型网络共享一条传输介质,每发送一个令牌数据都要在整个环状网络中从头走到尾,哪怕是已有节点接收了数据。在有节点接收数据后,也只是复制了令牌数据,令牌还将继续传递,看是否还有其他节点需要同样一份数据,直到回到发送数据的节点。这样一来,传输速率本来就非常低的网络传输效率就更加低了。

(4)扩展性能差。因为是环型结构,且没有任何可用来扩展连接的设备,决定了它的扩展性能远不如星型结构的好。如果要新添加或移动节点,就必须中断整个网络,在适当位置切断网线,并在两端做好环中继器转发器才能连接。并且受网络传输性能的限制,这种网络连接的用户数非常有限,也不能随意扩展。

（5）维护困难。虽然在这种网络中只有一条传输电缆，看似结构也非常简单，但它仍是一个闭环，设备都连接在同一条串行连接的环路上，所以一旦某个节点出现了故障，整个网络将出现瘫痪。并且在这样一个串行结构中，要找到具体的故障点还是非常困难的，必须一个个节点排除，非常不便。另一方面因为同轴电缆所采用的是插针接触方式，也非常容易出现接触不良，造成网络中断，网络故障率非常高。笔者曾经就维护过这样一个小型企业网，虽然只有 10 多台计算机，但因分布在几栋建筑物中，几乎天天发生网络故障，有时一查就可能是几个小时。

综上所述，环型拓扑结构以太网性能太差，因为它利用的是 IEEE 802.5 令牌环标准，传输性能低、连接用户少、可扩展性差、维护困难等这些都是它致命的弱点，这也决定了它不能得以继续发展和应用的命运。

4. 环型拓扑结构级联

环型拓扑结构多适用于局域网，实时性要求较高的环境。随着传输技术、通信控制技术以及软件技术的进步，完全可以将环型拓扑结构组合起来，形成多环优化结构，避免单环结构的不足，实现网络的高速高效通信。特别是高速光纤传输技术的出现，使得环型网络拓扑结构得到了很大的应用。如图 4-4 就是一种多环拓扑结构图。

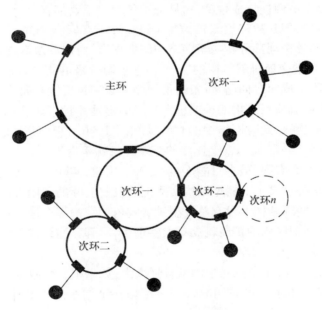

图 4-4 组合环型结构

4.2 互 联 结 构

单一拓扑结构的网络是相对少一些的。实际中我们需要更多的网络拓扑结构来满足各种各样的网络建设需求，因此必须要根据实际情况利用基本的网络拓扑结构和相应的网络传输技术，进行网络拓扑结构的设计，也就是拓扑结构的组合。从上面的分析知道网络的基本拓扑结构自身是可以组合的，也已经有很多相应的应用实例，但是单一拓扑结构的若干次组合往往不能满足建立和互联网络的需要。

我们称利用基本拓扑结构进行组合得到的拓扑结构为互联结构,它分为单一组合互联结构和混合组合互联结构两类,前者只是一种基本结构的组合,后者是不少于两种基本结构的组合。下面介绍几种常见的网络拓扑组合互联结构。

4.2.1 树型拓扑结构

树型拓扑结构可以认为是多级星型结构组成的,只不过这种多级星型结构自上而下(从核心层(或骨干层)到会聚层,再到边缘层)是呈三角形分布的,也就是上层的终端和集中交换节点少,中层的终端和集中交换节点多些,而下层的终端和集中交换节点最多。

树型拓扑从总线拓扑演变而来,形状像一棵倒置的树,顶端是树根,树根以下带分支,每个分支还可再带子分支。它是总线型结构的扩展,它是在总线网上加上分支形成的,其传输介质可有多条分支,但不形成闭合回路,树型网是一种分层网,其结构可以对称,联系固定,具有一定容错能力,一般一个分支和节点的故障不影响另一分支节点的工作,任何一个节点送出的信息都可以传遍整个传输介质,也是广播式网络。一般树型网上的链路相对具有一定的专用性,无须对原网做任何改动就可以扩充工作站。它是一种层次结构,节点按层次连接,信息交换主要在上下节点之间进行,相邻节点或同层节点之间一般不进行数据交换。把整个电缆连接成树型,树枝分层每个分至点都有一台计算机,数据依次往下传,优点是布局灵活但是故障检测较为复杂,PC 环不会影响全局。树的最下端相当于网络中的边缘层,树的中间部分相当于网络中的会聚层,而树的顶端则相当于网络中的核心层(或骨干层),顶端交换机就是树的"干"。它采用分级的集中控制方式,其传输介质可有多条分支,但不形成闭合回路,每条通信线路都必须是支持双向传输的。

认为树型结构是总线型结构的扩展也有一定的道理,因为总线型结构可以连接、集线或中继设备,以扩展连接,此时网络中的总线就相当于"树干",而总线连接的集线,或中继设备就相当于树的"枝",而总线上连接的终端节点就相当于"叶"。但是因为总线型网络本身的传输性能非常有限,最多只能连接 10 来个用户,实际上连接集线,或中继设备的意义已不大,所以这种意义上的树型结构实际上已没有实际的利用价值。相反,星型扩展的树型结构,虽然在实际结构上没有总线型扩展的树型结构那么像,但实际的利用价值却好许多。但认为是环型结构的扩展就没有太多理由,尽管环型结构也可以连接中继设备,但事实上却很少使用。

树型拓扑的缺点是各个节点对根的依赖性太大,如果根发生故障,全网则不能正常工作,从这一点来看树型拓扑结构的可靠性与星型拓扑结构相似。这种结构在电信行业和广电行业应用极为普遍。

大中型网络通常采用树型拓扑结构,它的可折叠性非常适用于构建网络主干。由于树型拓扑具有非常好的可扩展性,并可通过更换集线设备使网络性能迅速得以升级,极大地保护了用户的布线投资,因此非常适宜于作为网络布线系统的网络拓扑。

树型拓扑结构除了具有星型结构的所有特点外,还具有以下自身特点。

(1)扩展性能好。其实这也是星型结构的主要优点,通过多级星型级联,就可以十分方便地扩展原有网络,实现网络的升级改造。只需简单地更换高速率的集线设备,即可平滑地从 10Mb/s 升级至 100Mb/s、1000Mb/s 甚至 10Gb/s,实现网络的升级。正是由于这两条重要的特点,星型网络才会成为网络布线的当然之选。

（2）易于网络维护。集线设备居于网络或子网络的中心，这也正是放置网络诊断设备的绝好位置。就实际应用来看，利用附加于集线设备中的网络诊断设备，可以使得故障的诊断和定位变得简单而有效。

这种结构的缺点就是对根（核心层，或骨干层）交换机的依赖性太大，如果根发生故障，则全网不能正常工作。同时，大量数据要经过多级传输，系统的响应时间较长。

同样，如图4－4给出的多环结构是一种在计算机网络、电信网络等网络中应用极广的拓扑互联结构，特别是用在光纤构建网络传输系统。

4.2.2 混合型拓扑结构

将某两种或两种以上基本拓扑结构组合起来，取它们的优点构成一种混合型拓扑结构，如图4－5所示就是两种基本拓扑结构组合而成的混合型拓扑结构。一种是星型拓扑和环型拓扑混合成星型环拓扑，另一种是星型拓扑和总线拓扑混合成星型总线拓扑，其实这两种混合型在结构上有相似之处，如果将总线结构的两个端点连在一起也就成了环型结构。

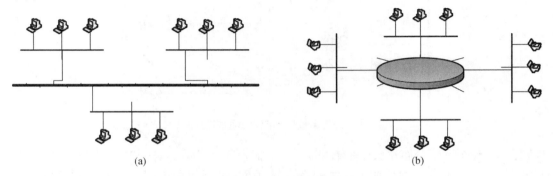

(a)　　　　　　　　　　　　　　(b)

图4－5　混合型拓扑结构

混合型拓扑结构更能满足较大网络的拓展，解决星型网络在传输距离上的局限（因为双绞线的单段最大长度要远小于同轴电缆和光纤），而同时又解决了总线型网络在连接用户数量的限制。实际上的混合结构网络主要应用于多层建筑物中。其中采用同轴电缆或光纤的"总线"用于垂直布线，基本上不连接工作站，只是连接各楼层中各公司的核心交换机，而其中的星型网络则体现在各楼层中各用户网络中，如图4－6所示。

这种网络拓扑结构主要用于较大型的局域网中，如果一个单位有几栋在地理位置上分布较远（当然是同一小区中）的建筑物，或者分布在多个楼层中。不过现在也基本上不用这种混合型的网络结构了，而都是采用分层星型（也就相当于树型结构）结构，因为在一般的20层以内的楼中，100m的双绞线就可以满足（通常采用大对数双绞线，如25对，每对的一端连接一个中心交换机端口，另一端连接各楼层交换机的端口），如图4－7所示。如果距离过远，如高楼层，或者多建筑物之间的网络互联，则可以用光纤作为传输介质，无论哪一种，传输性能均要比总线型连接方式好许多。

在实际的大型企业网络，特别是园区网络设计中，就是采用上述的星型连接方式，但是此时园区不同建筑物网络之间的连接是通过光纤进行的。另外，在园区网络中，还可能有多个子网，此时就需要用到中间节点路由器（或三层交换机）进行互联了。例如某大学

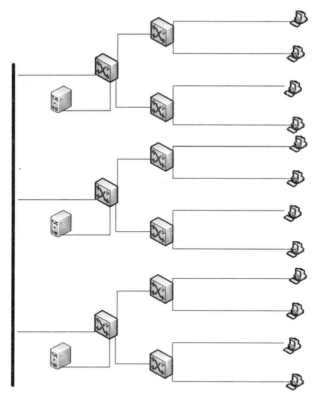

图 4-6　多楼层的混合型网络拓扑

校园网中,整个网络分布于大学的教学区、学生宿舍区、教师家属区和娱乐区(如图书馆、阅览室等)。各部分都划分成一个相对独立的子网,子网间用中间节点路由器互联。而且在教学区、学生宿舍区、教师家属区和娱乐区4个子网中,各楼层网络之间的连接是通过双绞线进行星型连接的,不同的建筑物之间用光纤进行星型连接,如图4-8所示。

混合型拓扑结构的特点:

(1)应用广泛。这主要是因为它解决了星型和总线型拓扑结构的不足,满足了大公司组网的实际需求。目前在一些智能化的信息大厦中的应用非常普遍。在一幢大厦中,各楼层间采用光纤作为总线传输介质,一方面可以保证网络传输距离,另一方面,光纤的传输性能要远好于同轴电缆,所以,在传输性能上也给予了充分保证。当然投资成本会有较大增加,在一些较小建筑物中也可以采用同轴电缆作为总线传输介质。各楼层内部仍普遍采用使用双绞线星型以太网。

(2)扩展灵活。这主要是继承了星型拓扑结构的优点。但由于仍采用广播式的消息传送方式,所以在总线长度和节点数量上也会受到限制,不过在局域网中的影响并不是很大。

(3)性能差。因为其骨干网段(总线段)采用总线网络连接方式,所以各楼层和各建筑物之间的网络互联性能较差,仍局限于最高16Mb/s的速率。另外,这种结构网络具有总线型网络结构的弱点,网络速率会随着用户的增多而下降。当然在采用光纤作为传输介质的混合型网络中,这些影响还是比较小的。

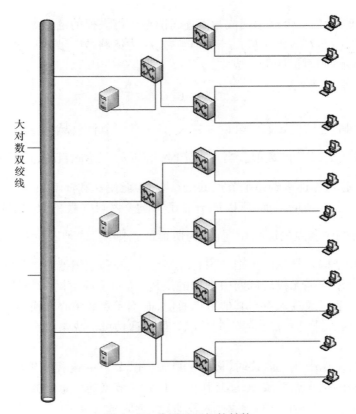

图 4 - 7　分层星型拓扑结构

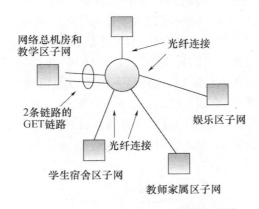

图 4 - 8　校园网各子网之间的拓扑结构

（4）较难维护。这主要受到总线型网络拓扑结构的制约,如果总线断,则整个网络也就瘫痪了,但是如果是分支网段出了故障,则不影响整个网络的正常运作。另外,整个网络非常复杂,维护起来不容易。

4.2.3　正则拓扑结构

在说明正则拓扑结构之前,先看看两个图论的基本概念。

（1）连通度:为使一个通信网成为不连通图至少需去掉的节点数。

（2）结合度：为使一个通信网成为不连通图至少需去掉的链路数。

设通信网可用图 $G(n,m)$ 表示，n 为节点数，m 为链路数。若连通度用 $\alpha(G)$ 表示，结合度用 $\beta(G)$ 表示，则可证明下式成立

$$\alpha(G) \leqslant \beta(G) \leqslant \frac{2m}{n} \tag{4.1}$$

一个通信网的连通度 α 和结合度 β 越大，该网的可靠性就越高。因此，为了提高通信网的可靠性，必须提高 $\frac{2m}{n}$ 的数值。当 n 一定时，增加 m 可达此目的，这意味着要增加网的传输链路，而只有增加连接到每个节点的链路数，才能使 α 和 β 增加。因为某个度数最低的节点会限制 α 和 β 值的增加，所以该节点是影响全网可靠性的最关键因素。β 的最大值等于 $\frac{2m}{n}$，这时图中各点的度数相同，即为所谓的正则图，这种图所对应的拓扑结构，将其称为正则拓扑结构。常见的正则结构有环型结构、蜂窝型拓扑结构和格型拓扑结构。

蜂窝型拓扑结构是无线局域网中常用的结构，适用于城市网、校园网、企业网。蜂窝型拓扑结构允许节点或接入点与其他节点通信，而不需要到中心交换点，从而消除了集中式的故障，提供自我恢复和自我组织的功能。虽然通信量的决策是在本地实施，但系统可以在全球管理。

网络在蜂窝结构中相互联接时（图 4 - 9），首先，节点的自我发现功能必须确定它们是作为无线设备的接入点来服务，还是作为来自另一节点的信息量的骨干网来服务，或者两项功能都具备。其次，单一的节点用发现查询/响应来定位它们的邻居。这些网络必须简洁，所以不能增加信息流量的负担，即它们不能超过可用带宽的 1% ~ 2%。一旦某节点识别出另一个节点，它们会计算路径信息，如接收信号的强度、吞吐量、错误率和遗留的老系统等。这些信息必须在节点之间交换，但又不能占用太多的带宽。基于这些信息，每一个节点都能够选择通向其邻居的最佳路径，从而使每一时刻的服务质量达到最优。网络发现和路径选择的过程在后台运行，这样每一个节点保留现有邻居的列表并不断重新计算最佳路径。因为在维护、重新安排或出故障时，假如一个节点从网络中断开，临近它的节点可以迅速地重新配置它们的信息列表并重新计算路径，以便在网络发生变化时，保持信息流量。这种自我恢复的特性或纠错能力，是蜂窝结构与集线器辐射网络的区别所在。

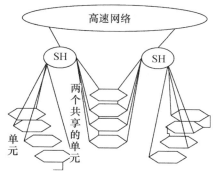

图 4 - 9　蜂窝网络

蜂窝型拓扑结构天生具有可靠性和冗余性,可以迅速扩展。一个无线蜂窝网络不需要详尽的计划和绘制场地图。管理员一旦配置完毕,节点就可以马上启动运行。管理员可以通过移动无线节点或布置另一个节点来解决弱信号或死区的问题,还可以有意地增加额外节点来提高可靠性。典型的网络可以扩展到成百或上千个节点。随着智能点在网络中分布开来,蜂窝网络可以自我组织,为用户流量选择最佳路径,路由绕过错误或阻塞,提供安全的连接。这种分散式管理提供无限的增长性和稳定性。蜂窝型拓扑结构将是无线网络的未来。

当布线困难或费用昂贵时,蜂窝网络是一项极佳的无线技术。商用市场上最普遍的蜂窝网络体系结构,是由从无线链接上的路由数据包到中心有线网络构成的。此体系结构对那些希望创建无线宽带蜂窝网络,比如用 802.11 热点来覆盖广泛的地理范围的无线 Internet 供应商(WISP)来说,是最佳的选择。利用 802.11 这个无需政府授权的频段,蜂窝网络技术能够以比现有蜂窝技术低得多的成本来提供高带宽。在企业级市场,蜂窝架构让 IT 部门将无线覆盖延伸到没有布线基础设施的地区。在这种状况下,蜂窝接入点与现有无线网络接入点整合,来延长 WiFi,覆盖到那些无法通过有线接入的地区。需要指出的是,蜂窝网络接入点的增加会提高网络的潜力。在 802.11 环境中,当数据包在用户设备和有线网络之间传递时,每一个无线跳将会增加 1~2ms 的延迟。所以在设计蜂窝网络时,需要仔细考虑蜂窝网络的大小及采用应用软件的类型。

格型拓扑结构可以理解为多个环型结构与总线结构的组合。格型拓扑结构可以在节点处设置开关电源,形成开关电源拓扑。开关电源中,功率电流流经的通路。主回路一般包含了开关电源中的开关器件、储能器件、脉冲变压器、滤波器、输出整流器等所有功率器件,以及供电输入端和负载端。开关电源(直流变换器)的类型很多,在研究开发或者维修电源系统时,全面了解开关电源主回路的各种基本类型以及工作原理,具有极其重要的意义。

从图论的角度看它具有均衡的连通性和可靠性。特别是图 4-10(b)所示,从逻辑上看是一个全互联的网络拓扑结构,具有很好的可靠性和无阻塞特性。这两种拓扑结构在实际的网络建设中之所以已经得到应用,还有一个重要的原因在于其结构规范,便于管理和维护。

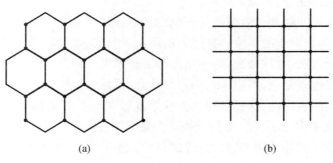

(a)   (b)

图 4-10 格型拓扑结构

4.2.4　网型拓扑结构

在网型拓扑结构中,网络的每台设备之间均有点到点的链路连接,网型拓扑在广域网中得到了较广泛应用,如图4－11所示,也可以理解为多种基本结构的不规则组合。

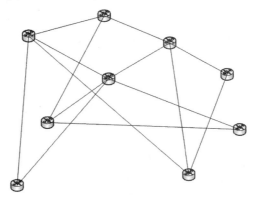

图4－11　网型拓扑结构

在全互联式网络结构中,各交换机/服务器群和复用器节点都负责网络中所有用户的所有业务处理,相互联接后,就相当于起到均衡和冗余的双重作用,当某一节点繁忙时,它可以把本来连接在该节点上的用户业务处理交给网络中互联的其他节点来处理;当网络中互联的某节点失效时,它原来的业务可由原来互联节点中仍正常工作的其他几个节点分担。所以这种网络结构可用性比较好,但是网络布线复杂,特别是在相距比较远的多节点之间。

网型拓扑结构的主要优点有如下几个方面。

(1)网络可靠性高,一般通信子网中任意两个节点交换机之间,存在着两条或两条以上的通信路径,这样,当一条路径发生故障时,还可以通过另一条路径把信息送至节点交换机。

(2)网络可组建成各种形状,采用多种通信信道,多种传输速率。

(3)网内节点共享资源容易。

(4)可改善线路的信息流量分配。

(5)可选择最佳路径,传输延迟小。

由于它不受瓶颈问题和失效问题的影响,可靠性高,容错能力强,故节点之间有许多条路径相连,可以为数据流的传输选择适当的路由,绕过失效的部件或过忙的节点。这种结构虽然比较复杂,成本也比较高,每个站点都要频繁发送信息,为提供上述功能,网型拓扑结构的网络协议也较复杂,但由于它的可靠性高,仍然受到用户的欢迎。在很多情况下网型结构具有更大的适应性,这种结构的极端情况就是全互联结构。主要用于地域范围大、入网主机多(机型多)的环境,常用于构造广域网络。

上面分析了常见拓扑结构和它们的优缺点,由此可见,不管什么样的网络,其拓扑结构的选择,需要考虑很多因素,既要可靠、易于安装,又要具有良好可扩展性和好的技术经济性。

网络的可靠性也是必须考虑的一个重要因素,拓扑结构选择要利于故障诊断,易于隔离故障,以使网络的主要部分仍能正常运行。

网络拓扑的选择还会影响传输媒体的选择和媒体访问控制方法的确定,这些因素又会影响各个站点在网上的运行速度和网络软硬件接口的复杂性。

4.3 结 构 特 性

4.3.1 结构动态性

要想了解网络的结构动态性,即必须先了解什么是网络的拓扑结构。通俗点说,网络拓扑结构就是指用传输媒体互联各种设备的物理布局,就是用什么方式把网络中的计算机等设备连接起来。其中网络结构的动态性是相对于静态性而言的,动态结构是以静态结构为基础的,因此有必要来了解静态结构的组成。静态结构性包括物理结构和逻辑结构,下面分别介绍网络物理拓扑结构和逻辑结构。

物理拓扑结构指的是网络中各个物理组成部分之间的物理连接关系,即实际网络节点和传输链路的布局或几何排列,反映了网络的物理形状和物理上连接性。可以把物理拓扑结构想象成从外部观察物理网络所看到的网络布局。要理解物理拓扑结构,可以完全忽略数据的流动方式,而将注意力集中于组成网络的电缆、集线器和节点的实际联系上。

逻辑拓扑结构指的是信道的构成结构和相互关系,以及网络中信息流之间的逻辑关系,反映了网络的逻辑形状和逻辑上的连接性。要理解逻辑拓扑结构,需要与网络中流动的数据融为一体。假设你是数据,并循着数据流动的路径走,你所走的路径就是网络的逻辑拓扑结构。

结构的动态性是指网络的结构不是一成不变的,当某个节点发生变化时,整个网络的结构也发生相应的变化,从而最大程度上维持网络的性能。传统的静态网络则做不到这一点,当某个节点发生变化时,系统的性能就会降低,严重时甚至会造成整个网络的瘫痪。结构的动态性在一定程度上增强了网络的鲁棒性,从而更加可靠地为用户服务。在现实生活中,有诸多因素造成网络拓扑结构的动态性,归纳为如下三点主要原因:①人为的管理和配置因素,如资源配置、可靠性要求;②故障或资源失效因素,如物理连接中断、节点消失等;③自然破坏因素,如电磁波的干扰等。

如何为将要建立的网络确定一种拓扑结构或如何优化现有网络的拓扑结构?

拓扑结构的选择不但与传输媒体的选择和媒体访问控制方法的确定紧密相关,更重要的是结构本身所具有的特性,因此在选择网络拓扑结构时,应该主要考虑如下几个方面的结构特性。

1. 结构连通性

这是一个最基本的网络拓扑结构要求,网络的拓扑连通性就是网络中任意两个节点之间存在至少一条路径,才具备实现信息的交互的最基本条件。这种路径在实际的网络中可以是有线的,也可以使无线的。

网络的连通性会因某些节点或链路(边)的失效而变差,甚至会使整个网络结构变为两个以上的失去相互关联关系的子图,从图论的角度就是成为不连通图,该网络就会崩溃或降级使用部分网络功能。

2. 结构可靠性

不论什么网络在拓扑结构设计时应尽可能提高其可靠性,保证网络在更宽泛的条件下能准确地传递信息和执行应用。不仅如此还要考虑整个网络的可维护性,并使故障诊断和故障修复较为方便。

然而什么是网络的可靠性?一般说来,网络是由众多的元件、部件、子系统、系统组成的,它们会由于物理、化学、机械、电气、人为等因素造成故障,自然灾害和敌对破坏行动更是出现故障不可忽视的原因。因此影响网络可靠性的因素是非常复杂的,这给网络可靠性的定义方法带来了困难。

在这里给出一个网络的可靠性定义:在人为或自然的破坏作用下,通信网在规定条件下和规定时间内的生存能力的表现。

根据上述定义我们来看看网络拓扑结构的可靠性。从图论来看,网络是由节点和链路组成的,当任何原因造成某些节点或链路(边)失效时,首先会使全网的连通性变差,其次由于连通性变差会导致网络仍能工作的部分性能下降。因此网络的生存或规定功能应从拓扑结构的连通性方面来考虑。尽管我们不能准确给出网络拓扑结构的可靠性定义,但是可以给出网络拓扑结构的可靠性测度的一些判断原则如下:

(1) 网络中给定的节点对之间至少存在一条路径;
(2) 网络中一个指定的节点能与一组节点相互联通;
(3) 网络中可以相互联通的节点数大于某一阈值;
(4) 网络中任意两个节点间信息传输时延小于某一阈值;
(5) 网络的信息吞吐量超过某一阈值。

其中前三条是从网络结构的连通性方面考虑的,后两条是从网络的性能方面考虑的。

3. 网络结构的复杂程度

通常情况下确定网络的拓扑结构都是在满足网络建设各种需求的前提下,追求拓扑结构的最简化。特别是建立拥有不同等级的网络时,尽最大可能减少网络的等级数和网络拓扑结构组合的复杂性。相对而言相同结构的组合具有更好的特性,如图 4 – 3 和图 4 –4 所示的结构不论是在电信网络中还是计算网络中都得到了较大范围的认可。

4. 建设和管理的代价

网络拓扑结构是影响建设成本和管理代价的重要因素。建设不同结构的网络不但技术存在巨大的差别,而且建设成本之间的差别是很大的。因此在拓扑结构确定的同时,要清楚响应的建设费用,使得所选结构与成本比尽可能优化。另一个方面,就是可管理性问题,建设费用有可能是一次性的,但管理费用是长期的支出,因此拓扑结构选择时也要充分考虑该种结构的后期管理成本。

5. 可扩展性和适应性

网络结构的变化是一个持续的活动,很少有网络的结构不发生改变的,只是变的程度大小不同而已,有的是推翻原有结构重新组建新的结构,有的是结构的扩展。前者多数情况是有新的网络技术出现,如计算网络中的总线结构由于交换技术的进步变为星型结构,后者是业务的提升和应用面的扩大,需要对网络进行扩充。因此在进行网络拓扑结构的设计时一定要有一定的网络拓扑结构变化的灵活性和扩展性的考虑,以适应网络结构的变化和改造,使网络在需要扩展或改动时,能容易地重新配置网络拓扑结构,方便地对原有站点的删除和新节点与链路(边)的加入。

4.3.2　动态结构

动态网络的拓扑结构在整个研究阶段内是不断演化改变的,对于很多应用而言,无论是准确描述动态网络整体变化趋势还是更精确地计算网络间变化程度都是很有意义的工作。

1. 拓扑结构空间扩展性

拓扑结构的空间扩展性主要表现为两维拓扑结构向三维拓扑结构演变(图4-12),这种变化是由节点运动引起的,当节点不局限在一个平面上运动,而是在三维空间运动时,拓扑结构也相应地从两维向三维空间转换。

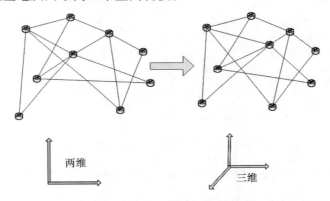

图4-12　两维拓扑结构向三维拓扑结构演变

2. 拓扑结构连接动态性

对于以前常规网络而言,网络拓扑结构则相对较为稳定,节点之间的连接强度都趋于平均,但是随着拓扑结构的演变,拓扑结构连接也呈动态性,主要表现为节点之间的连接强度由平均向差异变化(图4-13),拓扑结构连接动态性在 Ad Hoc 网络中表现极为突出,在 Ad Hoc 网络中,移动主机可以在网中随意移动。移动会使网络拓扑结构不断发生变化,而且变化的方式和速度都是不可预测的,主机的移动会导致主机之间的链路增加或消失,主机之间的关系不断发生变化,主机间的连接强度也随时发生变化。

3. 拓扑结构的衰变性

当一个节点发生故障或者突然消失时,其他节点与之相连的连接强度会发生衰减,这就造成了拓扑结构的衰变性。拓扑结构的衰变性又分为动态衰变和固定衰变(图4-14)。动态衰变是指节点发生故障,其从好到坏直至不能使用经历了一个变化过程,那么与它相连的链路是逐渐衰减的,这是一个动态的衰变过程。固定衰变是指节点突然消失,与它相连的链路也是突然消失的。

图4-15直观地显示了各种拓扑结构之间的关系,物理拓扑结构是动态拓扑结构的

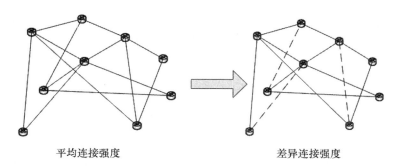

平均连接强度 差异连接强度

图 4 - 13　连接强度动态性

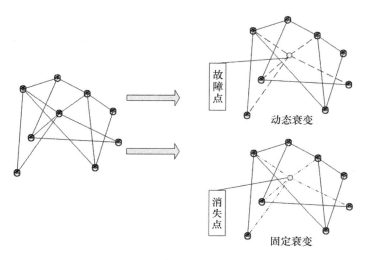

图 4 - 14　拓扑结构的衰变性

基础,静态拓扑结构是动态拓扑结构的基础。动态拓扑结构和静态拓扑结构可以通过逻辑结构和物理结构与之对应的关系而相互转换。由于逻辑结构数量可控而物理结构数量半可控,由此决定了逻辑拓扑结构是基于物理拓扑结构的,如图 4 - 16 所示,两种结构都能承载相同的信息通信。

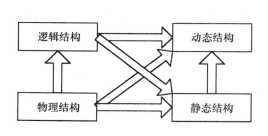

图 4 - 15　各种机构之间的转变关系

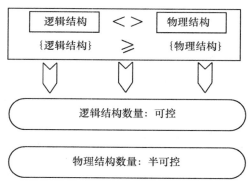

图 4 - 16　逻辑结构与物理结构的关系

4.3.3 动态拓扑结构实例

4.3.3.1 Ad Hoc 网络

随着人们对摆脱有线网络束缚、随时随地可以进行自由通信的渴望,近几年来无线网络通信得到了迅速的发展。人们可以通过配有无线接口的便携式计算机或个人数字助理来实现移动中的通信。目前的移动通信大多需要有线基础设施(如基站)的支持才能实现。为了能够在没有固定基站的地方进行通信,一种新的网络技术——Ad Hoc 网络技术应运而生。Ad Hoc 网络不需要有线基础设备的支持,通过移动主机自由地组网实现通信。Ad Hoc 网络的出现推进了人们实现在任意环境下的自由通信的进程,同时它也为军事通信、灾难救助和临时通信提供了有效的解决方案。

Ad Hoc 网是一种多跳的、无中心的、自组织无线网络,又称为多跳网(Multi – hop Network)、无基础设施网(Infrastructureless Network)或自组织网(Self – or – ganizing Network)。整个网络没有固定的基础设施,每个节点都是移动的,并且都能以任意方式动态地保持与其他节点的联系。在这种网络中,由于终端无线覆盖取值范围的有限性,两个无法直接进行通信的用户终端可以借助其他节点进行分组转发。每一个节点同时是一个路由器,它们能完成发现以及维持到其他节点路由的功能。

在 Ad Hoc 网络中,当两个移动主机在彼此的通信覆盖范围内时,它们可以直接通信。但是由于移动主机的通信覆盖范围有限,如果两个相距较远的主机要进行通信,则需要通过它们之间的移动主机 B 的转发才能实现。因此在 Ad Hoc 网络中,主机同时还是路由器,担负着寻找路由和转发报文的工作。在 Ad Hoc 网络中,每个主机的通信范围有限,因此路由一般都由多跳组成,数据通过多个主机的转发才能到达目的地,故 Ad Hoc 网络也被称为多跳无线网络。

与其他传统的无线网络和固定网络相比,Ad Hoc 网络具有以下特点:

1. 无中心与自动配置

Ad Hoc 网络采用无中心结构,网络中没有绝对的控制中心。自组网中的用户终端都兼备独立路由和主机功能。而在蜂窝移动通信系统中有很多集中式实体,如基站、移动交换中心等。而在移动 Ad Hoc 网络中,没有预先存在的网络基础设施,所有节点的地位平等,是一个对等式网络。自动配置是 Ad Hoc 网络的基本特征,节点必须检测其他节点以及它们可以提供的服务。由于网络动态变化,自动配置过程需要确保网络能够正常工作,这涉及连接因特网的网关节点的更换。在网络形成阶段,节点可以就网络拓扑进行协商,这依赖于网络的类型、底层的无线技术和应用的需求。各节点通过分层的网络协议和分布式算法协调彼此的行为,节点可以随时加入和离开网络,在任何时刻任何地方都能够快速展开并组成一个移动通信网络,完全实现网络的自主创建、自主组织、自主管理。它可以满足随时随地信息交互的需求,从而真正实现人类在任何时间、任何地点与任何人进行通信的梦想。任意节点的故障不会影响整个网络的运行,与有中心的网络相比,移动 Ad Hoc 网络的分布式特征等特点,使其具有很强的健壮性和抗毁性。

2. 动态变化的网络拓扑

网络的拓扑结构是指从网络层角度来看,物理网络的逻辑视图。在移动 Ad Hoc 网络中，移动用户终端可以随机地在网络中移动，加上无线发送装置发送功率的变化、无线信道间的互相干扰因素、地形等综合因素的影响，移动终端间通过无线信道形成的网络拓扑结构随时可能发生变化，而且变化的方式和速度都是难以预测的，具体的体现就是拓扑结构中代表移动终端顶点的增加或消失，代表无线信道的有向边的增加和消失，网络拓扑结构的分割和合并等。而对于传统的有线网络而言，网络拓扑结构则表现较为稳定。

3. 无线传输特性

移动 Ad Hoc 网络采用无线传输技术，由于无线信道本身的特性，它所能提供的网络带宽相对于有线信道要低得多，并且无线信道的质量较差。传统的共享信道是一跳共享的，而移动 Ad Hoc 网络中节点的发送功率受限，信道是多跳共享的一个节点的发送，只有其一跳相邻节点可以听到，而此范围之外的其他节点察觉不到。这一特征一方面提高了信道的空间重用度，另一方面使得报文的冲突与节点所处的地理位置相关。此外，地形或发射功率等因素使得移动 Ad Hoc 网络中可能存在单向无线信道。可能使得两个节点之间存在单向链路，就是说节点 A 可以成功地向节点 B 发送报文，但是由于两节点的信号覆盖范围不一样，节点 B 发送的报文，节点 A 可能会收不到。

4. 多跳路由

由于移动终端发射功率都不太大，单个节点的覆盖范围是有限的。当要与其覆盖范围之外的节点进行通信时，需要中间节点的转发，即要经过多跳。与普通网络不同，移动 Ad Hoc 网络中的转发是由普通节点完成的，而不是由专用的路由设备（如路由器）完成的。也就是说，在移动 Ad Hoc 网络中，每个节点都兼具主机和路由器两种功能，需要运行相应的路由协议，根据路由策略和路由信息参与分组转发和路由维护工作。反过来，如果可以使用多跳路由，节点的发射功率可以很低，从而达到节省电能的目的。

5. 移动终端的局限性

在移动 Ad Hoc 网络中，无线终端通常以 PDA、便携式计算机为主要形式。相对于台式机而言，在带来移动性、灵巧、轻便等好处的同时，其固有的特性，例如依靠电池这样的可耗尽能源提供电源、内存较小、CPU 性能较低等，给应用程序设计开发和推广带来一定的难度。同时屏幕等外设较小，不利于开展功能较复杂的业务。而且，考虑到成本和易携带性，移动节点不能配备太多的无线收发器并且一般依靠具有有限能量的电池供电。

6. 安全性差

移动 Ad Hoc 网络是一种特殊的无线移动网络，由于采用无线信道、有限电源、分布式控制等技术，它更加容易受到被动窃听、主动入侵、拒绝服务等网络攻击。即无线链路使 Ad Hoc 网络容易受到链路层的攻击，包括被动窃听和主动假冒、信息重放和信息破坏；节点在敌意环境（如战场）漫游时缺乏物理保护，使网络容易受到已经泄密的内部节点以及外部节点的攻击；网络的拓扑和成员经常改变，节点间的信任关系经常变化。

7. 受限的无线传输带宽

移动 Ad Hoc 网络采用无线传输技术作为底层通信手段，由于无线信道本身的物理特性，它所能提供的网络带宽相对有线信道要低得多。此外，无线信道竞争共享产生的冲突、信号衰减、噪声和信道之间干扰等多种因素，使得移动终端得到的实际带宽远远小于理论上的最大带宽，并且会随时间动态地发生变化。

8. 生存时间短

Ad Hoc 网络通常是由于某个特定原因而临时创建的,使用结束后,网络环境将会自动消失。Ad Hoc 网络的生存时间相对于固定网络而言是短暂的。

军队作战时的通信系统所构成的拓扑结构是典型的动态拓扑结构实例(图 4 – 16),军队通信系统需要具有抗毁性、自组性和机动性。在战争中,通信系统很容易受到敌方的攻击,因此,需要通信系统能够抵御一定程度的攻击。若采用集中式的通信系统,一旦通信中心受到破坏,将导致整个系统的瘫痪。分布式的系统可以保证部分通信节点或链路断开时,其余部分还能继续工作。在战争中,战场很难保证有可靠的有线通信设施,因此,通过通信节点自己组合,组成一个通信系统是非常有必要的。此外,机动性是部队战斗力的重要部分,这要求通信系统能够根据战势需求快速组建和拆除。Ad Hoc 网络满足了军事通信系统的这些需求。Ad Hoc 网络采用分布式技术,没有中心控制节点的管理。当网络中某些节点或链路发生故障,其他节点还可以通过相关技术继续通信。Ad Hoc 网络由移动节点自己自由组合,不依赖于有线设备,因此,具有较强的自组性,很适合战场的恶劣通信环境。Ad Hoc 网络建立简单且具有很高的机动性。目前,一些发达国家为作战人员配备了尖端的个人通信系统,在恶劣的战场环境中,很难通过有线通信机制或移动 IP 机制来完成通信任务,但可以通过 Ad Hoc 网络来实现。

4.3.3.2　Mesh 网络

无线 Mesh 网络,由 Mesh 路由器和 Mesh 客户端组成,其中 Mesh 路由器构成骨干网络,并和有线的 Internet 网相连接,负责为 Mesh 客户端提供多跳的无线 Internet 连接。无线 Mesh 网络(无线网状网络)也称为"多跳(Multi – hop)"网络,它是一种与传统无线网络完全不同的新型无线网络技术。

与传统的交换式网络相比,无线 Mesh 网络去掉了节点之间的布线需求,但仍具有分布式网络所提供的冗余机制和重新路由功能。在无线 Mesh 网络里,如果要添加新的设备,只需要简单地接上电源就可以了,它可以自动进行自我配置,并确定最佳的多跳传输路径。添加或移动设备时,网络能够自动发现拓扑变化,并自动调整通信路由,以获取最有效的传输路径。

与传统的 WLAN 相比,无线 Mesh 网络具有以下无可比拟的优势:

1. 快速部署和易于安装

安装 Mesh 节点非常简单,将设备从包装盒里取出来,接上电源就行了。由于极大地简化了安装,用户可以很容易增加新的节点来扩大无线网线的覆盖范围和网络容量。在无线 Mesh 网格中,不是每个 Mesh 节点都需要有线电缆连接,这是它与有线 AP 最大的不同。Mesh 的设计目标就是将有线设备和有线 AP 的数量降至最低,因此大大降低了总拥有成本的安装时间,仅这一点带来的成本节省就是非常可观的。无线 Mesh 网络的配置和其他网管功能与传统的 WLAN 相同,用户使用 WLAN 的经济可以很容易应用到 Mesh 网络上。

2. 非视距传输(NLOS)

利用无线 Mesh 技术可以很容易实现 NLOS 配置,因此在室外和公共场所有着广泛的应用前景。与发射台有直接视距的用户先接收无线信号,然后再将接收到的信号转发给非直接视距的用户。按照这种方式,信号能够自动选择最佳路径不断从一个用户跳转到另一个用户,并最终到达无直接视距的目标用户。这样,具有直接视距的用户实际上为没有直接视距的邻近用户提供了无线宽带访问功能。无线 Mesh 网络能够非视距传输的特性大大扩展了无线宽带的应用领域和覆盖范围。

3. 健壮性

实现网络健壮性通常的方法是使用多路由器来传输数据。如果某个路由器发生故障,信息由其他路由器通过备用路径传送。E-mail 就是这样一个例子,邮件信息被分成若干数据包,然后经多个路由器通过 Internet 发送,最后再组装成到达用户收件箱里的信息。Mesh 网络比单跳网络更加健壮,因为它不依赖于某一个单一节点的性能。在单跳网络中,如果某一个节点出现故障,整个网络也就随之瘫痪。而在 Mesh 网络结构中,由于每个节点都有一条或几条传送数据的路径。如果最近的节点出现故障或者受到干扰,数据包将自动路由到备用路径继续进行传输,整个网络的运行不会受到影响。

4. 结构灵活

在单跳网络中,设备必须共享 AP。如果几个设备要同时访问网络,就可能产生通信拥塞并导致系统的运行速度降低。而在多跳网络中,设备可以通过不同的节点同时连接到网络,因此不会导致系统性能的降低。

Mesh 网络还提供了更大的冗余机制和通信负载平衡功能。在无线 Mesh 网络中,每个设备都有多个传输路径可用,网络可以根据每个节点的通信负载情况动态地分配通信路由,从而有效地避免了节点的通信拥塞。而目前单跳网络并不能动态地处理通信干扰和接入点的超载问题。

5. 高带宽

无线通信的物理特性决定了通信传输的距离越短就越容易获得高带宽,因为随着无线传输距离的增加,各种干扰和其他导致数据丢失的因素随之增加。因此选择经多个短跳来传输数据将是获得更高网络带宽的一种有效方法,而这正是 Mesh 网络的优势所在。

在 Mesh 网络中,一个节点不仅能传送和接收信息,还能充当路由器对其附近节点转发信息,随着更多节点的相互联接和可能的路径数量的增加,总的带宽也大大增加。

此外,因为每个短跳的传输距离短,传输数据所需要的功率也较小。既然多跳网络通常使用较低功率将数据传输到邻近的节点,节点之间的无线信号干扰也较小,网络的信道质量和信道利用效率大大提高,因而能够实现更高的网络容量。比如在高密度的城市网络环境中,Mesh 网络能够减少使用无线网络的相邻用户的相互干扰,大大提高信道的利用效率。

4.3.3.3 车联网

车联网系统是指利用先进传感技术、网络技术、计算技术、控制技术、智能技术,对道路和交通进行全面感知,实现多个系统间大范围、大容量数据的交互,对每一辆汽车进行交通全程控制,对每一条道路进行交通全时空控制,以提供交通效率和交通安全为主的网络与应用。

车联网(Internet Of Vehicle,IOV)是指车与车、车与路、车与人、车与传感设备等交互,实现车辆与公众网络通信的动态移动通信系统。它可以通过车与车、车与人、车与路互联互通实现信息共享,收集车辆、道路和环境的信息,并在信息网络平台上对多源采集的信息进行加工、计算、共享和安全发布,根据不同的功能需求对车辆进行有效的引导与监管,以及提供专业的多媒体与移动互联网应用服务。

从网络上看,车联网系统是一个"端管云"三层体系。

第一层(端系统):端系统是汽车的智能传感器,负责采集与获取车辆的智能信息,感知行车状态与环境;是具有车内通信、车间通信、车网通信的泛在通信终端;同时还是让汽车具备车联网寻址和网络可信标识等能力的设备。

第二层(管系统):解决车与车(V2V)、车与路(V2R)、车与网(V2I)、车与人(V2H)等的互联互通,实现车辆自组网及多种异构网络之间的通信与漫游,在功能和性能上保障实时性、可服务性与网络泛在性,同时它是公网与专网的统一体。

第三层(云系统):车联网是一个云架构的车辆运行信息平台,它的生态链包含了ITS、物流、客货运、危特车辆、汽修汽配、汽车租赁、企事业车辆管理、汽车制造商、4S店、车管、保险、紧急救援、移动互联网等,是多源海量信息的汇聚,因此需要虚拟化、安全认证、实时交互、海量存储等云计算功能,其应用系统也是围绕车辆的数据汇聚、计算、调度、监控、管理与应用的复合体系。

参 考 文 献

[1] 王树军. 计算机网络技术基础[M]. 北京:清华大学出版社,2009.

[2] 陈林星. 移动 Ad Hoc 网络[M]. 北京:电子工业出版社,2012.

[3] 王萍. 无线 Mesh 网络基础[M]. 西安:西安交通大学出版社,2012.

[4] 郭建文. 无线通信技术在车联网中的应用探讨[J]. 交通科技,2012(4):1-3.

[5] 郑彦光. 无线 Mesh 网络技术及其应用[J]. 电力系统通信,2007(7).

[6] 吴亚军. 计算机网络拓扑结构分析[J]. 软件导刊,2011(12).

第5章　网络互联特性

　　网络是由节点和连线构成,表示诸对象及其相互联系。在数学上,网络是一种图,一般认为它专指加权图。网络除了数学定义外,还有具体的物理含义,即网络是从某种相同类型的实际问题中抽象出来的模型。在计算机领域中,网络则是指信息传输、接收、共享的虚拟平台,通过它把各个点、面、体的信息联系到一起,从而实现这些资源的共享。网络是人类发展史上最重要的发明,提高了科技和人类社会的发展。

　　网络互联是指将分布在不同地理位置的两个以上的计算机网络通过一定的方法用一种或多种通信处理设备相互联接起来,以构成更大的网络系统,以实现网络的数据资源共享。相互联接的网络可以是同种类型的网络,也可以是运行不同网络协议的异型系统网络,互联的形式一般有局域网与局域网,局域网与广域网,广域网与广域网的互联三种。局域网(Local Area Network,LAN)是在一个局部的地理范围内(如一个学校、工厂和机关内),一般是方圆几千米以内,将各种计算机、外部设备和数据库等互相连接起来组成的计算机通信网。它可以通过数据通信网或专用数据电路,与远方的局域网、数据库或处理中心相连接,构成一个较大范围的信息处理系统。现在局域网已广泛的使用,一个学校或者企业大都拥有许多个互联的局域网。城域网(Metropolitan Area Network,MAN)是在一个城市范围内所建立的计算机通信网,属宽带局域网。由于采用具有有源交换元件的局域网技术,网中传输时延较小,它的传输媒介主要采用光缆,传输速率在 100Gb/s 以上。MAN 的一个重要用途是用作骨干网,通过它将位于同一城市内不同地点的主机、数据库以及 LAN 等互相连接起来,这与 WAN 的作用有相似之处,但两者在实现方法与性能上有很大差别。广域网(Wide Area Network ,WAN)也称远程网(Long Haul Network)。通常跨接很大的物理范围,所覆盖的范围从几十公里到几千公里,它能连接多个城市或国家,或横跨几个洲并能提供远距离通信,形成国际性的远程网络。其覆盖的范围比局域网和城域网都广。广域网的通信子网主要使用分组交换技术。广域网的通信子网可以利用公用分组交换网、卫星通信网和无线分组交换网,它将分布在不同地区的局域网或计算机系统互联起来,达到资源共享的目的。如互联网是世界范围内最大的广域,连接广域网各节点交换机的链路一般都是高速链路,具有较大的通信容量。

　　然而,是什么支持了网络的存在,又是什么规避了各种网络的客观差异性实现了网络的互联? 网络实质上就是各种系统依据一定的规则互联而成的一个复杂、庞大的系统。这些规则就是网络的拓扑结构实现方式、支持的业务和应用种类、运行效率和质量以及管理方式等,可以认为这些被称为约定、规程或者说协议等内容,就是网络的灵魂。没有这些规则,网络系统的服务和应用将无从谈起。

5.1 网络互联基础

5.1.1 网络体系结构

网络体系结构(Network Architecture)是计算机之间相互通信的层次,以及各层中的协议和层次之间接口的集合。计算机网络是一个非常复杂的系统,需要解决的问题很多并且性质各不相同。所以,在 ARPANET 设计时,就提出了"分层"的思想,即将庞大而复杂的问题分为若干较小的易于处理的局部问题。

1974 年美国 IBM 公司按照分层的方法制定了系统网络体系结构 SNA(System Network Architecture)。SNA 已成为世界上较广泛使用的一种网络体系结构。

一开始,各个公司都有自己的网络体系结构,就使得各公司自己生产的各种设备容易互联成网,有助于该公司垄断自己的产品。但是,随着社会的发展,不同网络体系结构的用户迫切要求能互相交换信息。为了使不同体系结构的计算机网络都能互联,国际标准化组织 ISO 于 1977 年成立专门机构研究这个问题。1978 年 ISO 提出了"异种机连网标准"的框架结构,这就是著名的开放系统互联基本参考模型 OSI/RM(Open Systems Interconnection Reference Modle),简称为 OSI。

OSI 得到了国际上的承认,成为其他各种计算机网络体系结构依照的标准,大大地推动了计算机网络的发展。这种按层划分的网络体系结构具有较多优点,包括:

(1)各层次之间是相互独立的。其中的任何一层并不需要知道它的下一层和上一层是如何实现的,只是知道下一层通过层间接口所提供的服务和可调用的功能,以及上一层需要本层提供什么样的服务和功能支持。因为每层都只实现一种相对独立的功能,将一个庞大复杂的问题分成若干个小问题,因而简化了问题的复杂程度。

(2)适应性、灵活性好。如果系统的某层次发生变化,只要与上、下层的接口关系和功能不变,则上、下层均不受到影响。从而便于该层的修改、扩展或取消功能支持和所提供的服务。

(3)结构上可以分割,功能易于优化、实现。由于各层结构上是可分开的,因此各层次完全可以根据实现的功能特性,独立于其他层而选择最合适本层的技术来实现。

(4)易于管理和维护。这种结构使得各层实现的功能相对独立,从而使得对应于该层的软件、硬件系统具有专用特点,使得一个庞大而复杂的系统变得容易维护和管理。

(5)促进良好的标准化。每一层的功能和所提供的服务都能做到精确的说明和描述,使得具有同样层次结构的系统易于标准化,其对应的层次的各种关系易于描述。

从网络互联的角度看,网络体系结构的关键要素是协议和拓扑。

5.1.1.1 OSI 七层模型

OSI 参考模型用物理层、数据链路层、网络层、传输层(又称运输层)、会话层、表示层和应用层七个层次描述网络的结构,它的规范对所有的厂商是开放的,具有指导国际网络结构和开放系统走向的作用。它直接影响总线、接口和网络的性能。常见的网络体系结构有 FDDI、以太网、令牌环网和快速以太网等。如图 5 - 1 所示即为 OSI 七层模型结

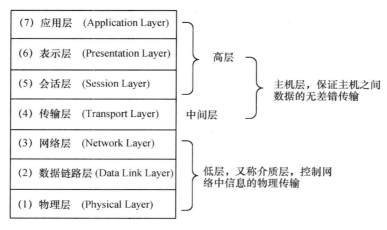

图 5-1 OSI 的层次模型

构图。

该模型是一个非常严格的模型,不论是各层间相互结构关系还是每层的序号关系,任何的不准确描述不符合标准的要求。

实质上,ISO 通过该 OSI 模型定义了整个通信过程的标准框架,因为网络通信的问题分为七个不同的功能模块,分别由不同的层次来完成和实现。七层由下至上分别为

(1)第一层:物理层;

(2)第二层:数据链路层;

(3)第三层:网络层;

(4)第四层:传输层;

(5)第五层:会话层;

(6)第六层:表示层;

(7)第七层:应用层。

可以将上述 OSI 模型的 1、2、3 层合称低层,第 4 层(传输层)为中间层,5、6、7 层合称高层。高层与中间层又合称为主机层,低层又称为介质层。其中应用层、表示层和会话层都是面向应用程序的,它们负责和用户接口。运输层、网络层、数据链路层和物理层是面向网络的,负责处理数据的传输,如数据报的组装、路由选择、校验等。

OSI 模型中的每个层次的功能描述如下:

1. 第一层 物理层

物理层的作用是在物理媒体上透明地传输(接收和发送)原始的数据比特流,但不需要关心数据流所代表的意义和具有什么样的结构;提供为建立、维护和拆除物理链路所需的机械的、电气的、功能的和规程的特性,有关在物理链路上传输非结构的位流以及物理链路故障检测指示;主要是处理机械的、电气的和过程的接口,以及物理层下的物理传输介质等问题。

物理层建立在通信介质(如光缆、电缆)基础上,是设备之间的物理接口。数据比特流通过接口从一台物理设备传送到另一台物理设备。它必须保证一方发出二进制"1"时,另一方收到的也是"1"而不是"0"。主要解决的问题,如用多少伏特电压表示"1",多

少伏特电压表示"0";一个比特持续多少微秒;传输是否在两个方向上同时进行;最初的连接如何建立和完成通信后连接如何终止;网络接插件有多少针以及各针的用途等。

2. 第二层 数据链路层

数据链路层,也称为链路层,主要作用是通过校验、确认和反馈重发等手段将该原始的物理连接改造成无差错的数据链路,其主要任务是加强物理层传输原始比特的功能,使之对网络层显现为一条无错线路。

在数据链路层将比特组合成数据链路协议数据单元,这个数据单元是 OSI 标准中使用的术语,通常称它们为帧(Frame),它是一种数字的结构化形式。在一帧中可判断哪一段是地址、哪一段是控制域、哪一段是数据、哪一段是校验码。定界和同步,产生和识别帧边界。差错恢复,采用重传(ARQ)的方法。

数据链路层还要解决防止高速的发送方来的数据过快而淹没慢的接收方的问题,即流量控制(Flow Control)的问题,需要有某种流量调节机制,使发送方知道当前接收方还有多少缓存空间。通常流量控制和出错处理同时完成。

如果线路能够进行双向数据传输,数据链软件还必须解决新的线路或信道的争用问题。即从 A 到 B 数据帧的确认帧同从 B 到 A 的数据帧竞争线路的使用权。如果是广播式网络,数据链路层还要解决如何控制对共享信道的访问问题。典型协议是多路访问控制协议(MAC)。

数据链路层通常又被分成两个子层:逻辑链路控制 LLC(Logical Link Control)子层和介质访问控制 MAC(Media Access Control)子层。LLC 子层提供差错控制功能,MAC 子层提供对实际局域网介质的访问,使用物理地址来实现目的寻址。

3. 第三层 网络层

网络层的数据传输单元为"分组"(packet),与帧(Frame)不同,它是一种数据的结构化形式。网络层功能以数据链路层的无差错传输为基础,为网络内任意两设备间的数据交换提供服务。网络层关心的是通信子网的运行控制,这就需要在通信子网中进行路由(Routing)选择。如果同时在通信子网中出现过多的分组,会造成拥塞,当还要解决网际互联的问题。

网络层关系到子网的运行控制,主要解决如何把网络协议数据单元(通常称为分组)从源端传送到目的地。其中一个关键问题是如何计算分组从源端到目的端的路由;另一方面如果在网络同时出现过多的分组,它们将相互阻塞通路,形成分组传递瓶颈,因而要在网络层采用相应措施(技术和算法)对其进行控制。

当分组要跨越多个子网才能到达目的地时,网络层还必须处理网间寻址方法问题和协议转换问题等,以便多种网络能够有效互联。

具体提供以下的服务:①路由选择和数据分组中转;②流量控制和拥塞控制;③差错检测和恢复;④流量统计和记账。

4. 第四层 传输层

传输层又称运输层,是端对端,即是主机(节点)到主机(节点)的层次,尽管用户可利用运输层的服务直接进行端到端的数据传输,但它对用户是透明的。传输层的主要功能是从会话层接收数据,如果需要就把数据分成较小的信息单元,并确保这些信息正确到达网络层;为信源进程与信宿进程的通信提供数据传输服务;屏蔽各类通信子网的差异,使应用层不受通信子网技术变化的影响;进行数据分段并组装成报文流,传输单位为报文;提供端到端的服务;提供"面向连接"(虚电路)和"无连接"(数据报)两种服务;传输差错校验与恢复。传输层位于主机当中,是资源子网和通信子网的接口层,保证系统之间有秩序、可靠地传输数据。

在用户请求传输数据时,运输层就通过网络层在通信子网中建立一条独立的网络连接,并具有优化信道资源的能力。例如,若需要较高吞吐量时,运输层也可以建立多条网络连接来支持一条运输连接,这就是分流(Splitting);当然,运输层也可将多个运输通信合用一条网络连接,称为复用(Multiplexing)。不仅如此,运输层还要处理端到端的差错控制和流量控制问题。概括说,运输层为上层用户提供端到端的透明优化的数据传输服务。

5. 第五层 会话层

会话层允许不同主机上各种进程间进行会话。运输层是主机到主机的层次,而会话层是进程到进程之间的层次。会话层组织和同步进程间的对话,它可管理对话,允许双向同时进行,或任何时刻只能一个方向进行。

会话层所提供同步服务,具体来讲就是两台机器进程间要进行较长时间的大的文件传输,而通信子网故障率又较高,对运输层来说,每次传输中途失败后,都不得不重新传输这个文件。会话层提供了在数据流中插入同步点的机制,在每次网络出现故障后可以仅重传最近一个同步点以后的数据,而不必从头开始。

会话层也可以看作是网络和用户的接口,对数据传输进行管理,主要功能是为两个用户之间的对话建立连接。一次连接称为一次对话,提供包括访问验证和会话管理在内的建立和维护应用之间通信的机制。会话层还通过提供对话控制来增强传输层的可靠服务。会话层可以控制数据交换的方式,如双工方式或半双工方式等。

会话包括在两个端用户间建立和保持一个连接或会话所必需的协议,它能实现管理对话、会话同步及令牌管理等服务。

6. 第六层 表示层

表示层为上层用户提供共同需要的数据或信息语法表示变换。表示层主要解决用户信息的语法表示问题,也就是将要交互通信的数据从适合于某一用户的抽象语法,变换为适合于 OSI 系统内部使用的传送语法,即对应用层送来的命令和数据加以解释和说明,对正文进行压缩和各种变换,提供格式化的表示和数据转换服务。

大多数用户间并非仅交换随机的比特数据,而是要交换诸如人名、日期、货币数量和商业凭证之类的信息,它们是通过字符串、整数型、浮点数以及由简单类型组合成的各种数据结构来表示的。不同的机器采用不同的编码方法来表示这些数据类型和数据结构(如 ASCII 或 EBCDIC、反码或补码等)。为了让采用不同编码方法的主机完成信息通信后能相互理解数据的值和意义,可以采用抽象的标准方法来定义数据结构,并采用标准的编码表示形式。表示层还要管理这些抽象的数据结构,并把主机内部的表示形式转换成网络通信中采用的标准表示形式。

另外,数据压缩也是表示层可提供的表示变换功能,它能减少传输的比特数,能够显著降低通信资源开销。表示层还有涉及安全所需的数据加密、解密,防止窃听和篡改。

7. 第七层 应用层

应用层是访问网络的应用程序服务,是 OSI 参考模型中的最高层。应用层为驱动用户应用提供方法和手段,是允许应用程序连接到网络的接口,不同的应用层为特定类型的网络应用提供访问 OSI 环境的手段。网络中不同主机间的文件传送、访问和管理(File Transfer,Access and Management,FTAM),网络环境下传送标准电子邮件的文电处理系统(Message Handling System,MHS),方便不同类型终端和不同类型主机间通过网络交互访问的虚拟终端(Virtual Terminal,VT)协议等都属于应用层的范畴。应用层还为用户的应用进程提供网络通信服务;识别并证实目的通信方的可用性;使协同工作的应用程序之间实现同步;判断是否为通信过程申请了足够的资源;处理被传送数据的表示问题,即信息的语义。

综上所述,可将 OSI 参考模型数据单元及各层主要功能总结归纳为如表 5 - 1 所列。

表 5 - 1　OSI 参考模型数据单元及各层主要功能

特性 层次	数据单元	主要功能
应用层	原始数据 + 本层协议 控制信息	用户接口处理网络应用 (提供电子邮件、文件传输等用户服务)
表示层	上层数据 + 本层协议 控制信息	数据表示协商数据传输语法 (转换数据格式、数据加密、解密和数据压缩等)
会话层	上层数据 + 本层协议 控制信息	会话建立和管理 (在应用程序之间建立、维持和终止对话)
传输层	数据段	端到端的连接 (网络资源的最佳利用、端到端数据传送控制、数据分段)
网络层	分组	寻址和最短路径 (路由选择、流量和拥塞控制、计费信息管理)
数据链路层	数据帧	接入介质 (组帧、错误检测和校正、寻址、提供可靠的数据传输)
物理层	比特流	二进制传输 (数据的物理传输、发送比特流)

通观 OSI 模型,它并未确切地描述用于各层的协议和服务,只是告诉我们每一层的功能是什么,应该做什么。但是它已经清楚地描述了网络互联的框架和主机系统之间的数据信息是如何实现传递或交换的。

5.1.1.2　TCP/IP 的网络体系结构

TCP/IP 模型是由美国国防部在 ARPANET 网络中创建的网络体系结构,所以有时又称为 DoD(Department of Defense)模型,是至今为止发展最成功的通信模型,它用于构筑目前最大的、开放的互联网络系统 Internet。TCP/IP 模型分为不同的层次,每一层负责不同的通信功能,但 TCP/IP 简化了层次模型(只有 4 层),由下而上分别为网络接口层、网络层、传输层、应用层,如图 5 - 2 所示。

在 TCP/IP 模型中,网络接口层是 TCP/IP 模型的最底层,负责接收从网络层交付的

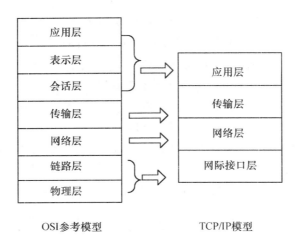

OSI参考模型   TCP/IP模型

图 5 - 2   TCP/IP 体系结构

IP 数据包,并将 IP 数据包通过底层物理网络发送出去,或者从底层物理网络上接收物理帧,抽出 IP 数据报,交给网络层。

网络层负责独立地将分组从源主机送往目的主机,为分组提供最佳路径选择和交换功能,并使这一过程与它们所经过的路径和网络无关。

传输层的作用是在源节点和目的节点的两个对等实体间提供可靠的端到端的数据通信。

应用层为用户提供网络应用,并为这些应用提供网络支撑服务,把用户的数据发送到底层,为应用程序提供网络接口。

TCP/IP 模型每一层都提供了一组协议,各层协议的集合构成了 TCP/IP 模型的协议簇。如图 5 - 3 所示。

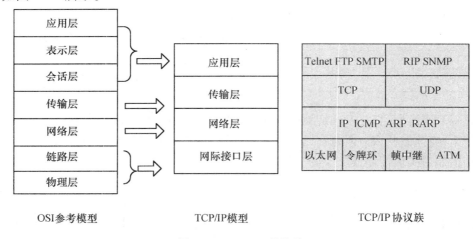

OSI参考模型   TCP/IP模型   TCP/IP 协议族

图 5 - 3   TCP/IP 协议族

1. 网络接口层协议

TCP/IP 的网络接口层中包括各种物理网络协议,例如 Ethernet、令牌环、帧中继、IS-DN 和分组交换网 X. 25 等。当各种物理网络被用做传输 IP 数据包的通道时,这种传输过

106

程就可以认为是属于这一层的内容。

2. 网络层协议

网络层包括多个重要协议,主要协议有 4 个,即 IP、ARP、RARP 和 ICMP。网际协议(Internet Protocol,IP)是其中的核心协议,IP 协议规定网络层数据分组的格式;Internet 控制消息协议(Internet Control Message Protocol,ICMP)提供网络控制和消息传递功能;地址解释协议(Address Resolution Protocol,ARP)用来将逻辑地址解析成物理地址;反向地址解释协议(Reverse Address Resolution Protocol,RARP)通过 RARP 广播,将物理地址解析成逻辑地址。

3. 运输层协议

运输层协议主要包含 TCP 和 UDP 两个协议。传输控制协议(Transport Control Protocol,TCP)是面向连接的协议,用三次握手和滑动窗口机制来保证传输的可靠性和进行流量控制;用户数据报协议(User Datagram Protocol,UDP)是面向无连接的不可靠运输层协议。

4. 应用层协议

应用层包括了众多的应用与应用支撑协议。常见的应用层协议有:文件传输协议(FTP)、超文本传输协议(HTTP)、简单邮件传输协议(SMTP)、远程登录(Telnet)。常见的应用支撑协议包括域名服务(DNS)和简单网络管理协议(SNMP)等。

TCP/IP 网络模型处理数据的过程描述如下:

(1)生成数据。当用户发送一个电子邮件信息时,它的字母或数字字符被转换成可以通过互联网传输的数据。

(2)为端到端的传输将数据打包。通过对数据打包来实现互联网的传输;通过使用端传输功能确保在两端的信息主机系统之间进行可靠的通信。

(3)在首部上附加目的网络地址。数据被放置在一个分组或者数据报中,其中包含了带有源和目的逻辑地址的网络首部,这些地址有助于网络设备在动态选定的路径上发送这些分组。

(4)附加目的数据链路层 MAC 地址到数据链路首部。每一个网络设备必须将分组放置在帧中,该帧的首部包括在路径中下一台直接相连设备的物理地址。

(5)传输比特。帧必须转换成"1"和"0"的信息模式,才能在介质上进行传输。时钟功能(Clocking Function)使得设备可以区分这些在介质上传输的比特,物理互联网络上的介质可能随着使用的不同路径而有所不同。例如,电子邮件信息可以起源于一个局域网 LAN,通过校园骨干网,然后到达广域网 WAN 链路,直到到达另一个远端局域网 LAN 上的目的主机为止。

5.1.1.3 OSI 模型中的数据传输过程

在 OSI 互联结构中,层与层之间通过交换协议数据单元(Protocol Data Unit,PDU)进行通信。协议数据单元由标题头和服务数据单元(Service Data Unit,SDU)组成,相当于分组的头信息和净荷信息,标题头不仅含 N(1≤N≤7)层协议,且含相应的控制信息。对应于应用层来说 SDU 则为原始信息数据,如文本文件、话音信息等。

除第七层外,N 层的 SDU 是 N + 1 层的 PDU,也就是 SDU 通过层间接口传递到相应的 N+1 层,当 SDU 被传到目的主机的对等层时该层的通信过程结束。

N 层的行为由一系列称为 N 层协议的规则或约定来规定,因此不同的层有不同的协议。OSI 互联模型中(图 5-4)的每层由于没有直接相连的物理信道存在于对应实体之间,使得它们之间的通信从感觉上看是虚拟的。实际的信息传递是 N+1 层利用 N 层所提供的服务来进行完成的,最终由物理信道实现代表比特流信息的(光或电)信号的传递。

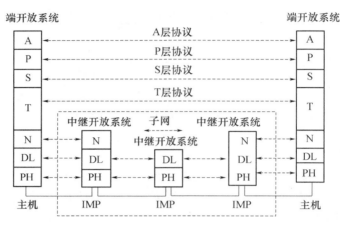

图 5-4 OSI 层次互联模型

图 5-4 中所说的端开放系统和中继开放系统都是国际标准 ISO 7498 中使用的术语,端开放系统通俗讲就是主机系统;中继开放系统就是 IMP,即子网中的节点机,如交换机、路由器等。主机系统具有全部 OSI 模型所描述的七个层次,但在通信子网中的 IMP 都不一定具有七层,通常情况下只有下 1、2、3 三个层次,甚至可以只有最低的两层。

OSI 的基本思想是通信双方的同等层不直接联络,而是先向本方的相邻层联络,逐层往下传递。虽然发送方的每一层与相邻的下一层联络,但其目的是与接收方的同一层通信,接收方和发送方的同一层(称为对等层)具有相同的数据单元。下面将对此通过图形来加以说明:

图 5-5 描述了 OSI 中信息从一台主机系统上的应用程序传输到另一主机的应用程序上的过程。当数据通过应用层向下传输时,在每一层它都要加上一个标题头或再加上一个尾部,上一层的标题信息和数据被封装在下一层的数据中。当用户数据送入应用层后,该层给它附加控制信息 AH 后送表示层,表示层可能要对数据作适当变换(如代码转换、数据压缩)后附加控制信息 PH 再送会话层,会话层加上控制信息 SH 送传输层,传输层可能要把长报文分成若干段,给每段加上控制信息 TH 后送网络层,网络层加上控制信息 NH 形成报文分组送数据链层,数据链层给报文分组附加头 DH 和尾 DT 形成帧(Frame)。

最后,在物理层,帧标题和它的信息被转换成在网络介质,如网络电缆中进行传输的比特流。在信息横向穿过物理网络媒体到达目的主机后,目的主机将进行上述过程的逆处理,信息通过目的主机的七层以相反的方向向上传递(首先是第一层,然后是第二层,依此类推),直到最终到达目的主机的用户进程为止。在这个过程中,这些二进制数首先

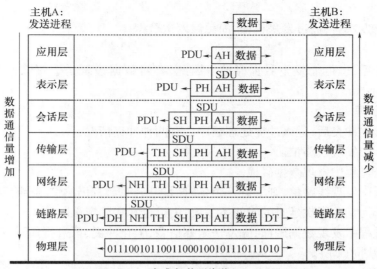

图 5 - 5　OSI 模型中数据信息的封装过程

被重新转换成帧标题和它的数据。在数据向上传输时,用标题信息来决定数据怎样到达上一层。在每一层,前一层的标题信息被去掉,数据又变成了和源主机的同一层上一样的格式。

5.1.2　网络互联协议

网络协议是计算机网络和分布系统中互相通信的对等实体间交换信息时所必须遵守的规则的集合,也正是因为这些统一的规则,促使网络之间能实现网络互联。由前面的叙述可知,网络体系结构按层次划分,将整个网络划分为不同的层次,不同层次有不同的协议,以实现各个层次不同的功能。下面将逐个介绍各个层次的网络协议:

5.1.2.1　数据链路层协议

物理及数据链路层协议,典型的有 Ethernet、令牌环、帧中继、ISDN 和分组交换网X. 25 等。

开始以太网只有 10Mb/s 的吞吐量,使用的是带有冲突检测的载波侦听多路访问(CSMA/CD,Carrier Sense Multiple Access/Collision Detection)的访问控制方法。其基本原理是当一个节点要发送数据时,首先监听信道:如果信道空闲就发送数据,并继续监听;如果在数据发送过程中监听到了冲突,则立刻停止数据发送,等待一段随机的时间后,重新开始尝试发送数据。

1. 侦听

通过专门的检测机构,在站点准备发送前先侦听一下总线上是否有数据正在传送,即线 路是否忙。

若"忙"则进入后述的"退避"处理程序,进而进一步反复进行侦听工作;

若"闲",则根据一定算法原则决定如何发送。

2. 发送

当确定要发送后,通过发送机构,向总线发送数据。

3. 检测

数据发送后,也可能发生数据碰撞。因此,要对数据边发送边接收,以判断是否冲突了。

4. 冲突处理

当确认发生冲突后,进入冲突处理程序。有两种冲突情况:

(1) 侦听中发现线路忙。

(2) 发送过程中发现数据碰撞。

若在侦听中发现线路忙,则等待一个延时后再次侦听,若仍然忙,则继续延迟等待,一直到可以发送为止。每次延时的时间不一致,由退避算法确定延时值。

若发送过程中发现数据碰撞,先发送阻塞信息,强化冲突,再进行侦听工作,以待下次重新发送(方法同(1))。

这种早期的 10Mb/s 以太网称为标准以太网,以太网可以使用粗同轴电缆、细同轴电缆、非屏蔽双绞线、屏蔽双绞线和光纤等多种传输介质进行连接。并且在 IEEE 802.3 标准中,为不同的传输介质制定了不同的物理层标准,在这些标准中前面的数字表示传输速度,单位是"Mb/s",最后的一个数字表示单段网线长度(基准单位是 100m),Base 表示"基带"的意思,Broad 代表"宽带"。

令牌环网(Token Ring)是一种 LAN 协议,定义在 IEEE 802.5 中,其中所有的工作站都连接到一个环上,每个工作站只能同直接相邻的工作站传输数据,通过围绕环的令牌信息授予工作站传输权限。IEEE 802.5 中定义的令牌环源自 IBM 令牌环 LAN 技术,两种方式都基于令牌传递(Token Passing)技术。所谓基于令牌传递技术是指:谁有令牌谁就有传输权限。如果环上的某个工作站收到令牌并且有信息发送,它就改变令牌中的一位(该操作将令牌变成一个帧开始序列),添加想传输的信息,然后将整个信息发往环中的下一工作站。当这个信息帧在环上传输时,网络中没有令牌,这就意味着其他工作站想传输数据就必须等待,因此令牌环网络中不会发生传输冲突。信息帧沿着环传输直到它到达目的地,目的地创建一个副本以便进一步处理,信息帧继续沿着环传输直到到达发送站时便可以被删除。发送站可以通过检验返回帧以查看帧是否被接收站收到并且复制。

帧中继(Frame Relay)是一种用于连接计算机系统的面向分组的通信方法,它主要用在公共或专用网上的局域网互联以及广域网连接。大多数公共电信局都提供帧中继服务,把它作为建立高性能的虚拟广域连接的一种途径(帧中继是进入带宽范围从 56Kb/s 到 1.544Mb/s 的广域分组交换网的用户接口)。

综合业务数字网(Integrated Services Digital Network,ISDN)是一个数字电话网络国际标准,是一种典型的电路交换网络系统,它通过普通的铜缆以更高的速率和质量传输话音和数据。ISDN 是欧洲普及的电话网络形式,GSM 移动电话标准也可以基于 ISDN 传输数据。因为 ISDN 是全部数字化的电路,所以它能够提供稳定的数据服务和连接速度,不像模拟线路那样对干扰比较明显,在数字线路上更容易开展在模拟线路上无法或者比较困难进行的数字信息业务。

X.25 是公用数据网上以分组方式工作的数据终端设备 DTE 和数据电路设备 DCE 之

间的接口。从 ISO/OSI 体系结构观点看,X.25 对应于 OSI 参考模型底下三层,分别为物理层、数据链路层和网络层。X.25 的网络层描述主机与网络之间的相互作用,网络层协议处理诸如分组定义、寻址、流量控制以及拥塞控制等问题。网络层的主要功能是允许用户建立虚电路,然后在已建立的虚电路上发送最大长度为 128 个字节的数据报文,报文可靠且按顺序到达目的端。X.25 网络层采用分组级协议(Packet Level Protocol,PLP)。

数据链路层协议有许多种,但是其均解决了三个基本问题,这三个基本问题是:封装成帧、透明传输和差错检测。

1)封装成帧

不同的协议层对数据包有不同的称谓,在传输层叫做段(Segment),在网络层叫做数据报(Datagram),在链路层叫做帧(Frame)。封装成帧就是在一段数据的前后分别添加首部和尾部,这样就构成了一个帧。因此,帧长等于数据部分的长度加上帧首部和帧尾部的长度,而首部和尾部的一个重要作用就是进行帧定界,此外,首部和尾部还包括许多必要的控制信息。数据封装成帧后发到传输介质上,其从帧首部开始发送,各种数据链路层协议都要对帧首部和帧尾部的格式有明确的规定,到达目的主机后每层协议再剥掉相应的首部,最后将应用层数据交给应用程序处理。

2)透明传输

透明传输是指不管所传数据是什么样的比特组合,都应当能够在链路上传送,且在传输过程中,对外界透明,就是说你看不见它是传送网络,不管传输的业务如何,我只负责将需要传送的业务传送到目的节点,同时保证传输的质量即可,而不对传输的业务进行处理,从而保证发送方和接收方数据的长度和内容完全一致,相当于一条无形的传输线。因此,当所传数据中的比特组合恰巧与某一个控制信息完全一样时,就必须采取适当的措施,使接收方不会将这样的数据误认为是某种控制信息,这样才能保证数据链路层的传输是透明的。

3)差错检测

现实的通信链路都不是百分百理想的,因此,比特在传输的过程中可能会产生差错:1可能变成 0,0 可能变成 1,这就叫做比特差错,从而,为了保证数据传输的可靠性,在计算机网络传输数据时,必须采用各种差错检测措施。目前在数据链路层广泛使用了循环冗余检验的检错技术。

5.1.2.2　网络层协议

为了实现网络互联,TCP/IP 体系结构采用了在网络层使用标准化协议的做法,其承认了各种物理网络异构性的存在,并通过标准化的协议将异构的网络进行互联,可以将互联以后的计算机网络叫做"虚拟互联网络",所谓虚拟互联网络也叫逻辑互联网络,其利用 IP 协议使这些性能异构的网络在网络层看起来好像是一个统一的网络。

与 OSI 互联层次模型的第三层即网络层相对应,通常,将传输层和网络层两层的总和称为"逻辑网",主要处理分组在网络之间的路由问题和进行拥塞控制。该层的主要功能是将传输层的数据封装入 IP 数据报(Datagrams),组装数据报,选择到目的主机的路由,将数据报发往适当的网络接口;对从网络接口收到的数据报进行转发或去掉报头上交传输层;处理网际差错与控制报文 ICMP,进行流量和拥塞控制。

网络层提供一个尽力而为的无连接分组传输。传输分组时,在路由器之间事先没有建立一个连接,分组独立寻址,因此可能同一信息的不同分组所经过的路径并不相同。当网络中一个地方发生故障时,分组就从其他的节点通过,因此没有必要事先建立连接。IP数据报也称为IP分组,在发生拥塞时,网关或路由器就会丢弃分组,要想恢复这些丢失的分组,必须通过传输层。网络层含有四个重要协议,即IP、ICMP、ARP和RARP。

(1)IP(Internet Protocol)为传送层提供网际传送服务,也就是提供端到端的分组发送功能和建立局域网之间的互联,并为主机定义一个全球独一无二的IP地址。IP地址是逻辑地址,Ipv4是32位二进制数组成,分为A、B、C、D、E 5类。每一地址都由类别号、网络号和主机号3段构成。类别不同,分段的方法也不同。Ipv6则是128位二进制数组成。

(2)ICMP(Internet Control Message Protocol)用于通知其他主机关于IP服务的状况,报告差错和传送控制信息,它是IP协议的一部分,包含在每一个IP实现中。

(3)ARP(Address Resolution Protocol)提供IP数据报文在传送中发生差错的情况,还将IP地址(或Internet地址)转换成物理网地址。

(4)RAPR(Reverse ARP)将物理网地址转换成IP地址。

传送层将报文分解成若干个最大长度为64KB的数据报,这些数据报透明地但并不一定可靠地从源端主机穿越若干个网络传送到目的端主机,当数据报全部到达目的地后,传送层将它们重新组装为原始的报文。

IP协议的特点是面向无连接的协议。IP数据报由两部分组成:①报头正文,有20B的固定字段和任选的变长字段。②正文部分,可能是数据或声音。

(1)报头结构。

IP数据报报头结构如图5-6所示,其主要组成部分如下:

版本	IHL	服务类型	总长度		
标识			DF	MF	分段位移
生存时间		协议	报头校验和		
源端地址					
目的端地址					
任选项					

|←————————— 32bit —————————→|

图5-6 IP数据报报头结构

① 版本字段:记录该数据报文符合协议的哪一版本。因此不排除在网络运行时改变协议的可能性。

② IHL字段:说明报头的长度,以32bit为单位,其最小值为5。

③ 服务类型字段:说明所需要的服务,指可靠性和速度的某种组合。例如,对于数字化话音,快速传送远比修正传输差错更重要;而对于文件传送,准确又比速度重要。

④ 总长度字段:说明报头长度和正文长度之和。

⑤ DF位:表示数据报是否分段。

⑥ MF位:表示后面是否有分段。

⑦ 分段位移:说明此分段在当前数据报中的位置。一个数据报中的所有分段(最后一个分段除外)都必须是 8 位的倍数字节,8B 是基本分段单位。分段位移字段有 13bit,故每个数据报最多可有 8192 个分段,共计 65536B,与最大总长度一致。

⑧ 标识字段:一个数据报的所有分段的标识值相同,目的主机用标识字段来确定新到分组属于哪一个数据报。

⑨ 生存时间字段:用于限定分段生存期的计数器,当它为零时,该分段被删去。生存时间的单位为 s,最大值为 255s。

⑩ 协议字段:说明此数据报属于哪一种传送结构,很可能是 TCP,但也可能是其他协议。

⑪ 报头校验和字段:只校验报头。由于报头可能会在网关发生变化,因此有必要对报头作校验。

⑫ 源端地址和目的端地址:说明网络编号和主机号,有 4 种编码模式:

◇ 1 位标志为"0",7 位网络号,24 位主机号;

◇ 2 位标志为"10",14 位网络号,16 位主机号;

◇ 3 位标志为"110",21 位网络号,8 位主机号;

◇ 4 位标志为"1110",28 位多目标地址(Multicast),用于数据报发向一组主机;

◇ 4 位标志为"1111"的地址,备用。

B 任选字段。其用途有:

◇ 为新版本包纳新的信息留有余地;

◇ 实验新方法用;

◇ 存放不常用信息以及减短报头固定长度,如可用于存放安全保密、源选径、差错报告、时间戳等信息。

(2)选径算法。

每个 IMP 利用所保存的网络状态信息,采用最短路径算法或其他路径算法选择路由,并尽量使其路由优化。为了适应网络拓扑结构和网络中业务流量的变化,各 IMP 平均每 10s 检测一次各条路由上的信息传递时延变化,并用一定的算法向网络的其他互联节点传播这些所检测到的状态信息,以便于调整和优化路由。

选径算法通常也叫路由算法,路由分为静态路由和动态路由,其相应的路由表称为静态路由表和动态路由表。静态路由表由网络管理员在系统安装时根据网络的配置情况预先设定,网络结构发生变化后由网络管理员手工修改路由表。动态路由随网络运行情况的变化而变化,路由器根据路由协议提供的功能自动计算数据传输的最佳路径,由此得到动态路由表。

动态路由协议可分为距离向量路由协议(Distance Vector Routing Protocol)和链路状态路由协议(Link State Routing Protocol)。距离向量路由协议基于 Bellman – Ford 算法,主要有 RIP、IGRP(IGRP 为 Cisco 公司的私有协议);链路状态路由协议基于图论中非常著名的 Dijkstra 算法,即最短优先路径(Shortest Path First,SPF)算法,如 OSPF。在距离向量路由协议中,路由器将部分或全部的路由表传递给与其相邻的路由器;而在链路状态路由协议中,路由器将链路状态信息传递给在同一区域内的所有路由器。根据路由器在自治系统(AS)中的位置,可将路由协议分为内部网关协议(Interior Gateway Protocol,IGP)和外部网关协议(External Gateway Protocol,EGP,也叫域间路由协议)。域间路由协议有两种:外部网关协议(EGP)和边界网关协议(BGP),EGP 是为一个简单的树型拓扑结构而设计的,在处理选路循环和设置选路策略时,具有明显的缺点,目前已被 BGP 代替。下面介绍几种常用的路由协议。

1. RIP 路由信息协议

RIP 路由器生产商之间使用的第一个开放标准,是最广泛的路由协议,在所有 IP 路由平台上都可以得到。当使用 RIP 时,一台 Cisco 路由器可以与其他厂商的路由器连接。RIP 有两个版本:RIPv1 和 RIPv2,它们均基于经典的距离向量路由算法,最大跳数为15 跳。

RIPv1 是族类路由(Classful Routing)协议,因路由上不包括掩码信息,所以网络上的所有设备必须使用相同的子网掩码,不支持 VLSM,其分组格式如图 5 − 7 所示。RIPv2 可发送子网掩码信息,是非族类路由(Classless Routing)协议,支持 VLSM,其分组格式如图 5 −8所示。

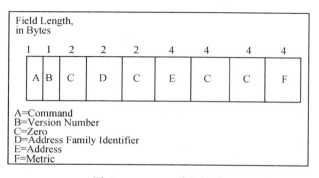

图 5 − 7　RIPv1 分组格式

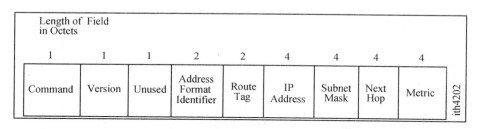

图 5 − 8　RIPv2 分组格式

RIP 使用 UDP 数据包更新路由信息,路由器每隔30s 更新一次路由信息:如果在180s内没有收到相邻路由器的回应,则认为去往该路由器的路由不可用,该路由器不可到达;如果在240s 后仍未收到该路由器的应答,则把有关该路由器的路由信息从路由表中删除。

RIP 具有以下特点:

(1)不同厂商的路由器可以通过 RIP 互联;

(2)配置简单;

(3)适用于小型网络(小于15 跳);

(4)RIPv1 不支持 VLSM;

114

（5）需消耗广域网带宽；

（6）需消耗 CPU、内存资源。

RIP 的算法简单，但在路径较多时收敛速度慢，广播路由信息时占用的带宽资源较多，它适用于网络拓扑结构相对简单且数据链路故障率极低的小型网络中，在大型网络中，一般不使用 RIP。

2. IGRP 内部网关协议

内部网关路由协议（Interior Gateway Routing Protocol，IGRP）是 Cisco 公司 20 世纪 80 年代开发的，是一种动态的、长跨度（最大可支持 255 跳）的路由协议，使用度量（向量）来确定到达一个网络的最佳路由，由延时、带宽、可靠性和负载等来计算最优路由，它在同个自治系统内具有高跨度，适合复杂的网络。Cisco IOS 允许路由器管理员对 IGRP 的网络带宽、延时、可靠性和负载进行权重设置，以影响度量的计算。

像 RIP 一样，IGRP 使用 UDP 发送路由表项。每个路由器每隔 90s 更新一次路由信息；如果 270s 内没有收到某路由器的回应，则认为该路由器不可到达；如果 630s 内仍未收到应答，则 IGRP 进程将从路由表中删除该路由。

与 RIP 相比，IGRP 的收敛时间更长，但传输路由信息所需的带宽减少，此外，IGRP 的分组格式中无空白字节，从而提高了 IGRP 的报文效率，但 IGRP 为 Cisco 公司专有，仅限于 Cisco 产品。

3. EIGRP 路由协议

随着网络规模的扩大和用户需求的增长，原来的 IGRP 已显得力不从心，于是，Cisco 公司又开发了增强的 IGRP，即 EIGRP（Enhanced Interior Gateway Routing Protocol）。EIGRP 使用与 IGRP 相同的路由算法，但它集成了链路状态路由协议和距离向量路由协议的长处，同时加入散播更新算法（DUAL）。

EIGRP 具有如下特点：

（1）快速收敛。快速收敛是因为使用了散播更新算法，通过在路由表中备份路由而实现，也就是到达目的网络的最小开销和次最小开销（也叫适宜后继，Feasible Successor）路由都被保存在路由表中，当最小开销的路由不可用时，快速切换到次最小开销路由上，从而达到快速收敛的目的。

（2）减少了带宽的消耗。EIGRP 不像 RIP 和 IGRP 那样，每隔一段时间就交换一次路由信息，它仅当某个目的网络的路由状态改变或路由的度量发生变化时，才向邻接的 EIGRP 路由器发送路由更新，因此，其更新路由所需的带宽比 RIP 和 EIGRP 小得多——这种方式叫触发式（Triggered）。

（3）增大网络规模。对于 RIP，其网络最大只能是 15 跳（Hop），而 EIGRP 最大可支持 255 跳。

（4）减少路由器 CPU 的利用。路由更新仅被发送到需要知道状态改变的邻接路由器，由于使用了增量更新，EIGRP 比 IGRP 使用更少的 CPU。

（5）支持可变长子网掩码。

（6）IGRP 和 EIGRP 可自动移植。IGRP 路由可自动重新分发到 EIGRP 中，EIGRP 也可将路由自动重新分发到 IGRP 中。如果愿意，也可以关掉路由的重分发。

（7）EIGRP 支持三种可路由的协议（IP、IPX、AppleTalk）。

（8）支持非等值路径的负载均衡。

（9）因 EIGIP 是 Cisco 公司开发的专用协议，因此，当 Cisco 设备和其他厂商的设备互联时，不能使用 EIGRP。

4. OSPF 路由协议

开放式最短路径优先（Open Shortest Path First, OSPF）协议是一种为 IP 网络开发的内部网关路由选择协议，由 IETF 开发并推荐使用。OSPF 协议由三个子协议组成：Hello 协议、交换协议和扩散协议，其中 Hello 协议负责检查链路是否可用，并完成指定路由器及备份指定路由器；交换协议完成"主""从"路由器的指定并交换各自的路由数据库信息；扩散协议完成各路由器中路由数据库的同步维护。

OSPF 协议具有以下优点：

（1）OSPF 能够在自己的链路状态数据库内表示整个网络，这极大地减少了收敛时间，并且支持大型异构网络的互联，提供了一个异构网络间通过同一种协议交换网络信息的途径，并且不容易出现错误的路由信息。

（2）OSPF 支持通往相同目的的多重路径；

（3）OSPF 使用路由标签区分不同的外部路由；

（4）OSPF 支持路由验证，只有互相通过路由验证的路由器之间才能交换路由信息，并且可以对不同的区域定义不同的验证方式，从而提高了网络的安全性；

（5）OSPF 支持费用相同的多条链路上的负载均衡；

（6）OSPF 是一个非族类路由协议，路由信息不受跳数的限制，减少了因分级路由带来的子网分离问题；

（7）OSPF 支持 VLSM 和非族类路由查表，有利于网络地址的有效管理；

（8）OSPF 使用 AREA 对网络进行分层，减少了协议对 CPU 处理时间和内存的需求。

5. BGP 路由协议

BGP（Border Gateway Protocol）用于连接 Internet。BGPv4 是一种外部的路由协议，可认为是一种高级的距离向量路由协议。

在 BGP 网络中，可以将一个网络分成多个自治系统，自治系统间使用 eBGP 广播路由，自治系统内使用 iBGP 在自己的网络内广播路由。

Internet 由多个互相连接的商业网络组成，每个企业网络或 ISP 必须定义一个自治系统号（ASN）。这些自治系统号由 IANA（Internet Assigned Numbers Authority）分配。共有65535 个可用的自治系统号，其中 65512～65535 为私用保留，当共享路由信息时，这个号码也允许以层的方式进行维护。

BGP 使用可靠的会话管理，TCP 中的 179 端口用于触发 Update 和 Keepalive 信息到它的邻居，以传播和更新 BGP 路由表。

在 BGP 网络中，自治系统有：

（1）Stub AS：只有一个入口和一个出口的网络；

（2）转接 AS（Transit AS），当数据从一个 AS 到另一个 AS 时，必须经过 Transit AS，如果企业网络有多个 AS，则在企业网络中可设置 Transit AS。

IGP 和 BGP 最大的不同之处在于运行协议的设备之间通过的附加信息的总数不同。IGP 使用的路由更新包比 BGP 使用的路由更新包更小（因此 BGP 承载更多的路由属性），

BGP 可在给定的路由上附上很多属性。

当运行 BGP 的两个路由器开始通信以交换动态路由信息时,使用 TCP 端口 179,它们依赖于面向连接的通信(会话)。

BGP 必须依靠面向连接的 TCP 会话以提供连接状态,因为 BGP 不能使用 Keepalive 信息(但在普通头上存放有 Keepalive 信息,以允许路由器校验会话是否 Active),标准的 Keepalive 是在电路上从一个路由器送往另一个路由器的信息,而不使用 TCP 会话。路由器使用电路上的这些信号来校验电路没有错误或没有发现电路。

5.1.2.3　传输层协议

TCP 与 OSI 第四层传输协议(TP4)相似之处在于两个协议都是为了达到在不可靠网络之上提供可靠的、面向连接的端—端传送服务的目的。两个协议都有连接建立阶段、数据传送阶段和连接释放阶段,都是使用三次应答的方法来排除旧的重复分组突然出现而造成的问题。两者的差别如表 5 - 2 所列:

表 5 - 2　TCP 与 OSI 第四层传输协议对比

特　　征	OSI 第四层协议(TP4)	TCP
1. TPDU 类型数	9	1
2. 连接冲突的处理	建立两条独立的全双工连接	只能建立一条连接
3. 传送服务访问点(TSAP)地址格式	未定义	32bit
4. 服务质量	有协商机制但定义未完善	没有服务质量字段
5. 连接请求(CR TPDU)	允许含有用户数据	不允许含有用户数据
6. 数据传送的模型	有序的报文序列	连续的字节流,无明显的报文界限
7. 重要数据的特殊处理方法	分正常数据和加速数据两个相互独立的报文流	用紧急字段表示当前 TPDU 中一些字节应该先处理
8. 捎带传送	无	有
9. 流量控制方式	使用发送许可机制,也可用网络层窗口机制调整流量	使用显示的流控机制,其窗口大小在每个 TPDU 中说明
10. 连接释放方式	随意方式。有可能 TPDU 丢失而不能由 TP4 恢复,靠会话层处理	使用三次握手方法来防止数据丢失

TP4 有 9 种不同的 TPDU 类型,而 TCP 只有一种。这一差别使 TCP 更简单,但需要较大的报头:最小长度为 20B,TP4 头部的最小长度为 5B。两个协议都允许一个选择字段,以便将头部长度在最小值的基础上增加到所需长度。

TCP 的 TPDU 结构如图 5 - 9 所示,其头部包括以下几部分:

(1)源端口和目的端口字段:标识连接的末端点,每个主机可以自行决定如何分配它的端口。

(2)序号和确认号字段。实现通常的功能:序号空间为 32bit 宽,以保证旧的重复数据在序号循环回来之前早已消逝;确认字段的长度亦为 32bit。

117

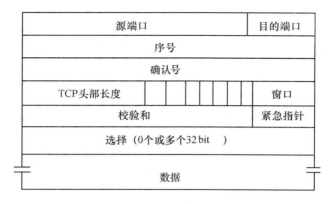

源端口		目的端口
序号		
确认号		
TCP头部长度		窗口
校验和		紧急指针
选择（0个或多个32 bit）		
数据		

图 5-9　TCP 的 TPDU 结构

（3）TCP 头部长度字段。表示 TCP 头部中包含有多少个 32bit 的字。

（4）6 个 1bit 的标志：

① 紧急指针（URG）位置"1"，表示从当前序号的数据开始，向后数多少字节才能找到紧急数据。这一功能可用来代替中断报文。

② SYN 位用来代表连接请求或连接确认。

③ ACK 位用来区分是否使用捎带确认。

当 SYN = 1 和 ACK = 0，表示连接请求，且不使用捎带确认字段；

当 SYN = 1 和 ACK = 1，表示连接应答确实捎带了确认。

④ FIN 位，用于释放连接，说明发送端已无更多的数据。

⑤ RST 位，用于复位连接。

⑥ EOM 位，表示报文的结束。

（5）窗口字段。16bit，说明在确认了的字节之后还可以传送多少字节。

（6）校验和字段。16bit，将所有数据按 16bit 长的字相加之和再取反码而形成的。

（7）选择字段。有多种多样的应用。例如，在建立连接的过程中用来表示缓冲区大小。

此外，TCP 有一个定义得较好的服务接口，提供了主动地和被动地发起连接的调用、发送和接收数据、礼让地或武断地中止连接以及查询连接状态的调用等。

5.1.2.4　应用层协议

在应用层，各种应用层协议屏蔽了底层的差异，为不同的用户提供了畅通的应用服务，使得用户可以在同一平台下进行信息的交流与传送。下面依次介绍常用的应用层协议：

1. 域名系统

域名系统（Domain Name System，DNS）是 Internet 上解决网上机器命名的一种系统。就像拜访朋友要先知道别人家怎么走一样，Internet 上当一台主机要访问另外一台主机时，必须首先获知其地址。TCP/IP 中的 IP 地址是由四段以"."分开的数字组成，记起来总是不如名字那么方便，所以，就采用了域名系统来管理名字和 IP 的对应关系。如图 5-10 所示为因特网的域名空间：

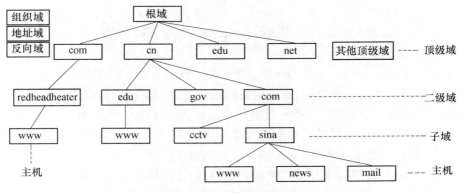

图 5 – 10   因特网的域名空间

2. 远程终端协议

Telnet 是 Internet 远程登录服务的标准协议和主要方式,它为用户提供了在本地计算机上完成远程主机工作的能力。在终端使用者的计算机上使用 Telnet 程序,用它连接到服务器。终端使用者可以在 Telnet 程序中输入命令,这些命令会在服务器上运行,就像直接在服务器的控制台上输入一样,可以在本地就能控制服务器。要开始一个 Telnet 会话,必须输入用户名和密码来登录服务器。Telnet 是常用的远程控制 Web 服务器的方法,使用 Telnet 协议进行远程登录时需要满足以下条件:在本地计算机上必须装有包含 Telnet 协议的客户程序,必须知道远程主机的 IP 地址或域名,必须知道登录标识与口令。如图 5 – 11 为 Telnet 远程登录示意图:

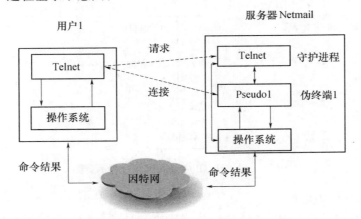

图 5 – 11   Telnet 远程登录示意图

Telnet 远程登录服务分为以下 4 个过程:

(1)本地与远程主机建立连接,该过程实际上是建立一个 TCP 连接,用户必须知道远程主机的 Ip 地址或域名。

(2)将本地终端上输入的用户名和口令及以后输入的任何命令或字符以 NVT(Net Virtual Terminal)格式传送到远程主机,该过程实际上是从本地主机向远程主机发送一个 IP 数据包。

(3)将远程主机输出的 NVT 格式的数据转化为本地所接受的格式送回本地终端,包

119

括输入命令回显和命令执行结果。

（4）最后，本地终端对远程主机进行撤销连接，该过程是撤销一个 TCP 连接。

3. 超文本传输协议

超文本传输协议（Hypertext Transfer Protocol，HTTP）是一种详细规定了浏览器和万维网服务器之间互相通信的规则，通过因特网传送万维网文档的数据传送协议，由请求和响应构成，是一个标准的客户端服务器模型。如图 5-12 所示即为 HTTP 协议的工作流程示意图，HTTP 协议的主要特点可概括如下：

（1）支持客户/服务器模式，支持基本认证和安全认证。

（2）简单快速：客户向服务器请求服务时，只需传送请求方法和路径。请求方法常用的有 GET、HEAD、POST，每种方法规定了客户与服务器联系的类型不同，由于 HTTP 协议简单，使得 HTTP 服务器的程序规模小，因而通信速度很快。

（3）灵活：HTTP 允许传输任意类型的数据对象，正在传输的类型由 Content-Type 加以标记。

（4）HTTP0.9 和 1.0 使用非持续连接：限制每次连接只处理一个请求，服务器处理完客户的请求，并收到客户的应答后，即断开连接，采用这种方式可以节省传输时间。

（5）无状态：HTTP 协议是无状态协议，无状态是指协议对于事务处理没有记忆能力；缺少状态意味着如果后续处理需要前面的信息，则它必须重传，这样可能导致每次连接传送的数据量增大。

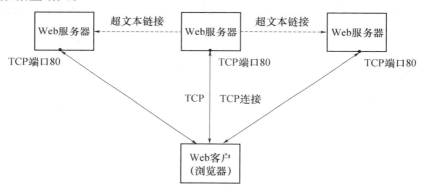

图 5-12　HTTP 协议的工作流程示意图

4. 简单邮件传输协议

简单邮件传输协议（SMTP）的目标是可靠高效地传送邮件，它独立于传送子系统而且仅要求一条可以保证传送数据单元顺序的通道。SMTP 的一个重要特点是它能够在传送中接力传送邮件，传送服务提供了进程间通信环境（IPCE），此环境可以包括一个网络、几个网络或一个网络的子网。邮件是一个应用程序或进程间通信，邮件可以通过连接在不同 IPCE 上的进程跨网络进行邮件传送，更特别的是，邮件可以通过不同网络上的主机接力式传送。

下面简述 SMTP 协议的工作流程，首先，运行在发送端邮件服务器主机上的 SMTP 客户，发起建立一个到运行在接收端邮件服务器主机上的 SMTP 服务器端口号 25 之间的 TCP 连接，如果接收邮件服务器当前不在工作，SMTP 客户就等待一段时间后再尝试建立该连接。这个连接建立之后,SMTP 客户和服务器先执行一些应用层握手操作,就像人们在转手东西之前往往先自我介绍那样,SMTP 客户和服务器也在传送信息之前先自我介绍一下,在这个 SMTP 握手阶段,SMTP 客户向服务器分别指出发信人和收信人的电子邮件地址。彼此自我介绍完毕之后,客户发出邮件消息,SMTP 可以指望由 TCP 提供的可靠数据传输服务把该消息无错地传送到服务器,如果客户还有其他邮件消息需发送到同一个服务器,它就在同一个 TCP 连接上重复上述过程;否则,它就指示 TCP 关闭该连接。图 5 – 13 所示为邮件收发流程:

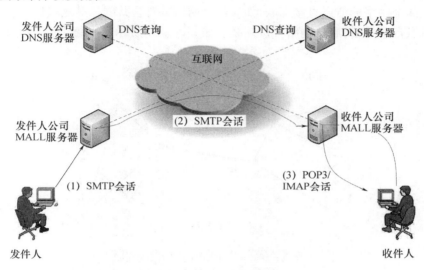

图 5 – 13　邮件收发流程

5.1.3　互联接口控制约定与实现

5.1.3.1　互联接口概述

不论是 UNI 还是 NNI,不论是同种协议还是异种协议,是同构网络还是异构网络,都存在接口问题。接口是网络互联的关键问题,如果其处理不好会引起网络的阻塞,降低网络的性能,甚至引起网络的瘫痪。

网间互联的控制包括网间接口的资源管理和流量控制、传输模式转换以及速率匹配等问题。

网络之间的有效互联主要取决于两个方面:一是传输模式和控制信息的转换及传递;另一个是速度匹配和时延的控制。后者依赖于接口缓冲区的控制和管理方式。

不论是同种网络还是异种网络的互联,网络间的差异是存在的,至少到目前为止还没有一种统一的、共同的、全能的方法能解决各种网络之间的互联问题,但是网间互联又要求尽可能克服网络在性能或功能上的差异,减少网间互联时给通信带来的不利影响,使网间能实现"透明"连接。归结起来,网间互联主要包括了如下几个方面的问题:

(1) 提供网间互联链路;

(2) 提供网络之间的路由控制及调度;

（3）进行网间信令变换及解决网间寻址问题；

（4）记录各个网络和网间互联设备的状态信息并加以保存；

（5）提供计费服务；

（6）在不改变各互联的网络的体系结构的情况下，用网间接口设备来协调解决网络之间。

存在的许多差异，如寻址方案、网络访问过程、信息分组长度及超时时限等。

实现两个网络互联，从结构和策略上可以采用下述的两种方法：

（1）两个网络的节点直接互联，如果两个网络具有公共的标准化接口，这类接口通常由网络节点自身具备，属于网络接口互联。如图 5 - 14 所示由网络节点进行直接的网络互联。

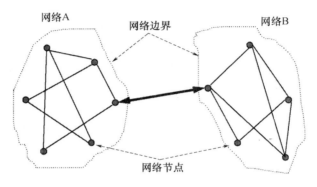

图 5 - 14　利用网络节点的网间互联

（2）两个网络通过网间接口设备互联，如果没有统一的接口及标准。在新技术诞生时，已有的设备不具备相应的网间互联接口或无法进行接口升级，采用附加接口的方式进行网间互联。如图 5 - 15 所示利用独立的接口设备实现网络间的互联。

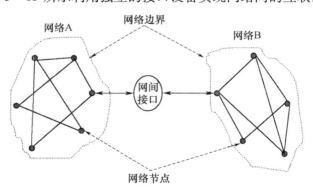

图 5 - 15　利用网络节点的网间互联

为了实现不同的网络接口协议和不同转移模式的网络之间的互联，需要通过网络的接口设备，亦称之为网关（图 5 - 15），进行协议和转移模式的转换。

另一方面，根据 OSI 互联参考模型可知，各层网络协议互联所要解决的通信控制存在着一些共同的问题，包括通信连接的建立和拆除控制、数据传输控制、差错控制、数据块的拆装控制、速度匹配控制、路由控制以及信道复用控制等。从网络互联对整个网络的影响程度而言,我们更关心网间互联接口的如下三个方面:

1. 数据块的装拆及控制

在不同功能层之间的连接上传送的数据块的大小和格式是不同的,因此当数据块通过一个接口时,必须相应地进行两种数据块的变换,及进行两种数据块的变换控制,即进行数据块的装、拆控制。

2. 信息传递速度匹配控制

无论在哪一种连接上通信,通信双方的传送速度必须匹配才能实现正常通信。即信源"生产"发送数据的速度应与信宿"消费"接收数据的速度匹配。速度匹配控制的基本方法是要让信源了解信宿当前状态(如可用缓冲区大小),由通信双方协同进行收发控制等。

3. 路由转换及控制

如果在信源与信宿之间存在多条可用的路径,就会出现路径选择问题。路径控制的目标,通常是追求传输延迟最小,或者期望达到性能、可靠性和费用等多种指标的综合最优。

5.1.3.2　信息格式的互联控制

信息在通过网间接口时,其传输的信息模式必须进行转换,从而必然增加信息在接口中的时延。因此异种网络互联接口中信息模式的转换直接相关于接口的速率控制,同时,这种转换效率的高低直接影响接口资源的效率发挥。怎样才能使得异种网络互联时信息模式的转换具有较高的效率,下面以 ATM 网络与 IP 分组交换网络互联为背景,来介绍网络互联时信息格式转换及控制。

对于 ATM 网与分组交换网的互联,简而言之,最本质的区别之一是转移模式的不同,也就是说 IP 分组在 ATM 网中是无法直接传输和交换的,反之,ATM 信元(Cell)在分组网中同样的无法直接传输与交换,因此两种模式必须要进行转换,才能实现网与网的有效互联,进而实现信息的互通。图 5 - 16 和图 5 - 17 给出了一种分组网与 ATM 网互联接口的功能性流程。

当然,信息模式的转换可以有很多的方式,如当信息从网络 A 传递给网络 B 时,将 A 的所有信息(包括头控制信息与净荷信息)当成网络 B 的净荷信息,并在附加上网络 B 的信息模式的控制信息,在到达目的时或之间,采用相应的技术还原净荷信息。网络互联时信息模式的转换方法是多种多样的,必须根据一定的技术条件和网络环境进行研究和确定。下面来看看主要的几种信息转换模式。

(1) IP Over SDH。

IP Over SDH 是 IP 数据包通过采用点到点协议 PPP(Point to Point Protocol)对 IP 数据包进行封装,并采用 HDLC(High - level Data Link Control)帧格式映射到 SDH/SONET 帧上。

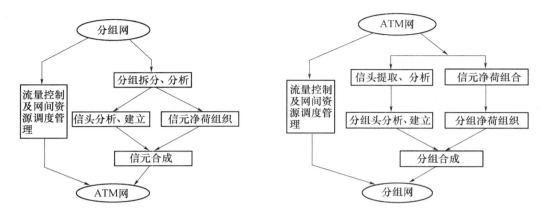

图 5 - 16　从分组到 ATM 网的接口流程　　图 5 - 17　从 ATM 网到分组网的接口流程

在 IP Over SDH 中,PPP 协议提供多协议封装、差错控制和链路初始化控制等功能。HDLC 帧格式负责同步传输链路上 PPP 封装的 IP 数据帧的定界。PPP 协议可将 IP 数据包切换成 PPP 帧以满足映射到 SDH/SONET 帧结构上去的要求。在任何一种物理网络上运行 IP 协议,必须要解决封装和地址映射问题,在局域网中还应解决广播域的问题。

IP Over SDH 以 SDH 网络作为 IP 数据网络的物理传输网络,图 5 - 17 为其分层模型与封装示意图。它使用链路适配及成帧协议对 IP 数据包进行封装,按字节同步方式把封装后的 IP 数据包映射到 SDH/SONET 的同步净荷封装中。

SDH 的净区可以封装各种信息(如 PPP 帧、ATM 信元等)或其混合体,而不管其具体信息结构是什么样的,所以说信息净荷区具有透明性。IP Over SONET/SDH 技术通过 PPP 数据包映射进 SONET/SDH 帧结构净负荷区。对于采用 PPP 协议封装并采用 HDLC 的帧格式的 IP/PPP/HDLC/SDH 协议堆栈中的适配与成帧协议层由 PPP 进行 IP 多协议封装、差错检测和链路初始化控制等,如图 5 - 18 所示。

图 5 - 18　IP Over SDH/Sonet 分层与封装示意图

（2）IP Over ATM。

IP Over ATM 的基本原理和工作方式为:将 IP 数据包在 ATM 层全部封装为 ATM 信元,以 ATM 信元形式在信道中传输。图 5 - 19 为 IP Over ATM 的分层模型和封装示意图。

（3）IP Over WDM//DWDM。

IP Over WDM 是一个真正的链路层数据网。IP Over WDM 的帧结构有两种形式:SDH 帧格式和千兆以太网帧格式。IP Over WDM 承载的各种网络和封装示意图如图 5 -20所示。

124

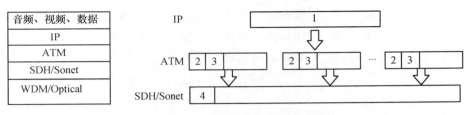

图 5 - 19　IP Over ATM 分层模型与封装示意图

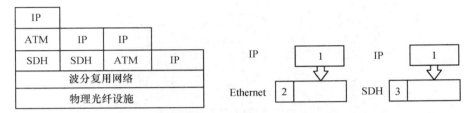

图 5 - 20　IP Over WDM 承载的各种网络与封装示意图

对于 SDH 帧格式,在使用 SDH 转发器和再生设备的网络内,来自路由器的 IP 分组必须放在 SDH 帧内。SDH 帧格式的报头载有信令和足够的网络管理信息,便于网络管理,这是它最大的优点。IP 分组可以映射到两个或更多个 SONET/SDH 帧内,也可以多个 IP 分组映射到一个 SONET/SDH 帧内,取决于 IP 分组的大小。

而千兆以太网帧格式下报头包含的网络状态信息不多,但由于没有使用一些造价昂贵的再生设备,因而成本相对较低。由于使用的是"异步"协议,故对抖动和定时不像 SDH 那样敏感,只要控制好,就不会有太多的分组丢失。同时由于与主机的帧结构相同,因而在路由器接口上需对帧进行拆装分割(SAR)操作和为了使数据帧和传输帧同步的比特塞入操作。

(4) IP Over DWDM。

IP Over DWDM 是直接在光传输媒介上运行的因特网。高密度 WDM 系统能对各种业务进行光复用,即一部分波长被指定用于高带宽 IP 光网,即 IP Over WDM,它可能用于大流量的端到端业务;另一部分波长被指定用于 ATM 光网,即 IP Over ATM,它可用来支持 VPN 和执行重要任务的 IP 网;还有一部分波长则被指定用于传统的 SONET/SDH 业务,即 IP Over SONET/SDH,它可能用来集中和传送传统的 IP 网业务。DWDM 提供了接口的协议和速率的无关性,在一条光纤上,可以同时支持 ATM、SDH 和千兆以太网,并提供了极大灵活性。

综上所述,不论是什么样的网络都有其自己的信息格式(帧格式),在进行互联时必须充分研究其转换和兼容问题,才能使网络的信息传递能力不至于因为网络的互联、网络技术的进步而降低。为了更好地理解网络互联时的信息格式转换问题,以图 5 - 16 和图 5 - 17 给出的流程为例,来分析讨论 IP 分组与 ATM 之间信息模式的相互转换。

1. 控制信息转换

IP 分组具有头控制信息,ATM 信元同样具有相应的头控制信息,传输和交换是根据这些头信息进行控制和将所要传递的信息送达目的地。互联网络的不同其转换方式差别很大,在这里就不再进行赘述了。

除了控制信息之间含义的转换和翻译外,快捷地进行分组头与信头中控制信息的转换,将会大大减少业务经过接口时的时延,降低因时延而产生的分组或信元丢失率,提高网络的互联效率。图 5-21 给出了控制信息的转换方式,且给出了转换时间的表示。

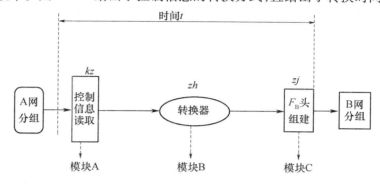

图 5-21　控制信息的流水转换

假设 A 网(分组网)的信息格式为 F_A,B 网(ATM 网)的净荷量为 F_B。

该方式的特点是按分组到达顺序读取其控制信息,这种读写机制较为简单便于控制。根据前面的分析,转换器所需要的处理时间最长。

从图 5-21 中可知,控制信息读取和 F_B 头组建实质上就是对存储单元的读写。设一个字节的读写周期为 δ,如果图 5-21 表示由分组头转换成信头,即有

$$kz = 3\delta$$
$$zj = 5\delta$$

设一个转换器完成一次转换的时间 zh,通常情况下,有 $zh > \delta$ 时。

故可知图 5-21 表示了一种是由分组头转换成信头的非线性流水线,其时空图如图 5-22 所示。

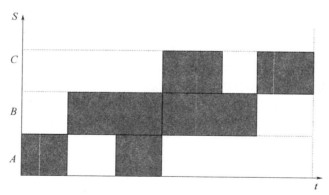

图 5-22　流水线时空图

可见图 5-22 所给出的流水线转换的效率较低,但是可以从两个方面进行改进,一是细分模块,提高流水线的吞吐能力;二是设置相同的模块,进行并行处理,减少流水线的瓶颈模块的执行时间。如果对转换器进行功能细化,信头组合模块进行优化,使流水线上的模块执行时间尽可能相同,可以提高流水线的吞吐率。

126

2. 净荷信息格式转换

信息传输模式在网间接口处的转换包含了两个方面的内容:一是模式控制信息之间的转换,这一部分已进行了分析;二是模式之间信息净荷的拆分和重组。假设 A 网(分组网)的净荷量为 f_A,B 网(ATM 网)的净荷量为 f_B。从净荷格式重组角度,可采用如下两种方式的转换流程。

1)从分组到信元的净荷拆分

(1)静态拆分。

在将分组头信息转换成信元头的同时,将分组净荷量 f_A 进行按 f_B 的格式进行划分,剩余碎片可以与同一业务的下一分组组合或由空标志填充。待净荷划分完毕后再与转换后的头信息逐一进行组装,形成 F_B。

分组由直接的输入端输入或从缓冲区中读取。不论哪一种方式,都必须要等到分组净荷全部读入工作缓冲区才能净荷格式的转换。由图 5 - 23 可知其后的转换效率较高。但是时间瓶颈在读取分组进入工作缓冲区的功能模块处,采用多个工作缓冲区轮流工作的方式可以提高流水线的吞吐率,其改进如图 5 - 24 所示。

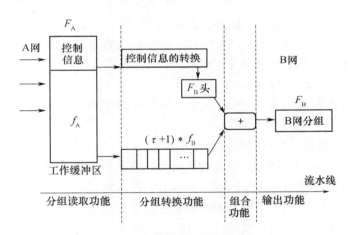

图 5 - 23　静态转换流程及流水线

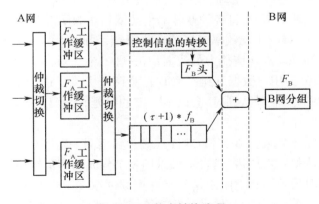

图 5 - 24　静态转换流程

127

（2）动态拆分。

如果采用获取分组控制信息和读取净荷量为 f_B 的信息同时进行或流水进行，然后再组合成 F_B 的方式进行净荷转换，随后的净荷读取以 f_B 为单位，流水进行。可得图 5 - 25 表示的转换工作流程。

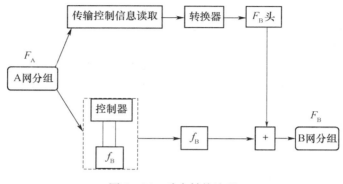

图 5 - 25　动态转换流程

从上述转换流程可以看出一次头信息的转换，对应着多次净荷的转换，因此头信息转换流水线有可能产生等待状态。图 5 - 25 中控制器的主要功能是读取以 f_B 为单位的净荷量，并在剩余净荷量不足时填充空信息。

2）从信元到分组的净荷组装

由于 $f_A > f_B$，故信元由 ATM 网进入分组网时在网间接口处必须要对小的信息分组（信元）进行组合，进而形成一个大的分组。

由信元组合成固定分组有两种基本的方法：

（1）以信元为单位进行组合，但是如果信元净荷量与分组净荷量不是整数关系，分组净荷必需填充一部分空信息，才能形成完整的分组净荷格式。

（2）以分组为单位，用不同信元中的同类净荷信息填充分组净荷，填充满一个分组净荷后，填充下一个分组。必须在缓冲区业务时延的限制下，采取相应的具体填充方式。

由于净荷的组合必须是同类信元，而业务到达具有不确定性，且同一业务的信元没有必要假设其连续到达、连续存储，但是按人们以往提出的 FCFS（First - Come - First - Severced）和 PUSH - OUT 队列，将各种业务的信元依到达顺序混合存放，由于同种信元的查找会产生较大时延，难以实现效率较高的净荷组合，因此为了便于识别同类信元，可以采用具有良好扩展性和动态适应能力的数据结构，即二维队列，如图 5 - 26 所示。

信元净荷信息分为用户数据和维护管理信息两个大类。由于信元到达可能是两类信息的交织，因此在遍历业务队列时，会产生一定的时延，但可以采用一定的措施减少缓冲区中业务的平均时延。

设同一业务信元按先来先服务（FCFS）方式。利用同一业务的第一个信元头信息识别同类信元。如果按整数对应进行转换，可以用 8 个信元的净荷转换成 3 个分组的净荷。但是多数情况由于时延等因素的限制是不允许连续读取多个信元的，并进行转换。因此按一次识别相邻的两个信元的假设，进行非对等转换，其流程如图 5 - 27 所示。当然同样存在别的流程设计方式。

128

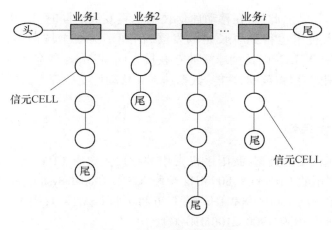

图 5 - 26　二维业务队列

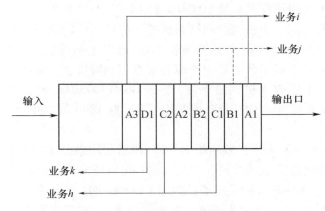

图 5 - 27　二维队列的存储结构

通过上面对信息净荷转换方式和控制信息的转换分析,我们知道这两部分在转换过程中是可以相互独立进行的,但是只有在信息格式的两部分组合时达到同步,才能提高接口通信效率和吞吐率,实现网络的高效互联。这对目前高速宽带网络的发展和应用是至关重要的,也是人们研究新一代网络技术不得不考虑的问题。

5.2　网络异构分析

自 20 世纪 80 年代第一代蜂窝移动通信系统(1G)问世,经过短短 30 多年的时间,移动通信技术发生了巨大的变化。从模拟到数字,从窄带到宽带,从话音到多媒体业务,移动通信不仅大大提高人们沟通的便捷性,也深深影响并改变了人类的生活和社交方式。移动通信的发展主要经历了以 AMPS(Advance Mobile Phone Service)、TACS(Total Access Communication System)和 NMT(Nordic Mobile Telephone System)为代表的一代通信(1G)到完成模拟向数字转变的二代通信(2G),直至系统容量和传输速率都得到了大大提高,且支持宽带多媒体等多样化业务的第三代通信(3G),且正朝着下一代移动通信(4G、5G)发展,以满足用户日益增长的带宽需求以及提供更高的数据吞吐量,更好地支持业务的多样性和终端的高速移动。此外,在移动通信技术迅猛发展的同时,以 IEEE 802 系列为代表的宽带无线接入技术也得到了长足的发展,出现了无线个域网 WPAN、无线局域网 WLAN、无线城域网 WMAN 以及全球微波互联接入网 WIMAX 等各种无线接入技术。不同的接入网络在制式、覆盖范围、性能、数据速率和移动性支持等方面各具特色,因此就出现了异构网络。

5.2.1 网络制式异构

网络制式就是网络的类型,我国手机常用的频段主要有 CDMA(Code Division Multiple Access)手机占用的 CDMA1X,800MHz 频段、GSM(Global System for Mobile Communication)手机占用的 900/1800/1900MHz 频段、近两年的 GSM1X 双模占用的 900/1800MHz 频段、3G 占用的 900/1800/1900/2100MHz 频段。

1. GSM

我国 GSM 手机占用频段主要是 900MHz 和 1800MHz。实质上 1800MHz 也是由于手机用户数量的激增,造成了手机通信网络系统处于超负荷运转状态,最终导致了手机在通信时很容易出现类似于掉线、串音、话音质量不好、难以上网等故障现象。为了解决这些故障现象,越来越多的手机运营商和生产商开始意识到解决这个问题的迫切性,并不断采取相关措施来进一步扩容手机网络系统,于是 GSM1800MHz 便应运而生了,又被称为 DCS1800(数字蜂窝系统)。它的出现,使基于 GSM900、1800 的双频网络变为现实。

2. CDMA

CDMA 1X:CDMA 1X 采用扩频速率为 SR1,即指前向信道和反向信道均用码片速率 1.2288Mb/s 的单载波直接系列扩频方式。因此它可以方便地与 IS-95(A/B)后向兼容,实现平滑过渡。由于 CDMA 1X 采用了反向相干解调、快速前向功控、发送分集、Turbo 编码等新技术,其容量比 IS-95 大为提高。在相同条件下,对普通话音业务而言,容量大致为 IS-95 系统的两倍。CDMA 1X 网络可以作为话音业务的承载平台,也可以作为无线接入 Internet 分组数据承载平台,既可以为用户提供传统的话音业务,也可以为用户提供端对端分组传输模式的数据业务。

CDMA 800MHz:联通在初建 CDMA 网络之时,正逢电信长城移交给联通,使联通轻松获得了 800MHz 频段上的双向 10MHz 频率资源,而这就使联通具有了宝贵的频率资源。因此,联通就利用其在 800MHz 频段上的资源建立了 CDMA 网络。

3. GPRS

通用无线分组业务 GPRS,General Packet Radio Service,是一种基于 GSM 系统的无线分组交换技术,提供端到端的、广域的无线 IP 连接。相对原来 GSM 的拨号方式的电路 交换数据传送方式,GPRS 是分组交换技术,具有"实时在线"、"按量计费"、"快捷登录"、"高速传输"、"自如切换"的优点。通俗地讲,GPRS 是一项高速数据处理的技术,方法是以"分组"的形式传送资料到用户手上。虽然 GPRS 是作为现有 GSM 网络向第三代移动通信过渡的过渡技术,但是,它在许多方面都具有显著的优势。

4. TDMA

TDMA 是 Time Division Multiple Access 的缩写,这是一种用 Time-Division Multiplexing(时分多址)来提供无线数字服务的技术,它代表的是一种移动电话系统的数字信号传输技术。TDMA 把一个射频分成多个时隙,再把这些时隙分给多组通话。这样,一个射频可以同时支持多个数据频道,目前该技术已成为今天的 D - AMPS 和 GSM 系统的基础。

5. WCDMA

宽带分码多工存取(Wideband Code Division Multiple Access,WCDMA),WCDMA 源于欧洲和日本几种技术的融合。它采用 MC FDD 双工模式,与 GSM 网络有良好的兼容性和互操作性。作为一项新技术,它在技术成熟性方面不及 CDMA2000,但其优势在于 GSM 的广泛采用能为其升级带来方便。因此,近段时间也倍受各大厂商的青睐。WCDMA 采用最新的异步传输模式(ATM)微信元传输协议,能够允许在一条线路上传送更多的话音呼叫,呼叫数由现在的 30 个提高到 300 个,在人口密集的地区线路将不再容易堵塞。WCDMA 采用直扩(MC)模式,载波带宽为 5MHz,它可支持 384Kb/s 到 2Mb/s 不等的数据传输速率,在高速移动的状态,可提供 384Kb/s 的传输速率,在低速或是室内环境下,则可提供高达 2Mb/s 的传输速率。而 GSM 系统目前只能传送 9.6Kb/s,固定线路 Modem 也只是 56Kbps 的速率,由此可见 WCDMA 是无线的宽带通信。

6. CDMA2000

CDMA2000(Code Division Multiple Access 2000)是一个 3G 移动通信标准,国际电信联盟 ITU 的 IMT - 2000 标准认可的无线电接口,也是 2G cdmaOne 标准的延伸,根本的信令标准是 IS - 2000。CDMA2000 与另一个 3G 标准 WCDMA 不兼容。

作为一项新兴技术,CDMA2000 正迅速风靡全球并已占据 20% 的无线市场。包含高通授权 LICENSE 的安可信通信技术有限公司在内全球有数十家 OEM 厂商推出 EVDO 移动智能终端。2002 年,高通公司芯片销售创历史佳绩;1994 年至今,高通公司已向全球包括中国在内的众多制造商提供了累计超过 75 亿多枚芯片。

7. TD - SCDMA

(Time Division - Synchronous Code Division Multiple Access),TD - SCDMA 时分同步码分多址,中国提出的第三代移动通信标准(简称 3G),也是 ITU 批准的三个 3G 标准中的一个,以我国知识产权为主的、被国际上广泛接受和认可的无线通信国际标准。是我国电信史上重要的里程碑。相对于另两个主要 3G 标准 CDMA2000 和 WCDMA,它的起步较晚,技术不够成熟。

8. LTE

长期演进(Long Term Evolution,LTE)是由 3GPP(The 3rd Generation Partnershi PProject,第三代合作伙伴计划)组织制定的通用移动通信系统(Universal Mobile Telecommunications System,UMTS)技术标准的长期演进,LTE 系统引入了正交频分复用(Orthogonal Frequency Division Multiplexing,OFDM)和多输入多输出(Multi - Input & Multi - Output,MIMO)等关键传输技术,显著增加了频谱效率和数据传输速率(20MB 带宽 2X2MIMO 在 64QAM 情况下,理论下行最大传输速率为 201Mb/s,除去信令开销后大概为 140Mb/s,但根据实际组网以及终端能力限制,一般认为下行峰值速率为 100Mb/s,上行为 50Mb/s),并支持多种带宽分配:1.4MHz、3MHz、5MHz、10MHz、15MHz 和 20MHz 等,且支持全球主流 2G/3G 频段和一些新增频段,因而频谱分配更加灵活,系统容量和覆盖也显著提升。LTE 系统网络架构更加扁平化简单化,减少了网络节点和系统复杂度,从而减小了系统时延,也降低了网络部署和维护成本。

5.2.2 网络结构异构

前面已经对网络的拓扑结构从物理和逻辑上以及静态和动态性几方面进行了分类说明,网络的拓扑结构有很多种,但是基本的拓扑结构,只有如下的三种,即总线结构、星型结构、环型结构,然而单一拓扑结构的网络是相对少一些的,实际中需要更多的网络拓扑结构来满足各种各样的网络建设需求,因此必须要根据实际情况利用基本的网络拓扑结构和相应的网络传输技术,进行网络拓扑结构的设计,也就是拓扑结构的组合。从前面的分析知道网络的基本拓扑结构自身是可以组合的,也已经有很多相应的应用实例,我们称利用基本拓扑结构进行组合得到的拓扑结构为互联结构,它分为单一组合互联结构和混合组合互联结构两类,前者只是一种基本结构的组合,后者是不少于两种基本结构的组合,这种组合结构有树型拓扑结构、混合型拓扑结构、正则拓扑结构以及网型拓扑结构。因为网络的应用场合各有不同,这会导致不同的网络拓扑设计,另一方面,在现实生活中,有诸多因素造成网络拓扑结构动态变化,归纳为如下三点主要原因:

(1)人为的管理和配置因素,如资源配置、可靠性要求;

(2)故障或资源失效因素,如物理连接中断、节点消失等;

(3)自然破坏因素,如电磁波的干扰等。

一旦网络的物理拓扑结构改变就导致了网络结构的变化,在当今网络融合的发展趋势下,网络结构的异构是必须清晰意识到的问题。如图 5-28 所示为网络融合拓扑图。

图 5-28 拓扑图中的设备注解:

GSM 网络:

BSS:基站子系统　　　　BTS:基站收发台　　　　BSC:基站控制器

MSC:移动交换中心　　　OMC:操作维护中心

NMC:网络管理中心　　　HLR:归属位置寄存器

VLR:访问位置寄存器　　EIR:设备识别寄存器　　AUC:鉴权中心

UMTS 网络:

RNC:无线网络控制器　　　　　GMSC:移动网网关局

SGSN:GPRS 服务支持节点　　　GGSN:网关 GPRS 支持节点

ADSL 网络:

DSLAM:数字用户线路接入复用器

ATU：ADSL 调制解调器

PS：电话分离器

HFC 网络:

CM:电缆调制解调器　　　ISU:综合业务单元

HDT:主数字终端　　　FE:视频前端

PON 接入网络:

ONU:光网络单元　　　OLT:光线路终端

由图 5-28 中可以看出,针对不同的网络其网络结构以及所使用的网络设备均有不同。

GSM 网络中基站子系统(BSS)由基站收发台(BTS)和基站控制器(BSC)组成;负责

在一定区域内与移动台之间的无线通信。BSC 是 BSS 的控制部分,一个基站控制器通常控制几个基站收发台,主要功能是进行无线信道管理、实施呼叫和通信链路的建立和拆除,并为本控制区内移动台越区切换进行控制等;BTS 是 BSS 的无线部分,实际是负责于某小区的无线收发信设备,包括发射机、接收机、天线、连接基站控制器的接口电路以及收发信台本身所需要的检测和控制装置等,它完成 BSC 与无线信道之间的转换,实现 BTS 与 MS 之间通过空中接口的无线传输及相关的控制功能。网络子系统由移动交换中心(MSC)和操作维护中心(OMC)以及归属位置寄存器(HLR)、访问位置寄存器(VLR)、鉴权认证中心(AUC)和设备标志寄存器(EIR)等组成。MSC 是整个网络的核心,它为本MSC 区域内的移动台提供所有的交换和信令功能,同时它在 MSC 之间完成路由功能,并实现移动网与其他网的互联。HLR 是一种用来存储本地用户位置信息的数据库,存储包括用户识别号码、访问能力、用户类别和补充业务等数据,也存储漫游用户所在 MSC 区域的有关动态数据。VLR 是一个用于存储进入其覆盖区已登记的用户相关信息的数据库,为建立呼叫接续提供必要条件,当漫游用户登记时还要给该用户分配一个新的漫游号码(MSRN),用于其 HLR 选路,物理上可与 MSC 合设记作 MSC/VLR。鉴权中心(AUC)存储着鉴权信息和加密密钥,可以不断提供一组参数(包括随机数 RAND、符号响应 SRES 和加密键 KC 三个参数),以此来鉴别用户身份的合法性,从而只允许有权用户接入网络并获得服务。

UMTS 网络中,SGSN 能够处理用户的数据流,具有包括初始认证与授权、访问控制、计费与数据采集、无线资源管理、分组载体生成与保持、地址映射与转换、路由与移动性管理(在本服务区内)、分组压缩功能、RAN 传输加密等功能。GGSN 通常位于 PS 域的边缘,并将从外部网络进来的分组数据流引入 UMTS 网络,反之亦然。GGSN 在移动性管理、分组路由、封装和地址转换等方面扮演着重要的角色。GGSN 最显著的作用是将移动台的输入数据流重定向到它当前所在的 SGSN。

ADSL 网络中,DSLAM 是各种 DSL 系统的局端设备,属于最后 1km 接入设备(the Last Mile),其功能是接纳所有的 DSL 线路,汇聚流量,相当于一个二层交换机。一个 DSLAM 可支持多达 500 ~ 1000 个用户。ADSL 调制解调器,其工作原理是:计算机内的信息是由"0"和"1"组成数字信号,而在电话线上传递的却只能是模拟电信号。于是,当两台计算机要通过电话线进行数据传输时,就需要一个设备负责数模的转换。这个数模转换器就是 Modem。计算机在发送数据时,先由 Modem 把数字信号转换为相应的模拟信号,这个过程称为"调制"。经过调制的信号通过电话载波传送到另一台计算机之前,也要经由接收方的 Modem 负责把模拟信号还原为计算机能识别的数字信号,这个过程称为"解调"。正是通过这样一个"调制"与"解调"的数模转换过程,从而实现了两台计算机之间的远程通信。电话分离器:它利用低通滤波器将电话信号与数字信号分开。

HFC 网络中,HDT 是面向 HFC 网络的 ATM 接入设备,以 ATM 技术为核心,具有多协议及高速数据处理能力。电缆调制解调器(简称 CM),Cable 是指有线电视网络,Modem 是调制解调器。平常用 Modem 通过电话线上互联网,而电缆调制解调器是在有线电视网络上用来上互联网的设备,它是串接在用户家的有线电视电缆插座和上网设备之间的,而通过有线电视网络与之相连的另一端是在有线电视台(称为头端:Head – End)。它把用户要上传的上行数据以 5 ~ 75MB 的频率以 QPSK 或 16QAM 的调制方式调制之后向上

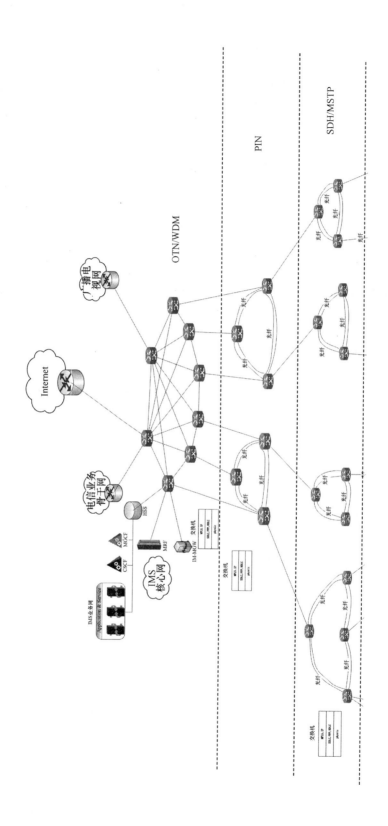

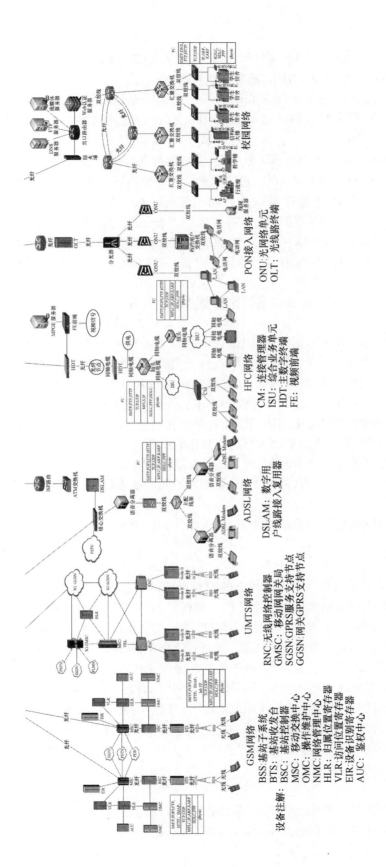

图5-28 网络融合拓扑图

135

传送,带宽 2～3MB 左右,速率从 300～10Mb/s。它把从头端发来的下行数据,解调的方式是 64QAM 或 256QAM,带宽 6～8MB,速率可达 40Mb/s。

PON 系统有光线路终(Optical Line Termination,OLT)、光分配网络(Optical Distribution Network,ODN)、光网络单元(Optical Network Unit,ONU)/光网络终端(Optical Network Termination,ONT)三部分组成。

OLT 是 PON 系统的局端设备,ONU 是 PON 系统的远端/用户端设备,ONT 特指用于单用户的 ONU。ODN 提供 OLT 与 ONU 直接的光信号传输通道。ODN 以无源光分路器为核心,还可包括光纤/光缆、光连接器以及其他光配线设施(如光配线架、光交接箱、光分线盒、光分歧接头盒)等。实际部署时主要采用一级分光的结构和二级分光的结构,PON 系统最本质的特征有两点:第一是"点对多点",即 OLT 与 ONU 之间是点对多点得关系;第二是"无源",即 ODN 中没有有源器件或设备,只存在无源器件或设施。

5.3　网络多维特性

虽然越来越多的接入技术应运而生,但是目前还没有一种网络能够完全满足用户高带宽、低时延、大覆盖范围等要求,不同的网络在性能、覆盖范围、数据速率和移动性支持等方面各具特色,其应用场合也各有侧重,相互之间很难替代,而且仅靠单一网络根本无法满足未来移动通信中业务个性化和多样性的需求。人们逐渐意识到未来移动通信的趋势是将目前已存在的网络和将要出现的网络相互融合和联通,充分发挥网络各自的优势,有效地整合资源,为用户提供高质量、个性化、无处不在的服务。因此,下一代移动通信技术的发展目标并不是要建立一个全新的、统一的并且功能完善的强大网络,而是将现存的异构无线网络进行融合,相互补充,协同工作,利用其不同的技术优势,为用户提供多样化的业务体验。

在这种异构无线网络融合的必然趋势下,引入维度的概念来分析这种融合网络。

5.3.1　多维概念

维度(简称维)从数学层次而言是指独立的时空坐标的数目,每个坐标描述的便是一个维度的信息。因此从更高角度来讲维度是指一种视角,而不是一个固定的数字;是一个判断、说明、评价和确定一个事物的多方位、多角度、多层次的条件和概念。网络中的多维是指影响网络中资源共享和通信的多种因素,例如通信介质、网络环境、网络结构、通信协议等。人们观察和研究无线网络的角度,由于关注和研究无线网络的角度不同,从而形成网络的多维属性。无线网络受外界因素影响较大,不同时间段的存在网络性能和网络种类往往不同,因此无线网络具有时间属性。现阶段不同网络的覆盖面积不同,不同空间可能存在不同网络,多种网络也可能存在于同一空间,因此网络具有空间属性。网络的调制方式及通信频段等使网络具有不同的制式。这些即为无线融合网络的多维属性。

5.3.2　多维网络

无线融合网络的各种多维属性构成了多维网络,多维网络的提出基于《Foundations Of Multidimensional and Metric Data Structures》《OLPA Solutions:Building Multidimensional

Information Systems》等丛书,多维网络属于动态虚拟网络,多维网络(Multi – Dimensional Network,MDN)具有如下特征:

(1)多维网络与现有网络具有兼容性及互操作性,可以工作在同种或异种网络之间。

(2)网络中的节点具有多接口特性,任意两个节点都可以直接或者通过中继节点转发从而实现通信,并且可以根据实际网络情况进行自适应切换。

(3)其网络拓扑结构是动态变化的,它能够用不同的网络结构,不同的网络技术,来实现不同的应用,让各种网络互相协同,最后连成一个无所不在的网络应用。如图5-29所示为多维网络示意图,图5-30多维网络中节点间通信的流程示意图。

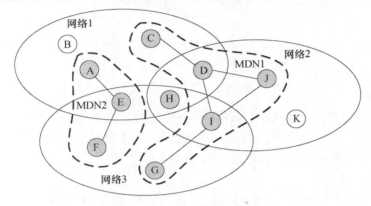

图5-29 多维网络示意图

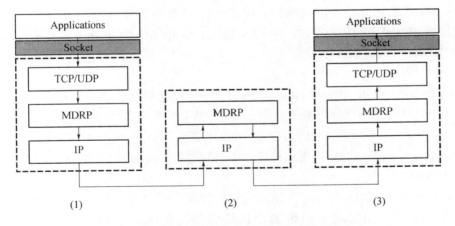

图5-30 多维网络中节点间通信的流程示意图

5.3.3 多维网络体系结构

根据多维网络的定义,现有的 TCP/IP 网络体系结构已经不能满足多维网络的需求,因此在 TCP/IP 网络体系结构基础之上新增了一层——多维网络层 MDNL(Multi – Dimensional Network Layer)。多维网络层,它和互联层的功能很接近,都提供"虚拟"的网络(多维网络层屏蔽了互联层以下的网络)。多维网络路由机制工作在多维网络层,起到了在多种不同的通信方式之间进行信息的交互,以及底层通信网络的选择。如图5-31所示

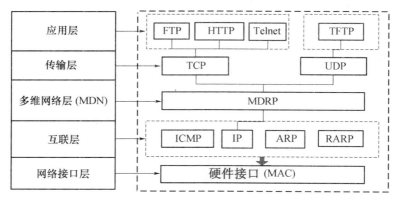

图 5 - 31　多维网络体系结构图

为多维网络体系结构图。

1. 网络接口层

网络接口层也被称为连接层(Link Layer)或数据连接层(Data - Link Layer),它是真正的网络连接的接口。负责数据帧的发送和接收,数据帧是独立的网络信息传输单元。网络接口层将数据帧放在网上,或从网上把数据帧取下来。

2. 互联层

互联层也被称作网络层(Network Layer),它提供"虚拟"的网络(这个层把更高的层与比它低的物理网络结构隔开)。IP 协议是这层最重要的协议。它是一个无连接的协议,它并不保证比它低的层的可靠性。IP 协议并没有提供可靠性、流控制或错误恢复。这些功能必须由更高的层来提供。IP 协议提供了路由功能,它负责传送需要传送的信息到它的目的地。

3. 多维网络层

多维网络层(Multi - Dimensional Network Layer),它和互联层的功能很接近,都提供"虚拟"的网络(多维网络层屏蔽了互联层以下的网络)。多维网络路由机制工作在多维网络层,起到了在多种不同的通信方式之间进行信息的交互,以及底层通信网络的选择。通信网络的选择是多维网络的重点也是难点,将在具体的路由机制中进行详细说明。

4. 传输层

传输层从一个应用程序向它的远程端传输数据以提供首尾相接的数据传输,可以同时支持多个应用。用得最多的传输协议是传输控制协议(TCP)和用户数据报协议(UDP)。

5. 应用层

应用层提供给利用 TCP/MDRP/IP 协议进行通信的程序。应用层指的是一台主机上的用户进程与另一台主机上的进程协作。

5.3.4　多维网络协议

5.3.4.1　多维网络的路由方法

多维网络的路由方法,多维网络包括多个节点,每个节点具有唯一的多维网络标识

138

符,并且具有多接口特性,任意两个节点都可以直接或者通过中继节点进行数据转发,所述中继节点至少接入 2 种接入网络并可进行数据转发,每一节点包括一个多维网络模块,所述多维网络模块位于传输层之下、互联层之上。其包括网络构建、路由发现、路由维护等。

如图 5－32、图 5－33 所示即为网络构建示意图,当新节点 A 要加入多维网络时,启动一个节点加入过程:新节点 A 向引导节点 D 发送一个节点加入请求消息 JREQ（Join Request Message）,引导节点 D 在收到 JREQ 分组后,更新路由表,同时会沿着逆向路由返回节点加入应答消息 JREP（Join Reply Message）。节点 A 在获取到引导节点 D 的邻居节点集路由信息后,匹配自身网络 ID 与 IP 地址绑定,节点 I 和 J 由于与节点 A 不属于同一接入网络,不能直接通信,因此节点 A 将节点 I 和 J 作为节点 D 中转后可达来更新路由表。而节点 C 与节点 A 属于同一接入网络,但 A 仍不确定 C 是否为其邻居节点,此时需要依靠 Hello 数据包方式发现邻居信息,并形成最终近邻关系。

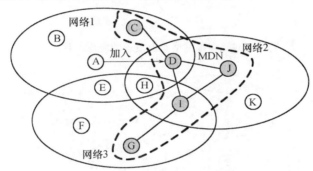

图 5－32　多维网络构建的流程示意图 I

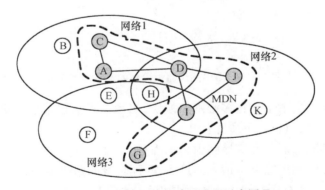

图 5－33　多维网络构建的流程示意图 II

图 5－34、图 5－35 即为路由发现示意图。当源节点 S 需要发送数据而又没有到目的节点 D 的有效路由时,启动一个路由发现过程。在多维网络中,源节点 S 向自己的邻居节点 A、C、E 广播路由请求分组 RREQ（Route Request Message）。允许中继节点响应 RREQ。收到请求的节点可能就是目的节点,或者中继节点。中继节点收到 RREQ 分组后,匹配自身的路由表项,如果没有该路由信息,则更新路由表。相反如果这个中继节点有到达目的节点的路由项,它会比较路由项里的目的节点地址序列号和 RREQ 分组里的目的节点地址序列号的大小来判断自己已有的路由是否较新。如果 RREQ 分组里的目

的节点地址序列号比路由表中的序列号大,则这个中继节点不能使用已有的路由来响应这个 RREQ 分组,只能继续向其邻居节点广播这个 RREQ 分组。中继节点只有在路由项中的目的节点地址序列号大于或等于 RREQ 中的目的节点地址序列号时,才能直接对收到的 RREQ 分组做出响应。

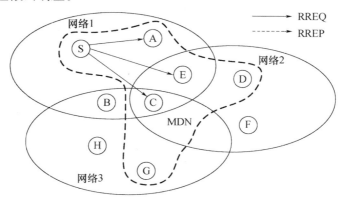

图 5-34　多维网络路由发现的流程示意图 Ⅰ

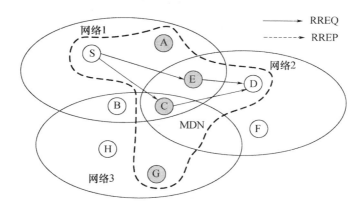

图 5-35　多维网络路由发现的流程示意图 Ⅱ

多维网络的路由方法工作在多维网络模块,当源节点需要发送数据而又没有到达目的节点的有效路由时,执行以下步骤:

(1)源节点向其邻居节点广播路由请求消息;

(2)中继节点收到广播路由请求消息后,匹配自身的路由表项,如果没有所需路由表项,则执行步骤(4),如有所需路由表项,则执行步骤(3);

(3)中继节点通过比较自己的路由表项的节点地址序列号与路由请求消息中目的节点地址序列号,来判断中继节点的现有路由表是否是新的路由,如是,则执行步骤(5),如否,则向自身的邻居节点转发所述路由请求消息;

(4)更新路由表,并向自身的邻居节点转发所述路由请求消息;

(5)中继节点逆向向源节点返回一个路由请求应答消息;

(6)路由请求应答消息返回途中经过的节点均根据路由请求应答消息建立到目的节点的路由;

140

（7）源节点收到所述路由请求应答消息后,根据路由请求应答消息建立到目的节点的路由,并根据该路由发送数据。

进一步,所述路由请求消息包括 ID、目的节点地址、目的节点地址序列号、广播序列号、源节点地址、源节点地址序列号、上一跳地址和跳数,步骤（3）中,比较中继节点路由表项中目的节点地址序列号与路由请求消息中目的节点地址序列号,若路由表项中目的节点地址序列号大于或等于路由请求消息中目的节点地址序列号,则说明中继节点的现有路由表是新的路由。

进一步,所述步骤（6）具体还包括如下步骤:节点记录下路由请求应答消息的上一跳邻居节点的地址,然后更新有关源路由和目的路由的定时器信息以及记录下最新路由请求应答消息中目的节点地址序列号。

进一步,所述路由请求应答消息包括 ID、源节点地址、目的节点地址、目的节点地址序列号、跳数和生存时间。

进一步,所述步骤（6）中,节点收到所述路由请求应答消息后,首先通过 ID 判断是否收到过该路由请求应答消息,如是,则抛弃该路由请求应答消息。

进一步,所述步骤（6）中若有多条路径可达目的节点,则按照路由判据选择最优路径返回请求应答消息,所述路由判据基于可用带宽、丢包率、端到端延时、跳数中的至少一项。

进一步,所述多维网络中的节点周期性向邻居节点发送 Hello 消息,如果在预定时间内邻居节点没有收到确认连接的 Hello 消息,则认为该节点已经与自己断开连接,将自己路由表中所有以该节点为下一跳节点的路由都设为失效状态。

进一步,正在进行通信的节点在预定时间内如果没有发送任何数据,就主动在自己直接通信范围内广播 Hello 消息通知邻居节点自己的存在,收到该消息的节点延长相应邻居节点的生存时间。

进一步,在数据传输过程中,当中继节点检测到一条正在传输数据的活动路由的下一跳链路断开或者节点收到去往某个目的地节点的数据报文,而该节点没有到该目的地节点的有效路由时,中继节点向源节点单播或多播路由错误消息,源节点收到路由错误消息后,重新执行步骤 1～7）。

进一步,新节点加入多维网络时,检测自己所拥有的通信方式,选择与自己属于同一接入网络的节点作为引导节点,向引导节点发送一个节点加入请求消息,引导节点收到节点加入请求消息后,更新路由表,沿着逆向路由返回节点加入应答消息,所述新节点获取引导节点邻居节点及路由信息后,将自身多维网络唯一标识符与自身 IP 地址绑定,可通过引导节点中转到达不属于自己同一接入网络的节点来更新路由表。

进一步,所述多维网络中的节点周期性广播 Hello 消息,接收到新节点在多维网络中广播的 Hello 消息的节点将所述新节点添加到其维护的邻居列表中,同时也在多维网络中广播其 Hello 消息,新节点收到该 Hello 消息后将所述节点添加到邻居列表中。

5.3.4.2 多维网络的数据传输方法

多维网络中将节点分为三类,分别为邻居节点、中继节点和引导节点,不同节点有不同的功能。

邻居节点:在多维网络中,能直接通信的两个节点称为邻居节点。而在一个多维网络中,已经假定同一接入网络中任意两个节点都可以直接通信。因此,同一接入网络中的节点两两互为邻居节点。

中继节点:在多维网络中,至少接入两种或两种以上接入网络并可担任数据转发功能的节点称为中继节点。如图 5 - 29 中节点 D、I 都可作为中继节点。

引导节点:在多维网络中,用于引导新的节点或网络加入自己所属多维网络的节点称为引导节点。多维网络中任一节点都可作为引导节点。

在多维网络的路由机制中,每个节点实时维护两个表:路由表和邻居节点列表。路由表保存着各种传输路径的相关信息,供路由选择时使用。对于每组网络接口,路由表含有目的地址的网络 ID、子网掩码和下一跳地址/接口。而邻居节点列表用于维护简单的邻居节点信息,包含本节点和邻居节点之间的链路的 ID 号、邻居节点所起的作用及其所拥有的通信方式、两节点间链路的状态。节点周期性地向邻居节点广播 HELLO 包,通过接收邻居节点的响应来获取与邻居的状态信息。

图 5 - 36 即为多维网络数据包封解包的流程示意图,在数据传输过程中,当中继节点检测到一条正在传输数据的活动路由的下一跳链路断开或者节点收到去往某个目的地节点的数据报文,而节点没有到该目的地节点的有效路由时,中间节点向源节点单播或多播路由错误分组 RERR(Route Error Message),源节点收到 RERR 后就知道存在路由错误,并根据 RERR 中指示的不可达目的地重新找路。源节点将会向其邻居节点广播一个 RREQ 分组,这个 RREQ 分组中的目的序列号要在源节点已知的最新目的序列号之上加 1,以确保那些还不知道目的节点最新位置的中间节点对这个 RREQ 分组做出响应,从而能保证建立一条新的、有效的路由。

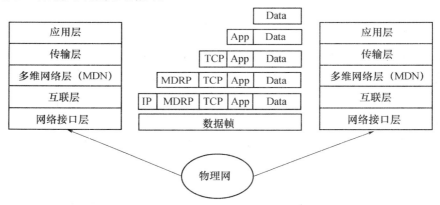

图 5 - 36　多维网络数据包封解包的流程示意图

5.4　网络互联设备

经过前面的分析,在网络体系结构以及网络互联协议、互联接口等网络互联基础之上,通过对网络差异以及多维角度的分析,充分认识到各个网络的特性,并通过网络互联设备将各个网络互联起来,实现网络的互联互通以及用户的端到端通信。那么,现有的网络中通常使用的互联设备都有哪些呢? 下面将一一介绍网络中的各种互联设备。

5.4.1 物理层互联设备

常见的物理层设备有中继器和集线器。

中继器是一个小发明,它设计的目的是给你的网络信号以推动,以使它们传输得更远。

由于传输线路噪声的影响,承载信息的数字信号或模拟信号只能传输有限的距离,中继器的功能是对接收信号进行再生和发送,从而增加信号传输的距离。它连接同一个网络的两个或多个网段。如以太网常常利用中继器扩展总线的电缆长度,标准细缆以太网的每段长度最大185m,最多可有5段,因此增加中继器后,最大网络电缆长度则可提高到925m。一般来说,中继器两端的网络部分是网段,而不是子网。中继器可以连接两局域网的电缆,其是局域网环境下用来延长网络距离的最简单最廉价的网络互联设备,通过重新定时并再生电缆上的数字信号,然后发送出去,以增加传输距离。这些功能是 OSI 模型中第一层——物理层的典型功能。中继器的作用是增加局域网的覆盖区域,例如,以太网标准规定单段信号传输电缆的最大长度为500m,但利用中继器连接4段电缆后,以太网中信号传输电缆最长可达2000m。有些品牌的中继器可以连接不同物理介质的电缆段,如细同轴电缆和光缆。

中继器分为单路中继器和多路中继器,其使用连接拓扑如图5-37、图5-38所示。

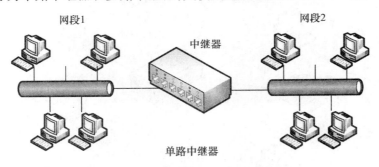

图5-37 单路中继器连接拓扑图

集线器(Hub)属于纯硬件网络底层设备,基本上不具有类似于交换机的"智能记忆"能力和"学习"能力。它也不具备交换机所具有的 MAC 地址表,所以它发送数据时都是没有针对性的,而是采用广播方式发送。也就是说当它要向某节点发送数据时,不是直接把数据发送到目的节点,而是把数据包发送到与集线器相连的所有节点,如图5-39所示,简单明了,Hub 是一个多端口的转发器,当以 Hub 为中心设备时,网络中某条线路产生了故障,并不影响其他线路的工作。所以 Hub 在局域网中得到了广泛的应用。大多数的时候它用在星型与树型网络拓扑结构中,以 RJ45 接口与各主机相连(也有 BNC 接口)。

随着计算机技术的发展,Hub 又分为切换式、共享式和可堆叠共享式三种:

1. 切换式 Hub

一个切换式 Hub 重新生成每一个信号并在发送前过滤每一个包,而且只将其发送到目的地址。切换式 Hub 可以使 10Mb/s 和 100Mb/s 的站点用于同一网段中。

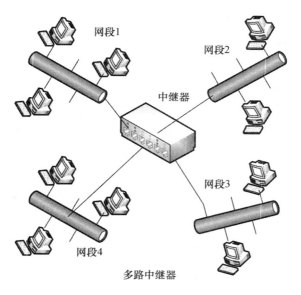

图 5 - 38 多路中继器连接拓扑图

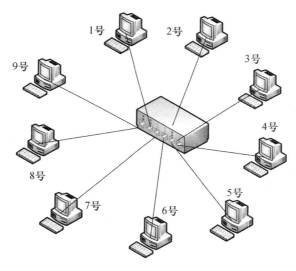

图 5 - 39 集线器配置示意图

2. 共享式 Hub

共享式 Hub 提供了所有连接点的站点间共享一个最大频宽。例如,一个连接着几个工作站或服务器的 100Mb/s 共享式 Hub 所提供的最大频宽为 100Mb/s,与它连接的站点共享这个频宽。共享式 Hub 不过滤或重新生成信号,所有与之相连的站点必须以同一速度工作(10Mb/s 或 100Mb/s)。所以共享式 Hub 比切换式 Hub 价格便宜。

3. 堆叠共享式 Hub

堆叠共享式 Hub 是共享式 Hub 中的一种,当它们级连在一起时,可看作是网中的一个大 Hub。当 6 个 8 口的 Hub 级连在一起时,可以看作是 1 个 48 口的 Hub。

5.4.2 数据链路层互联设备

常见的数据链路层设备有网桥和交换机。

网桥(Bridge)是一个局域网与另一个局域网之间建立连接的桥梁。它的作用是扩展网络和通信手段,在各种传输介质中转发数据信号,扩展网络的距离,同时又有选择地将有地址的信号从一个传输介质发送到另一个传输介质,并能有效地限制两个介质系统中无关紧要的通信。网桥可分为本地网桥和远程网桥。本地网桥是指在传输介质允许长度范围内互联网络的网桥;远程网桥是指连接的距离超过网络的常规范围时使用的远程桥,通过远程桥互联的局域网将成为城域网或广域网。如果使用远程网桥,则远程桥必须成对出现。

网桥的功能在延长网络跨度上类似于中继器,然而它能提供智能化连接服务,即根据帧的终点地址处于哪一网段来进行转发和滤除。网桥对站点所处网段的了解是靠"自学习"实现的,有透明网桥、转换网桥、封装网桥、源路由选择网桥。当使用网桥连接两段LAN 时,网桥对来自网段 1 的 MAC 帧,首先要检查其终点地址。如果该帧是发往网段 1 上某一站的,网桥则不将帧转发到网段 2 ,而将其滤除;如果该帧是发往网段 2 上某一站的,网桥则将它转发到网段2,这表明,如果 LAN1 和 LAN2 上各有一对用户在本网段上同时进行通信,显然是可以实现的。因为网桥起到了隔离作用。可以看出,网桥在一定条件下具有增加网络带宽的作用。如图 5 - 40 所示即为网桥功能示意图。

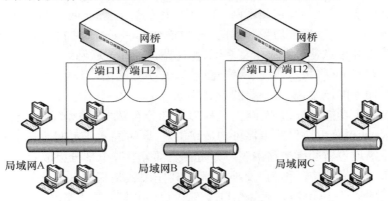

图 5 - 40　网桥功能示意图

交换机工作在数据链路层,拥有一条很高带宽的背部总线和内部交换矩阵。交换机的所有的端口都挂接在这条背部总线上,控制电路收到数据包以后,处理端口会查找内存中的地址对照表以确定目的 MAC(网卡的硬件地址)的 NIC(网卡)挂接在哪个端口上,通过内部交换矩阵迅速将数据包传送到目的端口,目的 MAC 若不存在,广播到所有的端口,接收端口回应后交换机会"学习"新的 MAC 地址,并把它添加入内部 MAC 地址表中。使用交换机也可以把网络"分段",通过对照 IP 地址表,交换机只允许必要的网络流量通过交换机。通过交换机的过滤和转发,可以有效地减少冲突域,但它不能划分网络层广播,即广播域。

网络交换技术是近几年来发展起来的一种结构化的网络解决方案。它是计算机网络发展到高速传输阶段而出现的一种新的网络应用形式。它不是一项新的网络技术，而是现有网络技术通过交换设备提高性能。由于交换机市场发展迅速，产品繁多，而且功能上越来越强，所以用企业级、部门级、工作组级、交换机到桌面进行分类。

5.4.3 网络层互联设备

当前网络层主要的互联设备是路由器，路由器(Router)是用于连接多个逻辑上分开的网络。逻辑网络是指一个单独的网络或一个子网。当数据从一个子网传输到另一个子网时，可通过路由器来完成。因此，路由器具有判断网络地址和选择路径的功能，它能在多网络互联环境中建立灵活的连接，可用完全不同的数据分组和介质访问方法连接各种子网。路由器是属于网络应用层的一种互联设备，只接收源站或其他路由器的信息，它不关心各子网使用的硬件设备，但要求运行与网络层协议相一致的软件。路由器分本地路由器和远程路由器，本地路由器是用来连接网络传输介质的，如光纤、同轴电缆和双绞线；远程路由器是用来与远程传输介质连接并要求相应的设备，如电话线要配调制解调器，无线要通过无线接收机和发射机。

路由器是互联网的主要节点设备。路由器通过路由决定数据的转发。转发策略称为路由选择(Routing)，这也是路由器名称的由来。作为不同网络之间互相连接的枢纽，路由器系统构成了基于 TCP/IP 的国际互联网络 Internet 的主体脉络，也可以说，路由器构成了 Internet 的骨架。它的处理速度是网络通信的主要瓶颈之一，它的可靠性则直接影响着网络互联的质量。因此，在园区网、地区网、乃至整个 Internet 研究领域中，路由器技术始终处于核心地位，其发展历程和方向，成为整个 Internet 研究的一个缩影。在当前我国网络基础建设和信息建设方兴未艾之际，探讨路由器在互联网络中的作用、地位及其发展方向，对于国内的网络技术研究、网络建设，以及明确网络市场上对于路由器和网络互联的各种似是而非的概念，都有重要的意义。

路由器由两个功能部分组成：路由选择部分和分组转发部分。前面已经分析了网络层的路由协议，通过路由协议路由器可构造路由表，同时经常或定期地和相邻路由器交换路由信息而不断地更新和维护路由表。分组转发部分有三个部分组成：交换结构、输入端口和输出端口。交换结构又称为"交换组织"，其作用就是根据转发表对分组进行处理，将收到的 IP 数据包从路由器合适的端口转发出去。转发表是从路由表得来的，其包含转发功能所必备的信息，也就是说转发表里的每一行必须包含从要到达的目的网络到输出端口以及下一跳的 MAC 地址的映射。图 5-41 即为典型的路由器结构。

5.4.4 应用层互联设备

常见的应用层互联设备是网关。

网关是将一个网络与另一个网络进行相互联通，提供特定应用的网际间设备，网关必须能实现相应的应用协议。网关可以看作是运行于要求特定业务的客户机与提供所需业务的服务器之间的中间过程。网关在这类过程中，在客户机来看它起着服务器的作用，而在服务器来看它又是一个客户机。

网关可设在应用层或传输层。设在应用层的叫应用层网关，也称代理服务器。设在传输层的叫传输层网关。在应用层上进行协议转换。例如，一个主机执行的是 ISO 电子

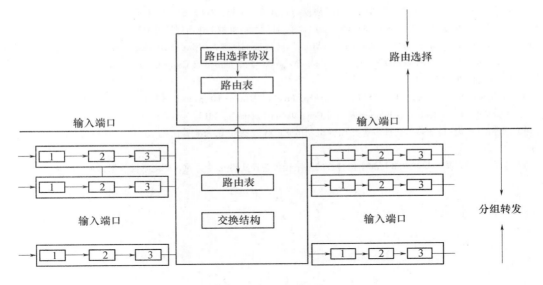

图 5 - 41　路由器结构图

邮件标准,另一个主机执行的是 Internet 电子邮件标准,如果这两个主机需要交换电子邮件,那么必须经过一个电子邮件网关进行协议转换,这个电子邮件网关是一个应用网关。再例如,在和 Novell NetWare(一种网络操作系统)网络交互操作的上下文中,网关在 Windows 网络中使用的服务器信息块(SMB)协议以及 NetWare 网络使用的 NetWare 核心协议(NCP)之间起着桥梁的作用。NCP 是工作在 OSI 第七层的协议,用以控制客户站和服务器间的交互作用,主要完成不同方式下文件的打开、关闭、读取功能。

总之,网关的功能体现在 OSI 模型的高层,它将协议进行转换,将数据重新分组,以便在两个不同类型的网络系统之间进行通信。由于协议转换是一件复杂的事,一般来说,网关只进行一对一转换,或是少数几种特定应用协议的转换,网关很难实现通用的协议转换。

参 考 文 献

[1] Piamrat K, Ksentini A, Bonnin J, et al. Radio Resource Management in Emerging Heterogeneous Wireless Networks[J]. Computer Communications, 2011,34(9): 1066 - 1076.

[2] 方勇. 未来分布式无线通信系统发展趋势[J]. 通信技术,2014. 3. 24,PP. 50.

[3] Singhrova,A. Vertical Handoff Decision Algorithm for Improved Quality of Service in Heterogeneous Wireless Networks [J]. Communication, IET. 2012(2):211 - 223.

[4] Gabor Fodor,Anders Furuskar. Johan Lussndsjo. On Access Selection Techniques in Always Best Connected Networks. 16th ITC. 2004(9):39 - 46.

[5] 陶洋. 多维网络及其数据传输方法[P]. 中国,201010210447. 3. 2013 - 01 - 23.

[6] 陶洋. 多维网络的路由方法[P]. 中国,201010210411. 5. 2012 - 06 - 25.

[7] Man Yang Rhee. CDMA Cellular Mobile Communications and Network Security[M]. Pearson Education,电子工业出版社影印,2002.

[8] Shoch J F. Inter - network Naming,Addressing,and Routing,Compcon[C],pp. 72 - 79,Fall 1978.

[9] 陶洋. 多网络接口设备的数据并发传输方法[P],中国,201010210384. 1. 2012. 5.

[10] 陶洋,邹媛媛. 异构网络中的改进 AODV 协议[J],计算机工程,38(8):67 - 69.

[11] 姚玉坤,鲜永菊,赵国锋. 现代通信网络实用教程[M]北京:机械工业出版社,2009.

[12] Changbiao XU, Yang ZHAO, Chunlong YANG, et al. Performance Analysis of Dynamic Spectrum Access and A New Admission Control Mechanism in Cognitive Radio Networks[J], Journal of Computational Information Systems, Vol. 9, No. 6, pp. 9 - 17, 2013.

[13] Changbiao Xu, Yuzheng Zhao , Shan Lu, HARQ Process Mapping Mechanism in LTE - Advanced System with Carrier Aggregation[J], Journal of Information and Computational Science, 2013.

[14] 刘燕霞,黄俊,马东鸽. 支持多业务预测机制的 EPON 动态带宽分配算法[J]. 光通信技术,2011. vol. 35, pp. 35 - 38.

[15] 李健,陶洋. 基于 SCT P 多归属主机特性的多路径传输算法研究[J]. 重庆邮电学院学报,2005,17(4).

148

第6章 网络虚拟化特性

6.1 概　述

6.1.1 虚拟化的定义

虚拟化是一个广义的术语,通常是指计算元件在虚拟的基础上而不是真实的基础上运行,虚拟化的目的是为了简化管理,优化资源。如同空旷、通透的写字楼,整个楼层几乎看不到墙壁,用户可以用同样的成本构建出更加自主适用的办公空间,进而节省成本,发挥空间最大利用率。这种把有限的固定的资源根据不同需求进行重新规划以达到最大利用率的思路,在 IT 领域就叫做虚拟化技术。

虚拟化技术有很多种不同定义,下面给出几种关于虚拟化技术较为经典的定义:

"虚拟化是以某种用户和应用程序都可以很容易从中获益的方式来表示计算机资源的过程,而不是根据这些资源的实现、地理位置或物理包装的专有方式来表示它们。换句话说,它为数据、计算能力、存储资源以及其他资源提供了一个逻辑视图,而不是物理视图。"—— Jonathan Eunice,Illuminata Inc。

"虚拟化是表示计算机资源的逻辑组(或子集)的过程,这样就可以用从原始配置中获益的方式访问它们。这种资源的新虚拟视图并不受实现、地理位置或底层资源的物理配置的限制。"—— Wikipedia。

"虚拟化:对一组类似资源提供一个通用的抽象接口集,从而隐藏属性和操作之间的差异,并允许通过一种通用的方式来查看并维护资源。"—— Open Grid Services Architecture Glossary of Terms。

按照类型来分,虚拟化技术可以大致分为以下几类:服务器虚拟化、桌面虚拟化、应用虚拟化、网络虚拟化、存储虚拟化,如图 6 - 1 所示。

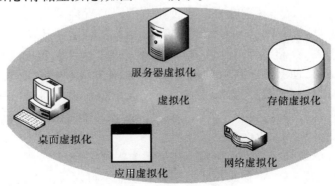

图 6 - 1　包罗万象的虚拟化

总体来说,虚拟化的主要目的就是对 IT 基础设施进行简化,将计算机物理资源予以抽象、转换后呈现出来,使消费者可以比原本的组态更好的方式来应用这些资源。这些资源的新虚拟部分不受现有资源的架设方式、地域或物理组态所限制。

消费者可以是一名最终用户、应用程序、访问资源或与资源进行交互的服务。资源是一个提供一定功能的实现,它可以基于标准的接口接受输入和提供输出。资源可以是硬件,例如服务器、磁盘、网络、仪器;也可以是软件,例如 Web 服务。

消费者通过受虚拟资源支持的标准接口对资源进行访问。使用标准接口,可以在 IT 基础设施发生变化时将对消费者的破坏降到最低。例如,最终用户可以重用这些技巧,因为他们与虚拟资源进行交互的方式并没有发生变化,即使底层物理资源或实现已经发生了变化,他们也不会受到影响。另外,应用程序也不需要进行升级或应用补丁,因为标准接口并没有发生变化。

6.1.2　虚拟化的优势

虚拟化的主要功能是对各种松散的资源进行集中的监控、管理和维护,降低了资源使用者与资源具体实现之间的耦合程度,让使用者不再依赖于资源的某种特定实现。虚拟化的优势如图 6-2 所示。

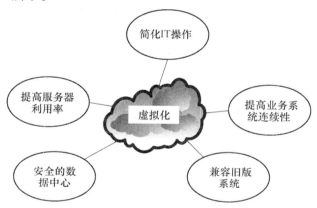

图 6-2　虚拟化的优势

（1）简化 IT 操作,提高管理效率。在企业范围内实现标准化,统一对应用程序进行部署、维护和升级,IT 人员不再进行密集型的人工操作。在软件开发与测试方面,IT 人员可即时虚拟出服务器、存储、运行环境,还可以更轻松地扩大测试范围并提高软件质量。

（2）整合服务器,使服务器利用率最大化。虚拟化技术可使企业级的服务器运行多个虚拟机,从而有效控制了服务器数量的膨胀,大大提高了服务器利用率。另外,通过对未充分利用的服务器的整合,企业不再需要为新项目另外购置硬件,因此,减少了资金投入,降低了供电、制冷和场地方面的运营成本。

（3）安全集中的数据中心管理。虚拟化技术为集中监控、管理提供了支持。服务器、应用程序和各种敏感数据都将存放在数据中心。企业不再因员工丢失便携式计算机或受到黑客攻击而担心数据的流失。

（4）允许旧版系统与新环境共存。虚拟化技术还可在高版本的硬件上虚拟出旧版应用程序所需的运行环境,有助于延长旧版软件的生命周期,增加了其使用价值,避免了高额的移植成本。

（5）提高业务系统连续性。由于所有的应用都在服务器上运行,不再依赖用户的 PC 机,PC 机的故障不会影响业务系统的稳定运行。对于用户而言,一旦桌面 PC 故障,只需要换一台正常工作的 PC,所有应用又可以正常进行了。

6.1.3　网络虚拟化技术的兴起

随着近年来,"云计算""大数据"等概念的兴起,虚拟化技术的发展也越来越迅速。在早期虚拟化技术的发展中,作为基础架构的虚拟机、服务器虚拟化等硬件虚拟化技术已经发展得有声有色,目前市面上已经有 VMware Workstation、Windows Virtual PC 等具有代表性的虚拟机软件,在服务器虚拟化领域也有 Citrix XenServer、Windows Server 2008 Hyper - V 和 VMware ESX Server 等成熟的商业化解决方案。然而同作为基础构架的网络却还是一直沿用传统的实现架构。在这种环境下,网络需要一次变革,使之更加符合云计算和互联网发展的需求,于是便出现了网络虚拟化技术。云计算环境下的网络虚拟化需要解决端到端的问题,可以将其归纳为三个部分:

（1）第一部分是服务器内部。随着越来越多的服务器被虚拟化,网络已经延伸到 Hypervisor 内部,网络通信的端已经从以前的服务器变成了运行在服务器中的虚拟机,数据包从虚拟机的虚拟网卡流出,通过 Hypervisor 内部的虚拟交换机,在经过服务器的物理网卡流出到上联交换机。在整个过程中,虚拟交换机,网卡的 I/O 问题以及虚拟机的网络接入都是研究的重点。

（2）第二部分是服务器到网络的连接。10Gb/s 以太网 和 Infiniband 等技术的发展使一根连接线上承载的带宽越来越高。为了简化,通过一种连接技术聚合互联网络和存储网络成为了一个趋势。

（3）第三部分是网络交换,需要将物理网络和逻辑网络有效的分离,满足云计算多租户,按需服务的特性,同时具有高度的扩展性。

6.2　传输虚拟化

网络的传输虚拟特性是近几年网络虚拟化研究中的一个热点问题,通过传输虚拟化进一步提升了网络虚拟化的能力。传输虚拟化的主要思想是对数据传输资源的一种抽象。在传输虚拟化中,一个抽象的数据传输资源可以由底层物理传输资源或者重叠网络资源构成,这些资源可以被单独使用也可以被同时使用。

其实,虚拟传输技术的概念由来已久,VLAN、VPN、VPLS 等都可以归为虚拟传输技术的范畴。近年来,云计算的浪潮席卷 IT 界。几乎所有的 IT 基础构架都在朝着云的方向发展。在云计算的发展趋势下,虚拟传输技术也有了新的发展。本节首先介绍了三种具有代表性的传统虚拟传输技术:VLAN、VPN 和 VPLS,在此基础上,分虚拟网络连接技术和虚拟网络交换技术两个方面介绍最新的虚拟传输技术。

6.2.1 传统虚拟传输技术

6.2.1.1 VLAN

虚拟局域网(Virtual Local Area Network,VLAN),VLAN 是一组逻辑上的设备和用户,这些设备和用户并不受物理位置的限制,可以根据功能、部门及应用等因素将它们组织起来,相互之间的通信就好像它们在同一个网段中一样,由此得名虚拟局域网。IEEE 于1999 年颁布了用于标准化 VLAN 实现方案的 802.1Q 协议标准草案。VLAN 技术是为解决以太网的广播问题和安全性而提出的,它在以太网帧的基础上增加了 VLAN 头,用VLAN ID 把用户划分为更小的工作组,限制不同工作组间的用户二层互访,每个工作组就是一个虚拟局域网。虚拟局域网的好处是可以限制广播范围,并能够形成虚拟工作组,动态管理网络。

VLAN 技术允许网络管理者将一个物理的 LAN 逻辑地划分成不同的广播域(或称虚拟 LAN,即 VLAN),每一个 VLAN 都包含一组有着相同需求的计算机工作站,与物理上形成的 LAN 有着相同的属性。但由于它是逻辑地而不是物理地划分,所以同一个 VLAN 内的各个工作站无须被放置在同一个物理空间里,即这些工作站不一定属于同一个物理LAN 网段。一个 VLAN 内部的广播和单播流量都不会转发到其他 VLAN 中,即使是两台计算机有着同样的网段,但是它们却没有相同的 VLAN 号,它们各自的广播流也不会相互转发,从而有助于控制流量、减少设备投资、简化网络管理、提高网络的安全性。

与传统的局域网技术相比较,VLAN 技术更加灵活,它具有以下优点:

(1)控制网络的广播风暴。采用 VLAN 技术,可将某个交换端口划到某个 VLAN 中,而一个 VLAN 的广播风暴不会影响其他 VLAN 的性能。

(2)确保网络安全。共享式局域网之所以很难保证网络的安全性,是因为只要用户插入一个活动端口,就能访问网络。而 VLAN 能限制个别用户的访问,控制广播组的大小和位置,甚至能锁定某台设备的 MAC 地址,因此 VLAN 能确保网络的安全性。

(3)简化网络管理。网络管理员能借助于 VLAN 技术轻松管理整个网络。例如需要为完成某个项目建立一个工作组网络,其成员可能遍及全国或全世界,此时,网络管理员只需设置几条命令,就能在几分钟内建立该项目的 VLAN 网络,其成员使用 VLAN 网络,就像在本地使用局域网一样。

定义 VLAN 成员的方法有很多,由此也就分成了几种不同类型的 VLAN。

1. 基于端口的 VLAN

基于端口的 VLAN 的划分是最简单、有效的 VLAN 划分方法,它按照局域网交换机端口来定义 VLAN 成员。VLAN 从逻辑上把局域网交换机的端口划分开来,从而把终端系统划分为不同的部分,各部分相对独立,在功能上模拟了传统的局域网。基于端口的VLAN 又分为在单交换机端口和多交换机端口定义 VLAN 两种情况。

1)多交换机端口定义 VLAN

如图 6-3 所示,交换机 1 的 1、2、3 端口和交换机 2 的 4、5、6 端口组成 VLAN1,交换机 1 的 4、5、6、7、8 端口和交换机 2 的 1、2、3、7、8 端口组成 VLAN2。

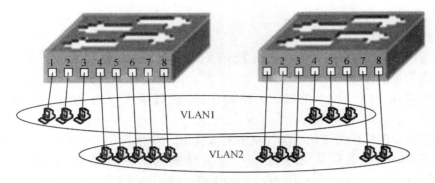

图 6-3　多交换机端口定义 VLAN

2）单交换机端口定义 VLAN

如图 6-4 所示,交换机的 1、2、6、7、8 端口组成 VLAN1,3、4、5 端口组成了 VLAN2。这种 VLAN 只支持一个交换机。

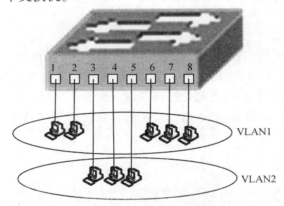

图 6-4　单交换机端口定义 VLAN

基于端口的 VLAN 的划分简单、有效,但其缺点是当用户从一个端口移动到另一个端口时,网络管理员必须对 VLAN 成员进行重新配置。

2. 基于 MAC 地址的 VLAN

基于 MAC 地址的 VLAN 是用终端系统的 MAC 地址定义的 VLAN。MAC 地址其实就是指网卡的标识符,每一块网卡的 MAC 地址都是唯一的。这种方法允许工作站移动到网络的其他物理网段,而自动保持原来的 VLAN 成员资格。在网络规模较小时,该方案可以说是一个好的方法,但随着网络规模的扩大,网络设备、用户的增加,则会在很大程度上加大管理的难度。

3. 基于路由的 VLAN

路由协议工作在 OSI 七层网络模型的第 3 层——网络层,常见的路由协议有基于 IP 和 IPX 的路由协议等,工作在网络层的设备包括路由器和路由交换机。基于路由的 VLAN 允许一个 VLAN 跨越多个交换机,或一个端口位于多个 VLAN 中,从而很容易实现 VLAN 之间的路由,即将交换功能和路由功能融合在 VLAN 交换机中。这种方式既达到了作为 VLAN 控制广播风暴的最基本目的,又不需要外接路由器。但这种方式对 VLAN

成员之间的通信速度不是很理想。

4. 基于策略的 VLAN

基于策略的 VLAN 的划分是一种比较有效而直接的方式,主要取决于在 VLAN 的划分中所采用的策略。

就目前来说,对于 VLAN 的划分主要采用 1、3 两种模式,对于方案 2 则为辅助性的方案。

目前在宽带网络中实现的 VLAN 基本上能满足广大网络用户的需求,但其网络性能、网络流量控制、网络通信优先级控制等还有待提高。目前 IEEE 正在制定和完善 IEEE802.1S(Multiple Spanning Trees)和 IEEE802.1W(Rapid Reconfiguration of Spanning Tree)来改善 VLAN 的性能。采用 IEEE802.3z 和 IEEE802.3ab 协议,并结合使用 RISC (精简指令集计算)处理器或者网络处理器而研制的吉位 VLAN 交换机在网络流量等方面采取了相应的措施,大大提高了 VLAN 网络的性能。IEEE802.1P 协议提出了 COS (Class of Service)标准,这使网络通信优先级控制机制有了参考。

6.2.1.2 VPN

VPN 即虚拟专用网络,其功能是:在公用网络上建立专用网络,进行加密通信。在企业网络中有广泛应用。VPN 网关通过对数据包的加密和数据包目标地址的转换实现远程访问。VPN 有多种分类方式,主要是按协议进行分类。VPN 可通过服务器、硬件、软件等多种方式实现。VPN 具有成本低,易于使用的特点。VPN 网络结构如图 6-5 所示。

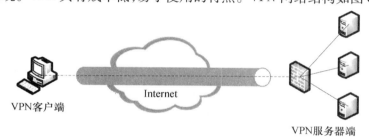

图 6-5   VPN 示意图

VPN 属于远程访问技术,简单地说就是利用公用网络架设专用网络。例如某公司员工出差到外地,他想访问企业内网的服务器资源,这种访问就属于远程访问。在传统的企业网络配置中,要进行远程访问,传统的方法是租用 DDN(数字数据网)专线或帧中继,这样的通信方案必然导致高昂的网络通信和维护费用。对于移动用户(移动办公人员)与远端个人用户而言,一般会通过拨号线路(Internet)进入企业的局域网,但这样必然带来安全上的隐患。

让外地员工访问到内网资源,利用 VPN 的解决方法就是在内网中架设一台 VPN 服务器。外地员工在当地连上互联网后,通过互联网连接 VPN 服务器,然后通过 VPN 服务器进入企业内网。为了保证数据安全,VPN 服务器和客户机之间的通信数据都进行了加密处理。有了数据加密,就可以认为数据是在一条专用的数据链路上进行安全传输,就如同专门架设了一个专用网络一样,但实际上 VPN 使用的是互联网上的公用链路,因此

VPN 称为虚拟专用网络,其实质上就是利用加密技术在公网上封装出一个数据通信隧道。有了 VPN 技术,用户无论是在外地出差还是在家中办公,只要能上互联网就能利用 VPN 访问内网资源。

VPN 的实现有很多种方法,常用的有以下四种:

(1) VPN 服务器:在大型局域网中,可以通过在网络中心搭建 VPN 服务器的方法实现 VPN。

(2) 软件 VPN:可以通过专用的软件实现 VPN。

(3) 硬件 VPN:可以通过专用的硬件实现 VPN。

(4) 集成 VPN:某些硬件设备,如路由器、防火墙等,都含有 VPN 功能,但是一般拥有 VPN 功能的硬件设备通常都比没有这一功能的要贵。

VPN 具有以下优点:

(1) VPN 能够让移动员工、远程员工、商务合作伙伴和其他人利用本地可用的高速宽带网连接(如 DSL、有线电视或者 WiFi 网络)连接到企业网络。此外,高速宽带网连接提供一种成本效率高的连接远程办公室的方法。

(2) 设计良好的宽带 VPN 是模块化的和可升级的。VPN 能够让应用者使用一种很容易设置的互联网基础设施,让新的用户迅速和轻松地添加到这个网络。这种能力意味着企业不用增加额外的基础设施就可以提供大量的容量和应用。

(3) VPN 能提供高水平的安全。使用高级的加密和身份识别协议保护数据避免受到窥探,阻止数据窃贼和其他非授权用户接触这种数据。

(4) 完全控制。虚拟专用网使用户可以利用 ISP 的设施和服务,同时又完全掌握着自己网络的控制权。用户只利用 ISP 提供的网络资源,对于其他的安全设置、网络管理变化可由自己管理。在企业内部也可以自己建立虚拟专用网。

6.2.1.3　VPLS

虚拟专用局域网服务(Virtual Private LAN Service,VPLS)是在公用网络中提供的一种点到多点的 L2VPN 业务,它利用以太网和 MPLS 的组合,来满足运营商和用户的需求。VPLS 使分散在不同地理位置上的用户网络可以相互通信,就像它们直接相互联接在一起一样,即广域网变成对所有用户位置是透明的。这种功能是由 MPLS 2 层 VPN 解决方案实现的。

在 VPLS 网络中,每个用户位置连接在 MPLS 网络上的一个节点上。对于每一个用户或虚拟专用网来说,由逻辑的点对点连接构成的完整网络是在骨干 MPLS 网络上建立的。这使一个用户位置可以直接看到属于这位用户的其他所有位置。唯一的 MPLS 标记用于将一位用户的传输流与另一位用户的传输流隔离,并且用于将一项服务与另一项服务相分离。

这种分割使用户可以从提供商那里获得多种服务,而每一个服务都是为最终应用定制的。例如,某位用户的服务集合可以由 VoIP、Internet 接入以及可能两个或更多的 VPN 服务构成。第一个 VPN 服务可以在所有企业位置之间提供"宽数据"连接性并可为所有雇员所使用。而第二个 VPN 服务可以被限制在一个位置子集合之间进行的某些金融交易上。所有这些服务都是通过 VPLS 唯一配置的,因此使它们具有独特的质量保障和安全属性。

在 VPLS 网络中,在各个 PE(运营商网络边缘)之间建立全网状的 MPLS LSP(标记交换路径),将二层以太网帧通过 MPLS 进行封装,通过 MPLS 交换将用户以太网流量在各个 PE 之间进行转发,并与 CE(用户边缘设备)连接,从而建立一个点对多点的以太网 VPN。

PE 设备将客户的以太网帧封装到 MPLS 包内,MPLS 包头包含两层标记,其中外层标记 Tunnel Label 标识用来承载 MPLS LSP,内层标记 VC Label 则代表不同虚拟电路,也就是不同的 VPLS 流量,这是一种伪线的封装格式。因此在目的端 PE(提供商边缘路由器)设备终结 LSP 并弹出外层标记之后,将会根据内层 VC Label 来确定是属于哪个 VPLS 实例的流量。

VPLS 技术包括两个层面:信令控制层和数据转发层。

信令控制层的主要作用是通过使用信令协议在 PE 之间建立相应的虚拟电路,换句话说,也就是对标识 VPLS 实例的 VC 标记进行交换,使得各个 PE 设备能够将 VC 标记映射到不同的 VPLS 实例,从而对所收到的 MPLS 封装的流量进行识别。

在数据转发层,每个 PE 为每个 VPLS 服务实例维护一个转发信息库(FIB),并且把已知的 MAC 地址加入到相应的 FIB 表中。所有流量都基于 MAC 地址进行交换,未知的数据包(如目的 MAC 地址仍未知)将广播给所有参与该 VPN 的 PE,直至目的站响应且与该 VPN 相关的 PE 学习到该 MAC 地址。

VPLS 的基本参考模型如图 6-6 所示。客户站点通过服务提供商网络连接起来,服务提供商网络就像是一台能够学习的二层交换机。网络中所有的 PE 用一个由隧道构成的全网格连接在一起,每条隧道承载多条虚线路。虚线路是为一对 PE 之间的每一个提供的服务建立的点到点连接结构。根据位置和客户站点的数据,为客户/服务建立的虚线路的数量可以从一个(用于只有两个位置的客户)到全网格(用于拥有连接在每一个 PE 的位置的客户)。

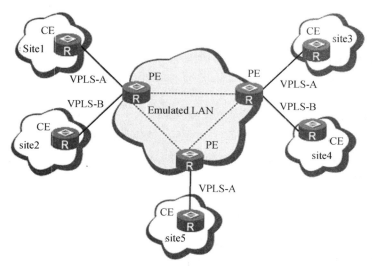

图 6-6　VPLS 基本参考模型

网络中的每一个 PE 能够建立连接其他每个 PE 的隧道,并可以通过信令建立穿过这些隧道的虚线路。当网络向最终用户提供二层服务时,每个 PE 可以学习所有本地连接的 MAC 地址,并将学习到的远程地址与一条虚线路建立关联。所有未知的单播、多播和广播包被传送给所有参与客户 VPN 的 PE。多播包像广播包那样处理,被传播给客户 VPN 中的所有 PE。

这种网络模型假设服务(或 VPLS 实例)中的所有 PE 以一个虚线路全网格连接在一起,这种全网格消除了保持网络无环路的需要。

为了确保这种拓扑结构没有环路,需要类似水平分割的概念:没有 PE 向另外一个 PE 转发它从其他 PE 接收到的数据包。这种做法突破了其他基于生成树的网络所遇到的可伸缩限制。目前这一网络模型正作为 VPLS 草案的一部分,由 IETF 的 L2VPN 工作组进行标准化。

对于运营商来说,将以太网和 MPLS 组合在一起的好处很多,他们可以马上从部署以太网基础设施更低的资本开支中受益。但是,简单的以太网交换网络在服务可伸缩性(由于 V 局域网 ID 的限制)和可靠性(生成树不能很好地扩展)上存在局限性。这些限制性被 MPLS 所解决。

MPLS 提供多种解决方案,这些解决方案不仅提供大规模的可伸缩性和多种可靠性选择,而且还带来其他好处。例如,MPLS 的动态信令有益于更迅速地改变和重新配置服务。其流量工程功能使提供商可以在整个网络上支持服务水平保证。因此,它不仅满足可伸缩性和可靠性的需要,而且还提供可以进一步减少费用的运营优势。

6.2.2　虚拟网络连接技术

虚拟网络连接技术一直都在追求更高的带宽中发展,比如 InfiniBand 和 FCoE。在传统的企业级数据中心 IT 构架中,服务器到存储网络和互联网络的连接是异构和分开的。存储网络用光纤,互联网用以太网线。数据中心连接技术的发展趋势是用一种连接线将数据中心存储网络和互联网络聚合起来,使服务器可以灵活的配置网络端口,简化 IT 部署。以太网上的 FCoE 技术和 InfiniBand 技术本身都使这种趋势成为可能。

6.2.2.1　InfiniBand

InfiniBand 架构是一种支持多并发链接的"转换线缆"技术,在这种技术中,每种链接都可以达到 2.5 Gb/s 的运行速度。InfiniBand 技术不是用于一般网络连接的,它的主要设计目的是针对服务器端的连接问题的。因此,InfiniBand 技术将会被应用于服务器与服务器(比如复制、分布式工作等)、服务器和存储设备(比如 SAN 和直接存储附件)以及服务器和网络之间(比如 LAN、WANs 和 Internet)的通信。

InfiniBand 技术产生于 20 世纪末,是由 Compaq、惠普、IBM、戴尔、英特尔、微软和 Sun 七家公司共同研究发展的高速先进的 I/O 标准。最初的命名为 SystemI/O,1999 年 10 月,正式改名为 InfiniBand。InfiniBand 是一种长缆线的连接方式,具有高速、低延迟的传输特性。基于 InfiniBand 技术的网卡的单端口带宽可达 20Gb/s,最初主要用在高性能计算系统中,近年来随着设备成本的下降,InfiniBand 也逐渐被用到企业数据中心。

InfiniBand 是一个统一的互联结构,既可以处理存储 I/O、网络 I/O,也能够处理进程间通信(IPC)。它可以将磁盘阵列、SANs、LANs、服务器和集群服务器进行互联,也可以连接外部网络(比如 WAN、VPN、互联网)。设计 InfiniBand 的目的主要是用于企业数据中心,大型的或小型的。目标主要是实现高的可靠性、可用性、可扩展性和高的性能。InfiniBand 可以在相对短的距离内提供高带宽、低延迟的传输,而且在单个或多个互联网络中支持冗余的 I/O 通道,因此能保持数据中心在局部故障时仍能运转。

    InfiniBand 与现存的 I/O 技术在许多重要的方面都不相同。不像 PCI、PCI - X、IDE/ATA 和 SCSI 那样共享总线,因此没有相关的电子限制、仲裁冲突和内存一致性问题。相反,InfiniBand 在交换式互联网络上,采用点到点的、基于通道的消息转发模型,同时,网络能够为两个不同的节点提供多种可能的通道。在这些方面,InfiniBand 与以太网更为相似,而以太网是构成 LANs、WANs 和互联网的基础。InfiniBand 和以太网都是拓扑独立——其拓扑结构依赖于交换机和路由器在源与目的之间转发数据分组,而不是靠具体的总线和环结构。像以太网一样,InfiniBand 能够在网络部件故障时重新路由分组,分组大小也类似。InfiniBand 的分组大小从 256b 到 4KB,单个消息(携带 I/O 处理的一系列数据分组)可以达到 2GB。

    InfiniBand 协议的主要特点是高带宽(现有产品的带宽 4xDDR 20Gb/s、12x DDR 60Gb/s、4xSDR 10Gb/s、12xSDR 30Gb/s,预计两年后问世的 QDR 技术将会达到 4xQDR 40Gb/s、12x QDR 120Gb/s)、低时延(交换机延时 140ns、应用程序延时 3μs、一年后的新的网卡技术将使应用程序延时降低到 1μs 水平)、系统扩展性好(可轻松实现完全无拥塞的数万端设备的 InfiniBand 网络)。另外 InfiniBand 标准支持 RDMA(Remote Direct Memory Access),使得在使用 InfiniBand 构筑服务器、存储器网络时比万兆以太网以及 Fibre Channel 具有更高的性能、效率和灵活性。

    为了发挥 InfiniBand 设备的性能,需要一整套的软件栈来驱动和使用,这其中最著名的就是 OFED(OpenFabrics Enterprise Distribution),它基于 InfiniBand 设备实现了 RDMA(Remote Direct Memory Access)。RDMA 的最主要的特点就是零复制和旁路操作系统,数据直接在设备和应用程序内存之间传递,这种传递不需要 CPU 的干预和上下文切换。OFED 还实现了一系列的其他软件栈:IPoIB(I Power InfiniBand)、SRP(SCSI RDMA Protocol)等,这就为 InfiniBand 聚合存储网络和互联网络提供了基础。OFED 由 OpenFabrics 联盟负责开发。OFED 现已被主流的 Linux 发行版本支持,并被整合到微软的 Windows Server 操作系统中。InfiniBand 示意图如图 6 -7 所示。

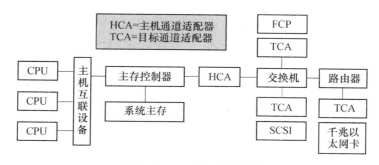

图 6 -7 InfiniBand 示意图

6.2.2.2　FCoE

以太网光纤通道(Fibre Channel over Ethernet,FCoE),FCoE 技术标准可以将光纤通道映射到以太网,并将光纤通道信息插入以太网信息包内,从而让服务器 SAN 存储设备的光纤通道请求和数据可以通过以太网连接来传输,而无需专门的光纤通道结构。另一方面,FCoE 实现了在进行以太网上 SAN 数据的传输。FCoE 能够很容易的和传统光纤网络上运行的软件和管理工具相整合,因而能够代替光纤连接存储网络。虽然出现的晚,但FCoE 发展极其迅猛。与 InfiniBand 技术需要采用全新的链路相比,FCoE 对于现有的以太网具有更好的兼容性,从而可以大大降低设备改造成本。在两者性能接近的情况下,采用 FCoE 方案性价比更高。

FCoE 采用增强型以太网作为物理网络传输架构,能够提供标准的光纤通道有效内容载荷,避免了 TCP/I P 协议开销,而且 FCoE 能够像标准的光纤通道那样为上层软件层(包括操作系统、应用程序和管理工具)服务。FCoE 可以提供多种光纤通道服务,比如发现、全局名称命名、分区等,而且这些服务都可以像标准的光纤通道那样运作。不过,由于FCoE 不使用 TCP/I P 协议,因此 FCoE 数据传输不能使用 I P 网络。FCoE 是专门为低延迟性、高性能、二层数据中心网络所设计的网络协议。FCoE 的结构如图 6-8 所示。

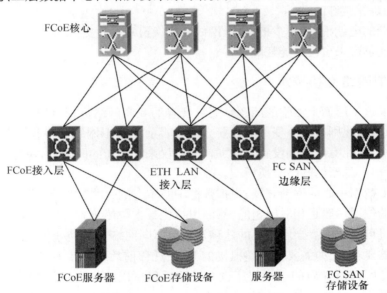

图 6-8　FCoE 示意图

和标准的光纤通道 FC 一样,FCoE 协议也要求底层的物理传输是无损失的。因此,国际标准化组织已经开发了针对以太网标准的扩展协议族,尤其是针对无损 10Gb 以太网的速度和数据中心架构。这些扩展协议族可以进行所有类型的传输。这些针对以太网标准的扩展协议族被国际标准组织称为"融合型增强以太网(CEE)"(思科称为"数据中心以太网(DCE)")。数据中心 FCoE 技术实现在以太网架构上映射 FC(Fibre Channel)帧,使得 FC 运行在一个无损的数据中心以太网络上(需要无损的以太网(CEE/DCE/DCB)保证不丢包)。FCoE 技术有以下的一些优点:光纤存储和以太网共享同一个端口;

更少的线缆和适配器;软件配置 I/O;与现有的 SAN 环境可以互操作。

FCoE 面向的是 10Gb/s 以太网,其应用的优点是在维持原有服务的基础上,可以大幅减少服务器上的网络接口数量(同时减少了电缆、节省了交换机端口和管理员需要管理的控制点数量),从而降低了功耗,给管理带来方便。此外它还提高了系统的可用性。FCoE 是通过增强的 10Gb 以太网技术变成现实的,通常称为数据中心桥接(Data Center Bridging,DCB)或融合增强型以太网(Converged Enhanced Ethernet,CEE),使用隧道协议,如 FCiP 和 iFCP 传输长距离 FC 通信,但 FCoE 是一个二层封装协议,本质上使用的是以太网物理传输协议传输 FC 数据。最近在以太网标准方面也取得了一些进展,并有计划增强,如在 10Gb/s 以太网上提供无损网络特征,进一步推动 FCoE 的发展。

FCoE 还具有以下优点:

(1)更少的硬件和更简单的管理:每个服务器只需要一对网卡(一对网卡是为了安全冗余),而不是两个网卡和两个光纤通道主机总线适配器。只需要一套交换机而不是两套交换机,而且只需要管理一个数据中心。

(2)更高的灵活性和可靠性:统一的架构是实现下一代虚拟化数据中心架构的关键因素,在这种架构中,服务器、存储和其他资源都可以动态分配,以适应变化中的工作负荷和新的应用程序,而且无需进行频繁的物理设备变动。对于数据中心虚拟化和自动化来说,这中架构是非常好的。

(3)更低的电能消耗:更少的网卡、网线和交换机意味着更低的电能消耗。将部件总数减少一半能够带来可观的能耗降低。

6.2.3 虚拟网络交换技术

网络交换这一层面上面临的问题是要对现有的互联网络进行升级,使之满足新业务的需求,网络虚拟化则是这一变革的重要方向。目前在虚拟网络交换技术领域有两大研究方向,一种是在原有的基础设施上添加新的协议来解决新的问题;另一种则完全推倒重来,重新设计出一种新的网络交换模型。

随着虚拟数据中心的逐渐普及,虚拟数据中心本身的一些特性带来对网络新的需求。传统物理机的位置一般是相对固定的,然而虚拟化方案与传统方案相比较,一个很大的不同在于虚拟机可以迁移。当虚拟机的迁移发生在不同网络,不同数据中心之间时,就对网络产生了新的要求,比如需要保证虚拟机的 IP 在迁移前后不发生改变,需要保证虚拟机内运行在第二层(链路层)的应用程序也在迁移后仍可以跨越网络和数据中心进行通信等。在虚拟网络交换技术中,比较具有代表性的是 Cisco 推出 OTV、LISP 和 VXLAN 等一系列解决方案。

6.2.3.1 OTV

OTV 的全称叫做 Overlay Transport Virtualization。OTV 是一个典型的在分布式地域的数据中心站点之间简化 2 层扩展传输技术的工业解决方案。OTV 是一项"MAC in IP"技术。通过使用 MAC 地址路由规则,OTV 可提供一种叠加(Overlay)网络,能够在分散的二层域之间实现二层连接,同时保持这些域的独立性以及 IP 互联的容错性、永续性和负载均衡优势。在实际应用中,很多应用需要使用广播和本地链路多播,通过扩展链路层网络,OTV 技术能够跨地域的处理广播流和多播,这使得这些应用所在的虚拟机在数据中心之间迁移后仍然能够正常工作。此外更重要的是,使用 OTV 技术可以将不同的地理域的数据中心站点构建统一的虚拟计算资源群集,实现工作主机的移动性、业务弹性以及较高的资源利用性。

OTV 的主要特点包括:

(1)在多个 IP 互联的数据中心站点扩展 2 层 LAN 网络。

(2)简单的配置和选项与现有的网络无缝的接合,需要极少的配置(最少 4 条命令)。

(3)可靠的弹性:保留现有的 3 层故障边界;提供自动的多宿主以及内置的防环机制;最大可用带宽;使用等价多路径以及优化多播复制。

(4)OTV 对链路层网络进行了扩展,实际上也就同时扩展了其相关的 IP 子网,这就需要 IP 路由也同样地做出相应改变。因此,OTV 经常与名址分离协议(LISP)结合起来使用,图 6 - 9 是 OTV 和 LISP 组合应用示意图。

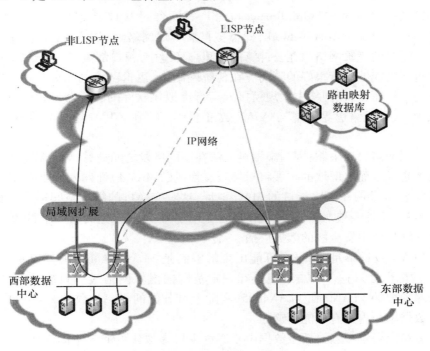

图 6 - 9　OTV 和 LISP 的应用

6.2.3.2　LISP

在 Internet 的不断发展和壮大的同时,也呈现出了更多的弊端以及面临着诸多方面的挑战,包括全局路由表的持续不断的增长、缺乏对 Multi - homing 和业务量工程以及移动性与安全性很好的支持等多方面的因素。为了彻底地解决上述问题,人们想到了名址分离这一解决方案。

LISP 的全称是 Locator/ID Separation Protocol,即名址分离协议。传统的网络地址 IP

蕴含了两个含义,一个是你是谁(ID),另一个是你在哪里(Locator)。这样带来的一个问题就是如果你的位置变了(Locator 变了),IP 必须跟着变化。LISP 的目标是将 ID 和 Locator 分开,再通过维护一个映射系统将两者关联。这样虚拟机和服务器在网络不同位置进行迁移时可以保持相同的 IP 地址。LISP 方案解决了虚拟机移动领域的一大难题,该功能允许一个子网的虚拟机成员无论移动到网络任何地方,都能保留其 IP 地址不变,无需在主机上的任何变化,同时网络访问可以定位其精确位置并实现最优路由,保持网络的稳定性和高可扩展性。

在 LISP 中,原有的网络 IP 地址被分成 EID(End – identifier)和 RLOC(Routing Locator)。其中,EID 用于标志主机,不具备全局路由功能,RLOC 用于全网路由。名址分离网络自然会引入名与址的映射,即 LISP 中 EID – to – RLOC 的映射。由于采用了分级结构,LISP 有着非常明显的优点,如结构简单、查询效率高等。

6.2.3.3　VXLAN

VXLAN 是由 Cisco、VMware、Broadcom 等厂家联合向 IETF 提出的一项草案,全称是 Virtual eXtensible Local Area Network,即虚拟扩展本地网络。VXLAN 的目的是在云计算环境中创建更多的逻辑网络。在云计算的多租户环境中,租户都需要一个逻辑网络,并且与其他逻辑网络能够进行很好的隔离。在传统网络中,逻辑网络的隔离是通过 VLAN 技术来解决的。然而,当在网络中大规模接入运行虚拟化软件的服务器后,问题就出现了,主要表现为"二层网络边界限制"、"VlAN 数量不足"和"在多租户场景下的不适应"三个方面。

（1）二层网络边界限制:因为虚拟机无法在不同网段之间迁移,导致数据中心内部的二层域越大越好。而二层域的扩展将对接入交换机的 MAC 地址列表施加很大的压力,接入交换机需要学习每一个虚拟机的 MAC 地址,这对交换机的缓存空间提出了很高的要求。一旦 MAC 地址表被塞满,交换机便不再主动学习新地址,这时候一个目的 MAC 地址未知的数据帧将会引发全网的数据广播。

（2）VLAN 数量不足:另一个可能出现的限制是 VLAN 数量。在 IEEE802.1Q 标准中,VLAN 的标识号只有 12 位,这使得在一定范围内虚拟网络最多只能扩展到 4096 个 VLAN,扣除预留的 VLAN0 和 VLAN4095,实际上可分配的 VLAN 数量为 4094,这个数字在大规模数据中心内是有可能不够的。

（3）多租户场景:最后,新型数据中心通过主机虚拟化可能为不同的用户提供服务,而这些用户使用的有可能是相同的 VLAN 编号和 IP 地址段,为了隔离这些用户的流量,必须添加额外的三层网关以及地址翻译等策略,这些都会增加额外的运维成本。

为了解决这个问题,思科联合 VMware 在 2012 年推出了 VXLAN 技术,VXLAN 的核心思想是通过隧道机制在现有网络上构建一个叠加的网络,从而绕过现有 VLAN 标签的限制。

VXLAN 定义了一个名为 VTEP(VXLAN Tunnel End Point——虚拟扩展本地网络隧道终结节点)的实体。VTEP 将虚拟机产生的数据封装到 UDP 包头内再发送出去,虚拟机本身的 MAC 地址和 VLAN 信息在经过封装后已经不作为数据转发的依据。通过将 VTEP 的功能直接集成到虚拟机 Hypervisor 内,则所有的虚拟机流量在进入交换机之前已经被打上了新的 VXLAN 标签和 UDP 包头,相当于建立了任意两点之间的隧道。

由于虚拟机本身的 VLAN 信息对外已不可见,VXLAN 添加了一个新的标签 VNI(VX-LAN Network Identifier——虚拟扩展本地网络标识符),VNI 取代 VLAN 用来表示不同的 VXLAN 网段。VNI 是一个 24 位的段标识符,相比最多 4096 个 VLAN 的上限,VNI 可以扩充到 16 万 7 千个 VXLAN 网段,一劳永逸地解决了网段数量不足的问题。VXLAN 数据包头格式如图 6 – 10 所示。

The VXLAN header

Outer MAC DST	Outer MAC SRC	Outer 802.1Q	Outer IP DST	Outer IP SRC	Outer UDP	VXLAN 24 bit ID	Inner MAC DST	Inner MAC SRC	Inner 802.1Q tag opt	Payload

图 6 – 10   VXLAN 帧头

总体来说,VXLAN 技术极大的扩充了云计算环境中所能支持的逻辑网络的数量,同时通过逻辑段可以将逻辑网络扩展到不同的子网内,使虚拟机能够在不同的子网间做迁移。VXLAN 的基本结构如图 6 – 11 所示。

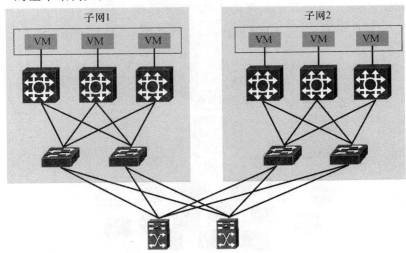

图 6 – 11   VXLAN 示意图

6.3   存储虚拟化

6.3.1   存储虚拟化的定义

在虚拟化领域流传着一个故事:一个好的虚拟化解决方案就好像游历一个虚拟现实的主题公园。当游客想象他正在城市上空滑翔时,传感器就会把相应的真实感觉传递给游客,并同时隐藏真实的力学环境。同样,一个好的虚拟化工具可以对企业的存储设备做相同的工作,只不过过程也许会反过来——首先建立一个框架,让数据感觉自己是存储在一个真实的物理环境里,之后操作者就可以任意改变数据存储的位置了,同时保证数据的集中安全。

存储虚拟化(Storage Virtualization)最通俗的理解就是对存储硬件资源进行抽象化表现。通过将一个(或多个)目标(Target)服务或功能与其他附加的功能集成,统一提供有用的全面功能服务。典型的虚拟化包括如下一些情况:屏蔽系统的复杂性,增加或集成新的功能,仿真、整合或分解现有的服务功能等。虚拟化是作用在一个或者多个实体上的,而这些实体则是用来提供存储资源和服务的。

存储虚拟化是一种贯穿于整个 IT 环境、用于简化本来可能会相对复杂的底层基础架构的技术。存储虚拟化的思想是将资源的逻辑映像与物理存储分开,从而为系统和管理员提供一幅简化、无缝的资源虚拟视图。

对于用户来说,虚拟化的存储资源就像是一个巨大的"存储池",用户不会看到具体的磁盘、磁带,也不必关心自己的数据经过哪一条路径通往哪一个具体的存储设备。

从管理的角度来看,虚拟存储池采取集中化的管理,并根据具体的需求把存储资源动态地分配给各个应用。值得特别指出的是,利用虚拟化技术,可以用磁盘阵列模拟磁带库,为应用提供速度像磁盘一样快、容量却像磁带库一样大的存储资源。这就是当今应用越来越广泛的虚拟磁带库(Virtual Tape Library,VTL),在当今企业存储系统中扮演着越来越重要的角色。图 6 - 12 是存储虚拟化技术的基本结构示意图。

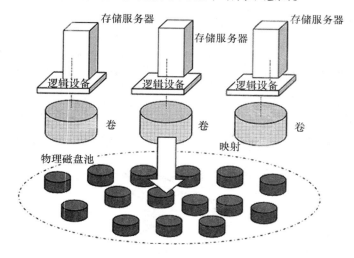

图 6 - 12　存储虚拟化

将存储作为池子一样,存储空间如同一个流动的池子的水一样,可以任意地根据需要进行分配。

通过将一个(或多个)目标(Target)服务或功能与其他附加的功能集成,统一提供有用的全面功能服务。典型的虚拟化包括如下一些情况:屏蔽系统的复杂性,增加或集成新的功能,仿真、整合或分解现有的服务功能等。虚拟化是作用在一个或者多个实体上的,而这些实体则是用来提供存储资源及服务的。

6.3.2　存储虚拟化的产生

互联网的飞速发展和壮大,产生了许多以数据密集为主要特点的应用。企业数据兼具快速增长和爆炸性增长的双重特点,带来的直接结果就是传统的直接存储方式已经远远不能满足这种存储需求,从而引发了网络存储的飞速发展。

(1)信息兼具快速性增长和爆炸性增长的特点。E-mail、流式多媒体、家庭网络、ASP、ERP、生物技术、科学计算、数字影像、事务处理、电子商务、远程医疗、数据仓库与挖掘等导致了对存储容量的极大需求。采用传统的存储结构与技术,使得大多数企业客户不具备有效管理这些爆炸信息的能力。

(2)异构操作环境。由于历史的原因,越来越多的企业使用不同厂商的硬件和软件产品,且彼此不能兼容。多平台的互操作性和数据共享对应用的方便性、减少重复投资和保护企业的已有投资显得非常重要。

(3)高可用性。由于越来越多的关键数据需要保存,客户要求在任何时间都可以获得信息,数据成为比计算机设备贵重得多的财富,包括银行账户、电话单、订购单等,因此企业必须确保其系统的高可用性。

(4)存储管理自动化与智能化的需求。以前的存储管理和维护工作大部分由人工完成。由于存储系统越来越复杂,往往超过了IT管理人员的能力范围,对管理维护人员的素质要求也越来越高,出现差错的可能性也越来越大,稍不注意就会丢失数据。现代存储系统要求具有易管理性,最好具有智能化的自动管理和维护功能。因而企业必须懂得如何以有限的人力和物力去管理信息。

存储虚拟化以其独特的技术优势成为企业应对上述需求的最佳存储解决方案。通过存储虚拟化技术,用户可以以最少的IT资源,以最经济有效的方式管理不断增长的企业数据信息,简化管理异构操作环境的复杂性。虚拟存储技术并不仅仅是一个新的技术概念,更重要的是为用户提供了一种新的存储实现方式,使企业可以更灵活、更有效、更简便、更经济地管理其整个的存储资源。

6.3.3 存储虚拟化的优势

存储虚拟化技术通过将零散的存储资源整合起来,使得所有存储资源虚拟成一个"存储池",这一做法带来了许多好处。

1. 提高存储的效率

随着对存储资源需求的增加,存储将扩散到整个企业中,由于供给过度或者管理不善,未被使用的存储资源将被"遗忘"。这些未被利用的资源往往导致企业过早投入了超过目前所需的存储容量,导致成本升高。

过度供给的一个表现就是给某个应用分配了更多的存储空间。这种做法的目的是为了防止已分配的卷空间被用尽——这将迫使管理员提供新的空间,并迁移已经没有空间的卷到一个更大的空间上。如果过度供应的空间被闲置,将会造成巨大的浪费,并且也因此没有更多空间可供分配。

将分散的存储资源聚集起来以减少浪费,提高利用率,并节省额外的磁盘成本的投入。例如,非虚拟化存储通常使用峰值为50%左右,而虚拟化存储的利用率常常可以超过80%。

2. 提高存储的可控性

没有实施虚拟化之前,每个不同的存储系统必须通过一个管理控制台来控制,而且控制台所在的特定存储系统或制造商也存在差异。此外,同一个供应商,不同型号的产品也可能会存在管理技术的不同。每一个新的存储平台将引入更多的管理技术,而这些超越了管理员必须处理的层面。

"当你转为使用存储虚拟化后,存储的管理和运维将成为关注的重点,"锡尔弗咨询公司创始人兼总裁 Ray Lucchesi 说,"性能情况报告、配置 LUN 等工作,都可以通过存储虚拟控制台来完成。"

3. 提高存储的灵活性

提高存储的伸缩性,或者说存储的灵活性,是存储虚拟化另外一个重要的优势。在系统内部,存储虚拟化技术允许数据被整个迁移或复制,而无需中断服务。跨越广域网异地数据也可以实现。例如,在数据中心内部,数据文件和全部虚拟机文件可以从一个存储系统迁移至另外一个。当其中一个存储系统需要维护或升级的时候,这将变得非常有意义。同样,通过灾难恢复(DR)系统,可以将虚拟存储卷移动到异地存储上,或者从异地存储上恢复。

只有网络级的虚拟化,才是真正意义上的存储虚拟化。它能将存储网络上的各种品牌的存储子系统整合成一个或多个可以集中管理的存储池(存储池可跨多个存储子系统),并在存储池中按需要建立一个或多个不同大小的虚卷,并将这些虚卷按一定的读写授权分配给存储网络上的各种应用服务器。这样就达到了充分利用存储容量、集中管理存储、降低存储成本的目的。

6.3.4 存储虚拟化的分类

存储技术经历了从单个的磁盘、磁带、RAID 到虚拟化网络存储系统的发展历程。传统的直接存储(DAS)方式是存储设备附属于某个服务器,数据被局限在某个主机的控制之下,这种方式已远远不能满足企业分布式业务的需要,因而发展出存储虚拟化技术。典型的存储虚拟化技术有早期的网络附加存储(Network Attached Storage,NAS)和当今主流的存储区域网(Storage Area Networks,SAN)两种。

NAS 技术是网络技术在存储领域的延伸和发展。它直接将存储设备挂在网上,具有良好的共享性、开放性;但缺点是与 LAN 共用同一物理网络,易形成拥塞而影响性能,特别在数据备份时性能较低,影响了它在企业级存储应用中的地位。

SAN 技术的存储设备是用专用网络相连的,目前这个网络是基于光纤通道协议。由于光纤通道的存储网和 LAN 分开,性能得到很大提高。在 SAN 中,系统扩展、数据迁移、数据本地备份、远程容灾数据备份和数据管理等都比较方便,整个 SAN 成为一个统一管理的存储池(Storage Pool)。由于具有这些优异的性能,SAN 已经成为存储虚拟化技术的主流,正在引发存储技术与使用的革命性变化。

按照实现方式不同来分,存储虚拟化技术可以分为两大类:基于主机的存储虚拟化、基于存储设备的存储虚拟化。

1. 基于主机的存储虚拟化

基于主机的存储虚拟化依赖于代理或管理软件,它们安装在一个或多个主机上,实现存储虚拟化的控制和管理。由于控制软件是运行在主机上,这就会占用主机的处理时间。

因此,这种方法的可扩充性较差,实际运行的性能不是很好。基于主机的方法也有可能影响到系统的稳定性和安全性,因为有可能导致不经意间越权访问到受保护的数据。

这种方法要求在主机上安装适当的控制软件,因此一个主机的故障可能影响整个SAN 系统中数据的完整性。软件控制的存储虚拟化还可能由于不同存储厂商软硬件的差异而带来不必要的互操作性开销,所以这种方法的灵活性也比较差。

但是,因为不需要任何附加硬件,基于主机的虚拟化方法最容易实现,其设备成本最低。同时主机上安装的控制软件可以提供便于使用的图形接口,方便地用于 SAN 的管理和虚拟化,在主机和小型 SAN 结构中有着良好的负载平衡机制。从这个意义上看,基于主机的存储虚拟化是一种性价比最高的方法。

2. 基于存储设备的存储虚拟化

基于存储设备的存储虚拟化方法依赖于提供相关功能的存储模块。如果没有第三方的虚拟软件,基于存储的虚拟化经常只能提供一种不完全的存储虚拟化解决方案。对于包含多厂商存储设备的 SAN 存储系统,这种方法的运行效果并不是很好。

依赖于存储供应商的功能模块将会在系统中排斥简单的硬盘组(Just a Bunch of Disks,JBoDS)和简单存储设备的使用,因为这些设备并没有提供存储虚拟化的功能。当然,利用这种方法意味着最终将锁定某一家单独的存储供应商。

基于存储的虚拟化方法也有一些优势。在存储系统中这种方法较容易实现,容易和某个特定存储供应商的设备相协调,所以更容易管理,同时它对用户或管理人员都是透明的。但是,必须注意到,因为缺乏足够的软件进行支持,这就使得解决方案更难以客户化(Customzing)和监控。

6.3.5 NAS

网络附属存储(Network Attached Storage,NAS),按字面简单说就是连接在网络上,具备资料存储功能的装置,因此也称为"网络存储器"。它是一种专用数据存储服务器。它以数据为中心,将存储设备与服务器彻底分离,集中管理数据,从而释放带宽、提高性能、降低总拥有成本、保护投资。

按照定义,NAS 是一种特殊的专用数据存储服务器,包括存储器件(例如磁盘阵列、CD/DVD 驱动器、磁带驱动器或可移动的存储介质)和内嵌系统软件,可提供跨平台文件共享功能。NAS 通常在一个 LAN 上占有自己的节点,无需应用服务器的干预,允许用户在网络上存取数据,在这种配置中,NAS 集中管理和处理网络上的所有数据,将负载从应用或企业服务器上卸载下来,有效降低总拥有成本,保护用户投资。

NAS 本身能够支持多种协议(如 NFS、CIFS、FTP、HTTP 等),而且能够支持各种操作系统。通过任何一台工作站,采用 IE 或 Netscape 浏览器就可以对 NAS 设备进行直观方便的管理。NAS 技术的基本结构如图 6-13 所示。

按照部署规模大小来分,NAS 可以分为以下四类:

(1)电器型服务器:电器型服务器是 NAS 系列设备中最低端的产品。电器型服务器不是专门附加的存储设备。它们为网络提供了一个存储的位置,但是由于没有冗余的以及和高性能的组件,它们相对比较便宜。在工作组环境中,电器型服务器要起很多作用。典型服务包括网络地址翻译(NAT)、代理、DHCP、电子邮件、Web 服务器、DNS、防火墙和 VPN。

(2)工作组 NAS:工作组级的 NAS 特别适合于存储需求相对较低的小型和中型公

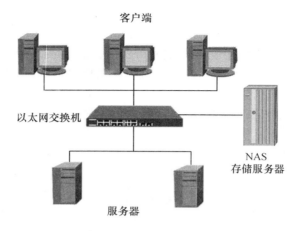

图 6 - 13 NAS 拓扑结构图

司,它们的存储需要一般从几百 GB 到 1TB。

（3）中型 NAS:我们所说的中型 NAS 解决方案提供了更好的扩展性和可靠性,而且有着与低端 NAS 类似的优点,例如方便、专用的存储空间和简单的安装和管理过程。与电器型服务器和工作组级 NAS 相比,这些 NAS 设备的成本明显要高很多。

（4）大型 NAS:这类存储设备,系统的易扩展性以及高可用性和冗余性都是十分关键的。这些设备还必须提供高端服务器的性能、灵活的管理以及与异类网络平台交互的能力。

NAS 是通过网线连接的磁盘阵列,因而具备磁盘阵列的所有主要特征:高容量、高效能、高可靠。NAS 技术的优点如下:

（1）NAS 适用于那些需要通过网络将文件数据传送到多台客户机上的用户。NAS 设备在数据必须长距离传送的环境中可以很好地发挥作用。

（2）NAS 设备非常易于部署。可以使 NAS 主机、客户机和其他设备广泛分布在整个企业的网络环境中。NAS 可以提供可靠的文件级数据整合,因为文件锁定是由设备自身来处理的。

（3）NAS 安装容易、可扩展性高,与传统直连式存储（DAS）相比具有更快的响应速度和更高的数据带宽。

（4）采用 NAS 技术使得对服务器的要求降低,可大大降低服务器的成本,有利于高性能存储系统在更广的范围内普及及应用。

6.3.6 SAN

存储区域网络及其协议（Storage Area Network,SAN）,存储区域网络是一种面向网络的存储结构,是以数据存储为中心的。SAN 采用可扩展的网络拓扑结构连接服务器和存储设备,并将数据的存储和管理集中在相对独立的专用网络中,面向服务器提供数据存储服务。服务器和存储设备之间的多路、可选择的数据交换消除了以往存储结构在可扩展性和数据共享方面的局限性。

通过协议映射,SAN 中存储设备的磁盘或磁带表现为服务器节点上的"网络磁盘"。

168

在服务器操作系统看来,这些网络盘与本地盘一样,服务器节点就像操作本地 SCSI 硬盘一样对其发送 SCSI 命令。SCSI 命令通过 FCP、ISCSI、SEP 等协议的封装后,由服务器发送到 SAN 网络,然后由存储设备接收并执行。服务器节点可以对"网络磁盘"进行各种块操作,包括 FDISK、FORMAT 等,也可以进行文件操作,如复制文件、创建目录等。SAN 技术的网络拓扑结构如图 6 – 14 所示。

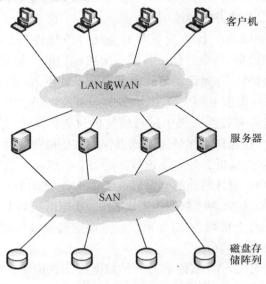

图 6 – 14　SAN 网络拓扑

SAN 与上一小节中介绍的 NAS 有以下几个区别:
(1) SAN 是一种网络,NAS 产品是一个专有文件服务器或一个只读文件访问设备。
(2) SAN 是在服务器和存储器之间用作 I/O 路径的专用网络。
(3) SAN 包括面向块(ISCSI)和面向文件(NAS)的存储产品。
(4) NAS 产品能通过 SAN 连接到存储设备。

SAN 产生的最初目标,是将备份流量从局域网的网络流量中分离出来,并且为多台计算机提供对备份磁带库和集中化的数据存储的共享访问。在局域网产生的初期,局域网上产生和传输的数据量并不是一个显著的问题,用户产生的所有数据可以保存到局域网服务器的磁盘驱动器上并备份到软盘上。随着数据量的膨胀,可以将额外的驱动器添加到服务器中以进行数据存储,磁带备份设备也可以直接连接到服务器上或者直接将磁带备份设备连接到局域网以提供足够的备份容量,并且对局域网或服务器的性能不会带来很大的影响。即便随着数据量和数据流量的持续增加,这些备份设备也可以整晚运行以防止白天对网络造成阻塞,而且能够在正常的业务时间内确保为用户提供足够的网络性能。

　　然而,当组织机构开始实施能够保存几百 GB 甚至 TB 级有价值数据的大型数据库服务器时,所有的情况都发生了改变。如今,备份操作再也不能在夜间完成,这使得备份操作必须整天持续不断地运行,这样就对网络性能造成了显著的影响。SAN 的引入,减轻了局域网中由于进行数据备份而引起额外的网络流量所带来的性能损失。采用 SAN,数据备份和数据存储可以从局域网上移开,同时仍然提供集中式数据应用并且为局域网上的用户提供数据的共享式访问。

除了解决因数据备份而引起的额外网络流量开销问题,如今采用 SAN 的原因还来自于要求数据在所有的时间内,即每周 7 天,每天 24 小时,都不允许有一刻停机的需求。将数据的不可用归结于硬件失效是不可接受的,并且在数据不可用的情况下而继续组织机构的运转也是无法想象的。由于这些标准,提供 SAN 解决方案的公司引入了软硬件来提供高可用性、灾难恢复以及业务的持续运行。

高可用性(High Availability,HA)意味着即使硬件或软件失效时,数据也总是可用。通常,HA 包含多个存储设备,每个存储设备都有组织机构的一份数据副本。如果保存某份副本的硬件失效了,则另一存储设备是立刻可用的。另外,通常将多个服务器配置成共同进行数据访问。如果一台服务器失效了,则另一服务器可用以完成数据请求。

灾难恢复是将数据从灾难性丢失中进行恢复的过程。这个过程包括将数据备份到 SAN 上的高端磁带库中,在远离工作场所的地点保存多份数据副本。这些远离工作场所的数据存储的地点,通常由负责运行和维护数据的另一组织机构指定。现代 SAN 能够满足将数据传输至磁带库上,而且高速的电信服务使得 SAN 之间的数据传输和复制成为一种有效的灾难恢复机制。在灾难性数据丢失事件中,数据既可以从保存在远离工作场所的数据存储设施(即磁带)上得到还原,也可以通过高速载波线路将数据还原到首要工作地点。

业务的持续运行是现代 SAN 支持的另一种数据可用性策略。一个位置的 SAN 同另一位置的 SAN 通过高速载波服务连接在一起,数据就可以持续地复制到远端的 SAN 上。如果有灾难性的数据丢失,比如说,第一工作地点的物理结构受损,但业务操作仍可以立即传输至远端。业务的持续运行是可能的,因为在远端维护了一份所有数据的相同副本。

采用 SAN 的存储解决方案的优点有以下几个方面:

(1)解决了存储网络和应用网络争用网络带宽的问题。通过将所有的存储设备单独构建一个存储网络,实现服务器通过 SAN 访问数据,而客户端不能直接访问存储设备。

(2)提高了存储性能。由于 SAN 采用了光纤通道技术,所以它具有更高的存储带宽。SAN 的光纤通道使用全双工串行通信原理传输数据,传输速率高达 100Mbit/s,并且支持 200Mb/s 的光纤通道交换机也已经出现。

(3)平滑增加存储容量。在 SAN 环境下,存储设备可以动态加到磁盘池内,并且根据需要随时分配给与 SAN 相连的服务器。

(4)数据移动解决方案。SAN 的出现使不使用服务器(ServerFree)和不使用网络(LANFree)的数据复制成为可能,减轻了服务器的处理负担和对网络带宽的争用。

(5)备份和恢复解决方案。传统的本地备份和恢复成本高、设备利用率低、管理复杂,网络备份和恢复是一种高性价比的方法,但是要占用大量的网络带宽。SAN 将一到多台磁带设备分配给每个服务器,使用光纤通道协议将数据直接从磁盘设备传递给磁带设备。

(6)容灾和恢复。使用 SAN 基础结构,可以实现远程的容灾和恢复。当需要更长距离的备份时,SAN 可以使用网关和 WAN 进行连接,因此 SAN 也适合于复杂网络应用。

SAN 主要面向企业级存储。当前企业存储方案所遇到的问题是:数据与应用系统紧密结合所产生的结构性限制,以及目前小型计算机系统标准的限制。SAN 之所以被认为是适合企业级存储的方案,是由于 SAN 便于集成,并且能够改善数据可用性及网络性能,而且还可以减轻管理作业。

SAN 主要用于存储量大的工作环境,如 ISP、银行等,但现在由于需求量不大、成本高、标准尚未确定等问题影响了 SAN 的市场,不过,随着这些用户业务量的增大,SAN 也有着广泛的应用前景。

6.4 计算资源虚拟化

6.4.1 计算资源虚拟化的定义和特点

计算资源虚拟化是近几年 IT 行业的一大发展趋势,然而这一概念其实在多年前就已经出现。在计算机出现早期,由于资源有限,所以多人共用一台机器,但因此产生很多不便,大家都希望能拥有各自的独占环境,虚拟化概念由此产生。将一台大机器虚拟成若干个小机器,然后让每个人拥有一台小机器,也就是所谓的独占环境。IBM 公司当时的首席执行官 Thomas Watson 曾预言道:"全世界只需要 5 台计算机。"这一预言其实说的就是计算资源的虚拟化。

计算资源虚拟化通常是指将每台物理服务器划分成多台虚拟服务器。每台服务器像真正的服务器一样运转,可以运行操作系统和辅助的完整应用程序。虚拟服务器是进行计算的基本单元,它们组成了随时可用的庞大资源池。

计算资源虚拟化并不是很新的技术,最早在 IBM 的 360 机器上就已经得到实现。而直到最近计算资源虚拟化才成为关注热点,其中经历了两个阶段:第一个阶段为 PC 化,就是将大型计算机向个人计算机发展的过程;第二阶段则是英特尔推出的 VT 技术,也就是 Vanderpool Technology 虚拟技术,VT 实现了 CPU 指令集的扩展,极大地方便了计算资源虚拟化的实现。

计算资源虚拟化具有隔离性、资源分配、灵活性等特性。

隔离性,计算资源虚拟化可以通过虚拟若干个机器来实现不同应用的存储,以此来形成隔离。通过隔离可以解决四大类型的冲突,包括磁盘冲突、网络端口冲突、安全策略冲突、操作系统版本冲突。

资源分配,由于需要计算的各个业务的忙时与闲时有所不同,为了保证业务能良好运转,所以在系统程序上需要按照其峰值进行一一配备,由此产生了大量工作,而计算资源虚拟化则可以实现错峰,即根据忙闲时灵活分配计算资源。

灵活性,计算资源虚拟化通过虚拟若干个机器来实现不同应用的存储,我们可以直接将虚拟的机器进行"在线迁移",实现了在不同环境的持续服务。

这三大特点使得计算资源虚拟化在 2000 年后成为人们关注的热点,并行计算、网格计算和云计算等运用计算资源虚拟化特性的技术相继问世,极大地方便了人们的日常工作、学习和生活。

6.4.2 网格计算

6.4.2.1 什么是网格计算

为了介绍网格计算,首先介绍分布式计算的概念。从广义上说,分布式计算(图6-15)是一门计算机科学,它研究如何把一个需要非常巨大的计算能力才能解决的问题分成许多小的部分,然后把这些部分分配给许多计算机进行处理,最后把这些计算结果综合起来得到最终的结果。近几年来,分布式计算项目已经越来越普及,通过因特网,将世界各地成千上万位志愿者的计算机的闲置计算能力集中起来,统一用于大型的计算项目,例如分析来自外太空的电信号,寻找隐蔽的黑洞,并探索可能存在的外星智慧生命;寻找超过1000万位数字的梅森质数;寻找并发现对抗艾滋病病毒的更为有效的药物等。这些项目都很庞大,需要惊人的计算量,仅仅由单个的计算机或是某个单独的机构在一个能让人接受的时间内计算完成是绝不可能的。而分布式计算技术的出现,完美地解决了这一难题。

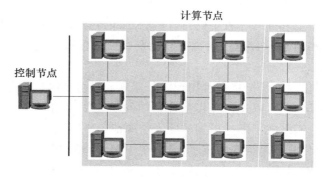

图6-15 分布式计算示意图

与早年出现的并行计算技术相比,分布式计算的规模更大,往往用于解决更大规模的计算问题。两者的根本区别在于:并行计算中,所有的处理器共享内存,共享的内存可以让多个处理器彼此交换信息;而在分布式计算中,每个处理器都有其独享的内存(分布式内存),数据的交换通过处理器传递信息完成。图6-16说明了分布式系统与并行系统的差异。图6-16(a)是典型的分布式系统:每台计算机都有各自的本地内存,并且只通过节点间的可用通信连接交换数据;而图6-16(b)是一个各处理器都连接到同一个共享内存的并行系统。

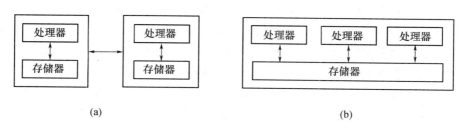

(a)   (b)

图6-16 分布式计算与并行计算的区别

网格计算实际上就是分布式计算的一种。网格就是一个集成的计算与资源环境,或者说是一个计算资源池。网格能够充分吸纳各种计算资源,并将它们转化成一种随处可得的、可靠的、标准的同时还是经济的计算能力。除了各种类型的计算机,这里的计算资源还包括网络通信能力、数据资料、仪器设备、甚至是人等各种相关的资源。而基于网格的问题求解就是网格计算。

这里给出的网格和网格计算的概念是相对抽象的,而且是广义的定义,其实网格计算还有狭义的定义。狭义网格定义中的网格资源主要是指分布的计算机资源,而网格计算就是指将分布的计算机组织起来协同解决复杂的科学与工程计算问题。狭义的网格一般被称为计算网格,即主要用于解决科学与工程计算问题的网格。

根据求解问题的特点,人们又提出了多种名称的网格,比如以数据密集型问题的处理为核心数据网格,以解决科学问题为核心的科学网格,以全球地球系统模型问题求解为主要目的的地球系统网格等。此外还有地震网格、军事网格、NASA(National Aeronautics and Space Administration)的 IPG 等行业网格。

6.4.2.2　网格计算的目的和意义

网格是借鉴电力网(Electric Power Grid)的概念提出来的,网格的最终目的是希望用户在使用网格计算能力时,就如同现在使用电力一样方便。在使用电力时,不需要知道它是从哪个地点的发电站输送出来的,也不需要知道该电力是通过什么样的发电机产生的,不管是水力发电,还是通过核反应发电,我们使用的是一种统一形式的"电能"。网格也希望给最终的使用者提供的是与地理位置无关、与具体的计算设施无关的通用的计算能力。图 6-17 是电力网和网格组成的对比示意图。

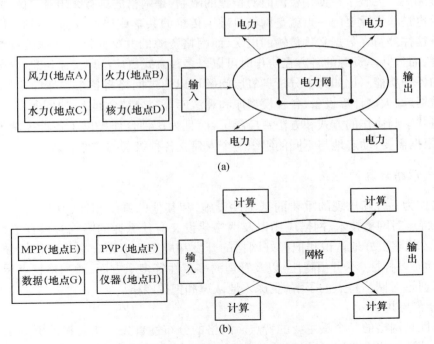

图 6-17　电力网和网格组成对比

网格和电力网都有各自资源的消费者和资源提供者,对于电力网来说资源提供者就是发电站,对于网格来说资源提供者是计算机等;对于电力网来说资源消费者就是各种消耗电能的设备,对于网格来说资源消费者就是使用网格计算能力求解问题的用户。不管是电力网还是网格,他们都有覆盖范围广泛,而且组成资源多样的特点。正如同电力网中需要有大量的变电站等设施对电网进行调控一样,网格中也需要大量的管理节点来维护网格正常运行。与电力网相比,网格的结构更复杂,需要解决的问题也更多,但是它也会带来更大的便利和帮助。

网格概念的提出从根本上改变了人们对"计算"的看法,因为网格提供的是与以往根本不同的计算方式。Randy Bramley 认为网格提供的计算能力是以前所无法得到的,而且也是不能够通过其他的方式得到的。网格概念的核心就是突破了以往强加在计算资源之上的种种限制,使人们可以以一种全新的更自由、更方便的方式使用计算资源,解决更复杂的问题。

首先是计算能力大小的限制,以前大部分的用户无法得到足够的计算能力,因此许多问题的解决是不能够通过计算或者是不能完全靠计算来实现的,对模型以及算法的化简是最常见的近似方法。而网格所提供的计算能力要远远超过以前我们所能够想象的程度,对于大多数用户来说,网格提供给他们的计算能力足以满足其计算需求,在这种计算能力的支持下,人们可以做许多以前无法想象和无法完成的工作。

其次是地理位置的限制,计算资源是分布在各处的,有些资源是稀缺或不可复制的,有些资源甚至是无法和特定的地理位置分开的,因此要使用这些资源,在以前许多情况下必须到相应的地方去,这在很大程度上限制了这些资源的使用。而网格把"到资源所在的位置"对资源进行使用的限制打破了,对资源的使用和使用者所在地位置以及资源所在地位置无关。突破了在使用资源时对位置的限制,是网格的具有突出意义的功能。

最后也是非常重要的一点就是网格打破了传统的共享或协作方面的限制,以前对资源的共享往往停留在数据文件传输的层次,而网格资源的共享允许对其他的资源进行直接的控制,而且共享资源的各方在协作时可以以多种方式更广泛地交流信息,充分利用网格提供的各种功能。比如为了分析臭氧层问题可以通过网格将各个领域的专家、各种大型专业数据库、大型计算设备、各种模型库和算法库等充分结合起来,协同研究这一问题。网格使得共享与协作的方式和方法更广泛了,而且为这种合作提供了各种控制策略与手段,可以根据需要,动态地与不同的组织与个人建立各种级别的工作关系。

6.4.2.3 网格计算的特点

网格作为一种新出现的重要的基础性设施,和其他的系统相比,有什么样的重要特点? 这些特点对网格技术、网格应用以及网格建设又有什么样的影响? 只有了解了网格的特点,才能够更好地认识和把握好网格的开发和应用。下面分别从网格的分布性、自相似性、动态多样性(不可预测性)以及管理的多重性等多个方面,对网格特点展开介绍,读者可以通过对网格特点的了解,更深入地认识和把握网格。

1. 分布与共享

分布性是网格的一个最主要的特点。网格的分布性首先是指网格的资源是分布的。组成网格的计算能力不同的计算机,各种类型的数据库乃至电子图书馆,以及其他的各种设备与资源,是分布在地理位置互不相同的多个地方,而不是集中在一起的。分布的网格一般涉及的资源类型复杂,规模较大,跨越的地理范围较广。

因为网格资源是分布的,因此基于网格的计算一定是分布式计算而不是集中式计算。在网格这一分布式环境下,需要解决资源与任务的分配和调度问题、安全传输与通信问题、实时性保障问题、人与系统以及人与人之间的交互问题等。

网格资源虽然是分布的,但是他们却是可以充分共享的。即网格上的任何资源都可以提供给网格上的任何使用者。共享是网格的目的,没有共享便没有网格,解决分布资源的共享问题,是网格的核心内容。这里共享的含义是非常广泛的,不仅指一个地方的计算机可以用来完成其他地方的任务,还可以指中间结果、数据库、专业模型库,以及人才资源等各方面的内容。

分布是网格硬件在物理上的特征,而共享是在网格软件支持下实现的逻辑上的特征,这两者对于网格来说都是十分重要的。

2. 自相似性

自相似性在许多自然和社会现象中大量存在,一些复杂系统在都具有这种特征,网格也是这样。网格的局部和整体之间存在着一定的相似性,局部往往在许多地方具有全局的某些特征,而全局的特征在局部也有一定的体现。

可以认为国家级的网格是在省一级的网格基础之上建造起来的,国家级主干网要有更大的带宽,只有这样才可以将不同省份的子网格连接起来提供满意的通信服务;国家级和省级网格都会有各自的计算中心,只不过在计算能力上有差异而已;他们也都需要管理节点,只不过国家级的管理节点管理功能需要更多、更强大而已。除了相似性之外,整体和部分之间必然有不同的地方。

可以在一个实验楼里建立一个小规模的实验网格,然后可以把整个学校的多个实验网格联系起来形成一个全学校的教学科研网格,不同学校之间的内部网格可以互相连接起来形成一个高校之间的网格联盟,这一网格联盟又可以成为全国网格的一个部分。这种整体和部分之间的相似性可以在多个阶段看到。网格的自相似性在网格的建造和研究过程中有重要的意义。

3. 动态性与多样性

对于网格来说,决不能假设它是一成不变的。原来拥有的资源或者功能,在下一时刻可能就会出现故障或者不可用;而原来没有的资源,可能随着时间的推移会不断地加入进来。网格的动态性包括动态增加和动态减少两个方面的含义。

网格资源的动态变化特点要求网格管理必须充分考虑并解决好这一问题,对于网格资源的动态减少或者资源出现故障的情况,要求网格能够及时采取措施,实现任务的自动迁移,做到对高层用户透明或者尽可能减少用户的损失。

网格资源的动态增加需要提高网格的扩展性问题,也就是说在网格的设计与实现时,必须考虑到新的资源能否很自然地加入到网格中来,并且可以和原来的资源融合在一起,共同发挥作用。网格扩展要求体现在规模、能力、兼容性等几个方面。一开始网格的规模往往不是特别大,不需要也不可能一步到位,但是网格应该能够允许对它自身进行多种形式的扩展,网格规模扩展后网格的相应管理软件也应该能够满足扩展性的要求,网格软件的升级要能够向下兼容。

网格资源是异构和多样的。在网格环境中可以有不同体系结构的计算机系统和类别不同的资源,因此网格系统必须能够解决这些不同结构、不同类别资源之间的通信和互操作问题。正是因为异构性或者说资源多样性的存在,为网格软件的设计提出了更大的挑战,只有解决好这一问题,才会使网格更有吸引力。

4. 自治性与管理的多重性

网格上的资源,首先是属于某一个组织或者个人的,因此网格资源的拥有者对该资源具有最高级别的管理权限,网格应该允许资源拥有者对他的资源有自主的管理能力,这就是网格的自治性。

但是网格资源也必须接受网格的统一管理,否则不同的资源就无法建立相互之间的联系,无法实现共享和互操作,无法作为一个整体为更多的用户提供方便的服务。

因此网格的管理具有多重性,一方面它允许网格资源的拥有者对网格资源具有自主性的管理,另一方面又要求网格资源必须接受网格的统一管理。

6.4.2.4 网格计算的应用领域

网格计算有着非常广泛的应用领域,一旦建立起了网格,就可以开展许多以前无法进行的工作和研究。

在科学计算领域,网格可以在如下几个方面得到应用。

(1)分布式超级计算。这和以前的高性能计算的作用十分类似,不同的是以前的高性能计算大多是集中式的,主要靠一个地方的高性能计算机完成计算任务。目前遇到的许多科学与工程计算问题是无法在任何一台超级计算机上解决的,因此需要更多的超级计算机一起来完成,网格可以把分布式的超级计算机集中起来,协同解决复杂的大规模问题。从集中计算到分布计算,是网格功能的重要体现。

(2)高吞吐率计算。高吞吐率计算和高性能(超级)计算的侧重点是不同的,高性能计算关心的是每秒能够完成的计算量,度量的时间单位很小。而对于高吞吐率计算,它关心的是几个月、一年甚至是几年完成的计算量,度量的时间单位比较大。只所以会提出这种计算方式是因为在许多实际的问题求解过程中,人们关心的是在一段相对较长的时间内(比如一年)解决问题的多少,而对短期内求解问题的多少并不是十分关心。对于这样的问题,可以利用 CPU 周期窃取的技术,将大量空闲计算机的计算资源集中起来,提供给对时间不太敏感的问题,作为计算资源的一种重要来源。

(3)数据密集型计算。对于数据密集型问题,数据采集地点、数据处理地点、数据分析与结果存放地点、可视化设备的地点等往往不在同一个地方,数据密集型问题的求解往往同时会产生很大的通信和计算需求,需要网格能力才可以解决。许多高能物理实验、数字化天空扫描、气象预测等都是数据密集型问题,网格可以在这类问题的求解中发挥巨大作用。

在社会经济生活领域,网格可以在如下领域得到应用。

(1)基于广泛信息共享的人与人交互。原来的人与人的交互受到地理位置、交互能力、共享对象等许多条件的限制。一个国际会议往往需要许多人在旅途上消耗大量的时间,如果每个人都可以在自己的工作地点,与参加会议的其他人员在一个虚拟的共享空间中进行交互、共同讨论问题,可以产生面对面的效果,无疑将会是十分理想的。一个原来物理上集中的大会场被网格技术分散在世界各地,但是又不影响开会的效果,一个原来在物理会场中传递的话筒可以在世界不同地点的人们之间传递。这显然会对大家的工作方式产生很大的影响。

（2）更广泛的资源贸易。计算能力闲置的机器可以共享出来，通过网格让更多的人来租用；需要计算能力的人可以不必购买更大的计算机，只要根据自己计算任务的需求，向网格购买计算能力就可以满足要求。除了计算资源，包括贵重仪器、程序、数据、信息、文化产品等各种资源都可以在贸易的基础上广泛共享。

网格是一种面向问题和应用的技术，随着网格技术的不断完善和应用领域的不断扩展，网格可以在更多的领域得到应用，发挥更大的作用。

6.4.3 云计算

6.4.2.1 什么是云计算

云计算是 IT 领域时下最时髦的词汇。云计算（Cloud Computing）是基于互联网的相关服务的增加、使用和交付模式，通常涉及通过互联网来提供动态易扩展且经常是虚拟化的资源。云是网络、互联网的一种比喻说法。过去在图中往往用云来表示电信网，后来也用来表示互联网和底层基础设施的抽象。因此，云计算甚至可以让你体验每秒 10 万亿次的运算能力，拥有这么强大的计算能力可以模拟核爆炸、预测气候变化和市场发展趋势。用户通过计算机、便携式计算机、手机等方式接入数据中心，按自己的需求进行运算。

对云计算的定义有多种说法。对于到底什么是云计算，至少可以找到 100 种解释。在最高层面上，云提供商、分析师和用户逐渐达成一种共识，他们将云计算定义为由第三方提供的高层计算服务，不但唾手可得，而且能根据需求量的变化动态伸缩。云计算背离了 IT 系统传统的开发、运营和管理方式。从经济学观点看，采用云计算不仅带来了潜在的巨大经济利益，而且提供了更大的灵活性和机动性。目前广为接受的是美国国家标准与技术研究院（NIST）定义：云计算是一种按使用量付费的模式，这种模式提供可用的、便捷的、按需的网络访问，进入可配置的计算资源共享池（资源包括网络、服务器、存储、应用软件、服务），这些资源能够被快速提供，只需投入很少的管理工作，或与服务供应商进行很少的交互。

在 6.4.2.2 小节中，我们将根据云计算的五大原则来扩展之前为云计算下的定义。

6.4.2.2 云计算的五大原则

可以把云计算的五大原则总结如下：
（1）任何订阅用户均可使用的计算资源池。
（2）最大化硬件利用率的虚拟计算资源。
（3）按需伸缩的弹性机制。
（4）自动新增或删除虚拟机。
（5）对资源使用只按使用量进行计费。

这些原则在未来将不会发生显著变化，我们认为这五大原则是把某事物称为云计算的必要条件。表 6-1 对这些原则进行了总结，每条原则后面都附有一段便于快速参考的简短解释。

表 6-1　云计算的五大原则

资源	解释
资源池	任何订阅用户均可使用
虚拟化	硬件资源的高效利用
弹性	无需资本开支即可动态伸缩
自动化	构建、部署、配置、供应和转移,全都无需人工介入
度量计费	根据使用量进行收费的业务模型,只为使用部分付费

接下来将具体讨论这些原则,解释每条原则的含义和它是云计算支柱的原因。

1. 计算资源池

在云计算中,计算资源如 CPU、存储、网络等,有了新的组织结构,也就是资源池。所有设备的运算能力都被放到一个池内,再进行统一分配。

如果你觉得这种说法过于抽象,想象一下下面的场景:一个企业内部的开发人员向IT 部门申请了一台服务器,这台服务配有一颗 Intel X5600 2.4GB/S CPU、32GB 内存、500GB 硬盘、1Gb/s 上联链路,虽然 IT 满足了他的需求,但这台服务器并不真实存在,它也许只是从一台配置为 4 路 CPU、2TB 内存、采用集中式存储、配置双路 10Gb/s 网卡的服务器中切割出来的一部分而已。

对于 IT 部门来说,计算资源不再以单台服务器为单位,云计算打破了服务器机箱的限制,将所有的 CPU 和内存等资源解放出来,汇集到一起,形成一个个 CPU 池、内存池、网络池,当用户产生需求时,便从这个池中配置能够满足需求的组合。在传统的 IT 架构中,这几乎是天方夜谭,上面那个例子中,如果用户请求的服务器配置在机房内正好找不到空闲的设备,那么只有两种选择,要么 IT 部门新采购一台设备,要么用户修改需求,显然不管是哪一种都会降低效率或增加成本。

资源的池化使得用户不再关心计算资源的物理位置和存在形式,IT 部门也得以更加灵活地对资源进行配置。

2. 计算资源虚拟化

云计算五大原则中的第二条涉及计算资源的虚拟化。虚拟化不是新概念,大多数企业将自己大部分的物理计算资源转变成虚拟的计算资源已经有 5~10 年时间了。之所以虚拟化对云至关重要是因为基于成千上万台服务器,云基础设施的规模已经变得非常巨大。每台服务器都要占用物理空间,使用大量电能,并且需要冷却。每台机器应该能够高效利用,并且每台服务器对于成本有效性都很重要。

最近,令廉价硬件(Commodity Hardware)得以高效利用的技术突破就是虚拟化,它也是使云成为时下 IT 宠儿背后的最大独立推动力。在虚拟化技术中,每台物理服务器都被分成多台虚拟服务器。每台服务器像真正的服务器一样运转,可以运行操作系统和辅助的完整应用程序。虚拟服务器是在云中可以按需消费的基本单元,它们组成了随时可用的庞大资源池。

3. 随资源需求量伸缩的弹性

大型资源池的存在造就了称为弹性(elasticity)的概念。弹性这一概念在云计算中如此关键,以至于亚马逊决定把自己的云命名为亚马逊弹性计算云(Elastic Compute Cloud,

EC2）。

弹性指的是根据需求量动态改变资源消耗量的一种能力。通常,在普通、稳态的条件下,应用需要的资源是基本水平;但是在峰值负荷条件下,则需要更多的资源。

在非云的世界,你只有构建了充足的容量,才可以让应用既能在基本负荷下正常执行,又能应付峰值负荷,同时兼具足够好的性能,而这往往意味着部署的硬件数量需要过量供给。

4. 新资源部署自动化

云计算的第四条原则是新资源部署的自动化,这是指在云计算中可以自动(借助API)供应和部署一个新虚拟机器实例,相应地,也可以释放收一个实例的能力。云中部署的应用能按需供应新实例,并且它们上线只需几分钟。当峰值消退,不再需要多余资源,这些虚拟实例可以下线回收再纳入计费。增加的成本只限于那些额外实例被使用和处于活动状态的那几小时。

5. 仅按使用情况度量计费

云计算第五个与众不同的特征是度量计费模型。在传统的计费模型中,一般存在一个初始的启动费用和一个年度合同费用。云模型打破了这种经济壁垒,因为它是“随用随付”(Pay－as－You－Go)模型。这里没有年度合同,并且不存在一种特别消费水平的商业约定。

通常,可以按需分配资源,按小时为它们付费。这种经济优势不仅惠及由 IT 组织运营的项目,而且也让不计其数的开创新业务的企业家获益。他们不再像过去一样需要启动资金,取而代之,可以利用以小时计费、便宜的庞大计算资源。对他们来讲,云极大地改变了竞技场,让小公司能够平等地和大型公司同场竞技。

关于云计算的更多知识将在本书第 7 章中进行详细的介绍。

6.5　信　息　矢　量

6.5.1　信息矢量的定义

矢量(Vector)是数学、物理学和工程科学等多个自然科学中的基本概念,指一个同时具有大小和方向的几何对象,因常常以箭头符号标示以区别于其他量而得名。数学中,既有大小又有方向且遵循平行四边形定则(三角形定则)的量叫做矢量(又叫向量)。

物理学和工程学中的许多物理量都是以矢量的形式表示的,例如物体的位移,矢量的方向表示物体的移动方向,矢量的大小表示物体移动的距离;又比如物体运动的速度,矢量的方向表示物体运动的方向,矢量的大小表示物体运动的快慢。而在计算机网络中,是不是也存在着矢量呢?

在当今的通信网络中,每时每刻都有各式各样的信息资源在不停传播,这些信息资源称为网络信息资源。网络信息资源按照存在形式可以分为文本,图像、音频、视频、软件、数据库等,涉及领域从经济、科研、教育、艺术,到具体的行业和个体,包含的文献类型从电子报刊、电子工具书、商业信息、新闻报道、书目数据库、文献信息索引到统计数据、图表、电子地图等。无论是上述哪种类型的信息资源,最终都转化为电子数据的形式在网络中进行传播,并在计算机或手机等智能终端上重现给最终用户。网络信息资源按照资源本身携带的信息量的多少可以进行大小的区分,根据资源传播目的地的不同可以进行方向的区分,因而网络信息资源也是一个既有大小、又有方向的量,可以把它看做是矢量,称为信息矢量。

在给出信息矢量的定义之前,首先要了解信息熵的概念。信息是个很抽象的概念。人们常常说信息很多,或者信息较少,但却很难说清楚信息到底有多少。直到 1948 年,香农提出了"信息熵"的概念,才解决了对信息的量化度量问题。香农用数学语言阐明了概率与信息冗余度的关系,通过借鉴热力学的概念,把信息中排除了冗余后的平均信息量称为"信息熵",并给出了计算信息熵的数学表达式。通俗地说,信息熵代表了信息资源所包含的平均信息量,即信息资源对于用户的平均有用程度。

信息熵:一个值域为 $\{x1, \ldots, x_n\}$ 的随机变量 X 的熵值 H 定义为

$$H(X) = E(I(X))$$

式中:E 为期望函数,$I(X)$ 为 X 的信息量(又称为信息本体),$I(X)$ 本身是个随机变量。如果 p 代表了 X 的概率密度函数(Probability Mass Function),则熵的公式可以表示为

$$H(X) = \sum_{i=1}^{n} p(x_i) I(x_i) = - \sum_{i=1}^{n} p(x_i) \log_b p(x_i)$$

式中:b 为对数所使用的底,通常是 2,自然常数 e,或是 10。当 $b = 2$,熵的单位是 bit;当 $b = e$,熵的单位是 nat;而当 $b = 10$,熵的单位是 dit。

下面给出信息矢量的定义。信息矢量是描述网络信息资源有用程度和传播方向的物理量,定义为某一时间段内,由发送端传播到接收端的信息资源的总和。信息矢量的大小是该信息资源的信息熵,方向由发送端指向接收端。信息矢量的单位与信息熵的单位相同(bit、nat 或 dit)。信息矢量属于矢量中的一种,其表示方式和运算规则与一般矢量类似,下面两小节将分布介绍矢量的表示方式和运算规则。

6.5.2 信息矢量的表示方式

矢量的表示方式可以分为代数表示、几何表示和坐标表示三种。

1. 代数表示

一般印刷用黑体小写字母 $\boldsymbol{\alpha}$、$\boldsymbol{\beta}$、$\boldsymbol{\gamma}$...或 $\boldsymbol{a}$、$\boldsymbol{b}$、$\boldsymbol{c}$...等来表示,手写时在 a、b、c…字母上加一箭头表示,也可以用大写字母 $\boldsymbol{A}$、$\boldsymbol{B}$、$\boldsymbol{C}$...等表示。

2. 几何表示

矢量可以用有向线段来表示。有向线段的长度表示矢量的大小,也称作矢量的长度。长度为 0 的矢量叫做零矢量,记作 $\boldsymbol{0}$。长度等于 1 个单位的矢量,叫做单位矢量。箭头所指的方向表示矢量的方向(若规定线段 AB 的端点 A 为起点,B 为终点,则线段就具有了从起点 A 到终点 B 的方向和长度,这种具有方向和长度的线段叫做有向线段。如图 6-18 所示)。

3. 坐标表示

在立体三维坐标系中,分别取与 x 轴、y 轴、z 轴方向相同的 3 个单位矢量 $\boldsymbol{i}$、$\boldsymbol{j}$、$\boldsymbol{k}$ 作为一组基底。若 $\boldsymbol{a}$ 为该坐标系内的任意矢量,以坐标原点 O 为起点作矢量 $\boldsymbol{OP} = \boldsymbol{a}$。由空间基

本定理知,有且只有一组实数(x,y,z),使得$\boldsymbol{a}=\boldsymbol{OP}=x\boldsymbol{i}+y\boldsymbol{j}+z\boldsymbol{k}$,因此把实数对$(x,y,z)$叫做矢量$\boldsymbol{a}$的坐标,记作$\boldsymbol{a}=(x,y,z)$。这就是矢量$\boldsymbol{a}$的坐标表示。其中$(x,y,z)$是点$P$的坐标。矢量$\boldsymbol{OP}$称为点$P$的位置矢量,如图$6-19$所示。

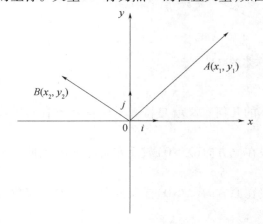

图 6 – 18　矢量的几何表示

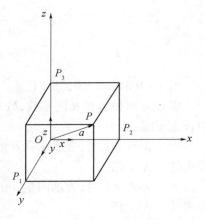

图 6 – 19　矢量的坐标表示

6.5.3　信息矢量的运算

6.5.3.1　矢量运算规则

设$\boldsymbol{a}=(x,y),\boldsymbol{b}=(x',y')$。下面以矢量$\boldsymbol{a},\boldsymbol{b}$为例,介绍矢量的常用运算。

1. 加法

向量的加法满足平行四边形法则和三角形法则（图$6-20$）。$\boldsymbol{OA}+\boldsymbol{OB}=\boldsymbol{OC}$。

$\boldsymbol{a}+\boldsymbol{b}=(x+x',y+y')$。

$\boldsymbol{a}+\boldsymbol{0}=\boldsymbol{0}+\boldsymbol{a}=\boldsymbol{a}$。

向量加法的运算律:

交换律:$\boldsymbol{a}+\boldsymbol{b}=\boldsymbol{b}+\boldsymbol{a}$;

结合律:$(\boldsymbol{a}+\boldsymbol{b})+\boldsymbol{c}=\boldsymbol{a}+(\boldsymbol{b}+\boldsymbol{c})$。

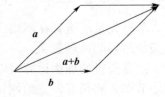

图 6 – 20　矢量的加法

2. 减法

如果$\boldsymbol{a}$、$\boldsymbol{b}$是互为相反的向量,那么$\boldsymbol{a}=-\boldsymbol{b},\boldsymbol{b}=-\boldsymbol{a},\boldsymbol{a}+\boldsymbol{b}=\boldsymbol{0}$。$\boldsymbol{0}$的反向量依然是它本身。

$\boldsymbol{OA}-\boldsymbol{OB}=\boldsymbol{BA}$,即"共同起点,指向被减"。

$\boldsymbol{a}-\boldsymbol{b}=(x-x',y-y')$。

如图$6-21$所示,$\boldsymbol{c}=\boldsymbol{a}-\boldsymbol{b}$以$\boldsymbol{b}$的结束为起点,$\boldsymbol{a}$的结束为终点。

3. 数乘

实数λ和向量$\boldsymbol{a}$的乘积是一个向量,记作$\lambda\boldsymbol{a}$,且$|\lambda\boldsymbol{a}|=|\lambda|\cdot|\boldsymbol{a}|$。

当$\lambda>0$时,$\lambda\boldsymbol{a}$与$\boldsymbol{a}$同方向

当$\lambda<0$时,$\lambda\boldsymbol{a}$与$\boldsymbol{a}$反方向;

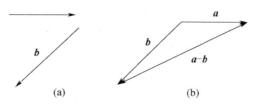

(a)   (b)

图 6 – 21　矢量的减法

当 $\lambda = 0$ 时，$\lambda a = 0$，方向任意。

实数 λ 叫做向量 a 的系数，数乘向量 λa 的几何意义就是将表示向量 a 的有向线段伸长或压缩。

当 $|\lambda| > 1$ 时，表示向量 a 的有向线段在原方向（$\lambda > 0$）或反方向（$\lambda < 0$）上伸长为原来的 $|\lambda|$ 倍。

当 $|\lambda| < 1$ 时，表示向量 a 的有向线段在原方向（$\lambda > 0$）或反方向（$\lambda < 0$）上缩短为原来的 $|\lambda|$ 倍。

4. 数量积

定义：已知两个非零向量 a，b。作 $OA = a$，$OB = b$，则角 AOB 称作向量 a 和向量 b 的夹角，记作 $\langle a,b \rangle$ 并规定 $0 \leqslant \langle a,b \rangle \leqslant \pi$。

两个向量的数量积（内积、点积）是一个数量（没有方向），记作 $a \cdot b$。若 a、b 不共线，则 $a \cdot b = |a| \cdot |b| \cdot \cos\langle a,b \rangle$（依定义有：$\cos\langle a,b \rangle = a \cdot b / |a| \cdot |b|$）；若 a、b 共线，则 $a \cdot b = \pm |a|$。

向量的数量积的坐标表示：$a \cdot b = x \cdot x' + y \cdot y'$。

6.5.3.2　信息矢量运算实例

信息矢量的运算在网络中有着特殊的物理意义，下面以加法和数乘运算为例，说明信息矢量运算的物理意义。

信息矢量的加法运算可以看做是信息资源在网络中传播的过程。如图 6 – 22 所示，网络节点 A 将信息发送给网络节点 B，用矢量 AB 表示；而网络节点 B 将网络节点 A 发送过来的消息转发给网络节点 C，用矢量 BC 表示。则矢量加法 $AB + BC = AC$ 表示信息资源从源节点 A 出发最终达到目的节点 C 的过程。矢量 AC 的模 $|AC| < |AB| + |BC|$，表示在

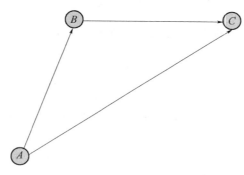

图 6 – 22　信息矢量相加的物理意义

信息传播过程中的衰减。

　　信息矢量的数乘运算可以看做是多条网络中中继节点对数据包进行转发的过程。如图 6 – 23 所示，源节点 A 发送的数据包通过两跳转发达到目的节点 B。λ_1 和 λ_2 是路由器接收数据包并进行存储转发过程中的增益系数。设丢包率为 p，则增益系数 $\lambda = 1 - p$。在一般情况下 $\lambda < 1$，表示信息在传播过程中的正常衰减，若网络中的路由器具有数据恢复的功能，则理论上 λ 可以趋近于 1。信息矢量的数乘 $|\boldsymbol{AB}| = |\lambda_1| \cdot |\lambda_2| \cdot |\boldsymbol{AR_1}|$，表示在考虑丢包问题后能够正常被目的节点 B 接收的数据包的数量，即经过传播衰减后的信息资源所包含的信息熵。

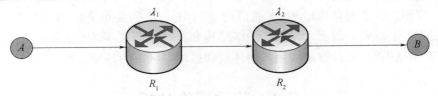

图 6 – 23　信息矢量数乘的物理意义

参 考 文 献

[1]《虚拟化与云计算》小组. 云计虚拟化与云计算[M]. 北京:电子工业出版社,2009.

[2] 徐立冰. 云计腾云——云计算和大数据时代网络技术揭秘[M]. 北京:人民邮电出版社,2013.

[3] John Vacca. 存储区域网络精髓[M]. 北京:电子工业出版社,2003.

[4] 英特尔开源软件技术中心. 复旦大学并行处理研究所. 系统虚拟化——原理与实现[M]. 1 版. 北京:清华大学出版社,2009.

[5] 广小明. 虚拟化技术原理与实现[M]. 北京:电子工业出版社,2012.

[6] Jim Guichard, Ivan Pepelnjak. MPLS 和 VPN 体系结构[M]. 1 版. 北京:人民邮电出版社,2010.

[7] MindShare Inc. InfiniBand Network Architecture[M]. 1ed. Addison – Wesley Educational Publishers Inc,2002.

[8] 卡尔·沃思,弗里兹·赛格里斯特,向量几何[M]. 1 版. 余生译. 合肥:中国科学技术大学出版社,2013.

第7章 网络特性与应用分析

随着计算机技术和网络通信技术的发展,移动网络、多维网络、云计算及大数据等应用蓬勃兴起。这些应用的产生和网络有着密不可分的关系,网络是所有数据流通的基础,但网络与应用二者之间是相辅相成,通信行业与 IT 行业需要更为紧密的"握手"才能使数据通信不产生瓶颈。前面六章对于网络结构和特性进行了深入分析,本章将主要介绍移动网络、多维网络、云计算等应用如何体现和运用了网络的各种特性。

7.1 移动网络分析

7.1.1 移动网络简介

7.1.1.1 移动网络概念

随着宽带无线接入技术和移动终端技术的飞速发展,人们迫切希望能够随时随地乃至在移动过程中都能方便地从网络获取信息和服务,移动网络应运而生并迅猛发展。移动网络(Mobile Communication)是移动体之间组成的网络,或移动体与固定体之间的通信网络。移动体可以是人,也可以是汽车、火车、轮船、收音机等在移动状态中的物体。现今常用的移动网络包括传感网和移动 Ad Hoc 网络等。

以互联网为代表的计算机网络技术是 20 世纪计算机科学的一项伟大成果,它给我们的生活带来了深刻的变化,然而,网络功能再强大,网络世界再丰富,也终究是虚拟的,它与我们所生活的现实世界还是相隔的,在网络世界中,很难感知现实世界,很多事情还是不可能的,时代呼唤着新的网络技术。传感网络正是在这样的背景下应运而生的全新网络技术,它综合了传感器、低功耗、通信以及微机电等技术,可以预见,在不久的将来,传感网络将给我们的生活方式带来革命性的变化。传感网的定义为随机分布的集成有传感器、数据处理单元和通信单元的微小节点,通过自组织的方式构成的无线网络。

移动自组织网络(简称移动 Ad Hoc 网)作为一个临时性多跳自治系统,它是由一组带有无线收发装置的可移动节点所组成的,并且不依赖于预设的基础设施,具有可临时组网、快速展开、无控制中心、抗毁性强等特点,在军事方面和民用方面都具有广阔的应用前景,是目前网络研究中的热点问题。图 7-1 为移动 Ad Hoc 网络结构,该网络由多个无线收发设备组成移动节点,并且各个移动节点的地位都是相同的,即每个节点既是主机又承担路由的功能。

从移动 Ad Hoc 的研究历史上来看可以追溯到 20 世纪 70 年代,它最早主要应用于军事领域,由美国国防部远景规划局(DARPA)资助,在 ALOHA 基础上结合分组交换技术研究产生的一种新的网络技术。在这之后于 1991 年,该网络技术由刚成立的 IEEE802.11

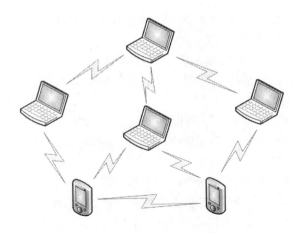

图 7-1　移动 Ad Hoc 网络结构图

委员会正式命名为 Ad Hoc 网络。1994 年,美国国防部(DoD)启动了全球移动信息系统 GloMo(Global Mobile Information System)计划,该项目的实施主要是为了保证在任何时间和任何地点通信双方彼此都能够相互通信,从而达到为水陆空上的各种移动设备提供类似办公室以太网环境下的多媒体连接的目的。近年来由于科技的进步以及制作工艺的提高,无线通信技术和移动终端技术也有了长足的进步,以往长期应用于军事领域的移动 Ad Hoc 网,也陆续应用于民用领域。与此同时 Internet 工程任务组(IETF)专门成立了 MANET 工作组并推出一系列的 RFC 文档,目的就是对移动 Ad Hoc 网络路由协议进行更加全面深入的研究与开发。

7.1.1.2　移动网络的特点

不同的移动网络,除具有移动的共同特性外,还有其他不同的特点,下面分别从传感网、移动 Ad Hoc 网络两种不同的网络介绍移动网络的特点。

传感器网络可以看成是由数据获取网络、数据分布网络和控制管理中心三部分组成的。其主要组成部分是集成有传感器、数据处理单元和通信模块的节点,各节点通过协议自组成一个分布式网络,再将采集来的数据通过优化后经无线电波传输给信息处理中心。因为节点的数量巨大,而且还处在随时变化的环境中,这就使它有着不同于普通传感器网络的独特"个性",传感网络具有下面特点。

(1)无中心和自组网特性。在无线传感器网络中,所有节点的地位都是平等的,没有预先指定的中心,各节点通过分布式算法来相互协调,在无人值守的情况下,节点就能自动组织起一个测量网络。而正因为没有中心,网络便不会因为单个节点的脱离而受到损害。

(2)其次是网络拓扑的动态变化性。网络中的节点是处于不断变化的环境中,它的状态也在相应地发生变化,加之无线通信信道的不稳定性,网络拓扑因此也在不断地调整变化,而这种变化方式是无人能准确预测出来的。

(3)第三是传输能力的有限性。传感器网络通过无线电波进行数据传输,虽然省去了布线的烦恼,但是相对于有线网络,低带宽则成为它的天生缺陷。同时,信号之间还存

185

在相互干扰,信号自身也在不断地衰减,诸如此类。不过因为单个节点传输的数据量并不算大,这个缺点还是能忍受的。

（4）能量的限制。为了测量真实世界的具体值,各个节点会密集地分布于待测区域内,人工补充能量的方法已经不再适用。每个节点都要储备可供长期使用的能量,或者自己从外汲取能量（太阳能）。

（5）安全性的问题。无线信道、有限的能量、分布式控制都使得无线传感器网络更容易受到攻击。被动窃听、主动入侵、拒绝服务则是这些攻击的常见方式。因此,安全性在网络的设计中至关重要。

移动 Ad Hoc 网络与其他无线网络以及有线固定网络相比,其具有网络的自组织性、网络拓扑结构的频繁变化性、网络传输带宽的有限性、网络传输方式的多跳性、分布式网络控制、局限的移动终端设备、网络生存期短、单向无线信道的存在以及网络安全性差等特点。

（1）网络的自组织性。与传统的有基础设施的无线网相比,移动 Ad Hoc 网可以满足在任何时间、地点,以任意一种通信方式进行通信的要求,其间并不需要人工干预和其他预设的网络设施。整个网络的运行不会因为任意节点产生的故障而出现中断现象。因此网络具有很强的适应性和独立性,非常适合于应急救灾等缺乏网络基础设施或网络基础设施已被损坏的场合。

（2）网络拓扑结构的频繁变化性。在移动 Ad Hoc 网络环境下,移动终端存在随机性,即可以在网络中以任意的速度和任意的方式移动,这样将会使得网络中的链路频繁的连接或断开,同时加上无线发送装置的多样化、发送功率的变化以及无线信道之间的相互干扰,从而最终导致网络拓扑结构的高度变化。

（3）网络传输带宽的有限性。移动 Ad Hoc 网络底层通信采用的是无线传输技术,从物理特性上来讲无线方式下的带宽远小于有线方式,除此之外再加上无线信道之间存在的信号衰减、碰撞、阻塞、噪声等因素的影响,这样造成的结果是实际带宽比理论带宽小得多。

（4）网络传输方式的多跳性。由于移动终端设备的发射功率的限制,其通信范围也是有限的。当起始节点与目的节点无法进行直接通信时,它们需要借助中间节点对数据包进行转发,即要经过多跳进行转发。值得注意的是,移动 Ad Hoc 网中的多跳的实现是由网络中节点与节点之间合作完成的,并不需要借助专门的路由设备。

（5）分布式网络控制。移动 Ad Hoc 网络中任意节点都是对等的结构,并且同时具有独立路由器和主机的功能,没有绝对的控制中心。正是由于这种分布式的结构,任意一个节点的故障不会波及整个网络,这样使得网络具有较强的鲁棒性和灵活性。

（6）网络生存期短。由于移动终端能够维持运行依赖于自身所携带电池的能量,这样限制了每个节点的生存期,这样整个网络的生存期也受到了制约。不过需要强调的是,移动 Ad Hoc 网络的组建主要应用于临时通信、应急等场合,所以相对于有线固网来说,其生存时间是极为短暂的。

（7）单向无线信道的存在。对于以无线信道为通信介质的移动 Ad Hoc 网络来说,其信道很有可能是单向信道,因为无线信道的发送功率、接收灵敏度等性能容易受到地形、环境等不确定因素的影响。

（8）网络安全性差。移动 Ad Hoc 网络由于不依赖固有的基础设施，传统的网络安全方案不能直接应用进来，同时无线信道在防止网络攻击方面的能力较为薄弱，这样导致移动 Ad Hoc 网络的安全性能较低下。

7.1.2 网络特性在移动网络中的应用

移动网络的发展充分利用了很多网络特性，如网络资源特性、资源的存储特性及网络互联特性等。

7.1.2.1 移动网络应用中的网络资源特性

无论后台服务器还是普通的 PC 机，只要是连接在互联网上的计算机都有一个唯一的 IP 地址。IP 地址就是使用这个地址在主机之间传递信息，这是互联网能够运行的基础。但是随着中国互联网的高速发展，IP 地址资源稀缺的危机也就日益凸显，IPv6（下一代 IP 协议）的出现缓解了 IP 资源短缺的危机。IPv6 可以为地球上的每一粒沙子提供一个独立的 IP 地址。即使人类进入了移动信息社会，每一部手机作为一个移动主机节点可设置一个 IP 地址，同时各种家用电器、汽车、控制设备等也有 IP 地址，IPv6 都能满足需要。

IPv6 的优势并不仅限于提供的 IP 地址数量增多。IPv6 的特点是：更快，以它为核心技术的下一代互联网将比这一代快 1000 倍；更安全，目前采用的 IPv4 协议中没有设置网络层安全机制，所以很容易被黑客攻破服务器、窃走数据，而 IPv6 协议中会加入认证、加密等机制，使互联网安全性显著提高。

我国政府在 IPv6 产业方面对 IPv6 技术以及产业发展给予了极大关注和支持，并在标准制定、技术研发、国家立项与资金支持、政府间交流与合作等方面给予了积极的推动。目前，中国在 IPv6 技术的研究和实验方面卓有成效，大规模的实验工作也已经展开，国家资助的 863 项目对 IPv6 的研究也取得了阶段性成果。国内的主要运营商都相继进行了 IPv6 实验，并将陆续启动 IPv6 商用项目。

IPv6 协议的引入提供了一种新的网络平台，它使得大量、多样化的终端更容易接入 IP 网，并在安全和终端移动性方面比 IPv4 协议有了很大的增强。地址空间巨大、内置 IP-Sec 和移动 IPv6 只是 IPv6 在支持新业务方面的几个主要特征，在这些特征之上会衍生出许多新的特性，从而进一步增强业务层面的能力。

网络应用程序运行在 IPv6 的顶层，应用程序选择通信通道进行数据传输，在传输层指定通道的安全特性，数据在通道中传输，AH 和 ESP 对数据加以保护，保证原始的身份验证和数据完整性，接收主机从安全通道接收到数据后，再结合其他的安全机制完成数据的可靠传输。在 IPv6 中 IP 地址大多进行动态自动配置，通过 AH 和 ESP 报头，合适的组合应用到路由交换的信息上，如路由宣告信息、邻居宣告信息、Intenet 控制报文协议等，防止伪造消息、伪造路由器，保证不受错误 ICM P(Internet 控制消息协议)的侵害，从而有效防止对网络逻辑结构的攻击破坏，这种通用的方案比特定为某种路由协议设计的身份验证机制显然更具有优势。

7.1.2.2 移动网络应用中的网络虚拟特性

在 IPv6 中使用 AH 报头和 ESP 报头创建专用虚拟网(VPN)变得非常简单和标准,在两个防火墙之间的安全通道传递的信息包,采用 AH 报头就可防止原始数据被随意篡改和侵害,攻击者既无法更换在网络上交换的信息包,也不能在通信中插入任何伪造信息包,若同时使用 ESP 报头,则又能有效阻止对信息包中内容的阅读。

IPv6 作为新一代的网络互联协议是一个建立可靠的、可管理的、安全和高效的 IP 网络的长期解决方案,其先进性和灵活性正在得到越来越多人的认可。但是,IPSec 作为 IPv6 协议的核心本身有几个不足。第一个不足就是这个协议仅仅跑在网络层上,对应用层的安全需求不能实现。第二个不足是这两个协议的处理会影响现有网络安全协议的实施。比如像 AH 检测、防火墙过滤,如果要加上 IPV6 报头的话,原来的入侵检测不知道原目的地址,这样扫描就不能很好实现。下一步为网络安全设备的制造商提出了一个新的挑战。

目前设备制造商、软件开发商和研究机构在 IPv6 应用领域进行了较多的开发和实现工作,例如个人计算机终端主要采用的视窗操作系统中,已开始支持基于 IPv6 的 Web 浏览、文件传送、流媒体播放,而且在传送应用层数据时将 IPv6 作为优先采用的网络协议;在终端领域,也出现了支持 IPv6 的非 PC 终端产品,如远程监控的视频摄像头、IPTV 机顶盒、支持 VoIP 的 IAD(综合接入设备)等,其中部分 IPv6 终端设备已经成熟,达到可以商用的程度。在业务平台方面,日本 NTT 通信公司基于 IPv6IPSec 和 SIP 技术提出了一种业务平台方案——m2m - x 系统,它是国际上少有的专门针对 IPv6 协议开发的业务平台(当然也支持 IPv4 协议),属于一种私有解决方案,没有遵循国际上的 NGN 框架和标准,但具有明显的 IPv6 特征,充分发挥了 IPv6 协议中的 IPSec 功能,可根据运营商的配置策略和用户的需求实现数据流的加密。在固网和移动网络融合领域,随着 IMS 逐渐被电信业界所认可和接受,部分厂商已经开始在其 IMS 产品中支持 IPv6 协议。可以看出,IPv6 开始从网络层面逐渐渗入应用层面和终端层面,并呈现出业务发展的多样化趋势。

7.1.2.3 移动网络应用中的网络互联特性

近年来,随着无线通信网的不断发展,各种无线通信技术源源不断地涌现,从无线覆盖范围上可分为无线广域网(Wireless Wide Area Network,WWAN)、无线局域网(Wireless Local Area Network,WLAN)、无线个域网(Wireless Personal Area Network,WPAN)等。WWAN 的代表系统可为 GSM、WCDMA、CDMA2000 等商用移动通信系统,主要支持低速的数据业务。WLAN 覆盖范围约为 100m 左右,代表系统为 IEEE802.11 系列无线局域网,其网络结构可为星状和网状网结构,传输速率可达 300Mb/s(使用基于 IEEE802.11n标准的设备),可满足大容量数据传输要求,支持高速数据通信。WPAN 覆盖范围约为数十米,代表系统为蓝牙(Bluetooth)和 ZigBee,ZigBee 是一种低速短距离传输的无线网络技术工作频率在 2.4GHz、915MHz 和 868MHz 这三种 ISM 频段,传输速率在 20 ~ 250kb/s之间,可满足低速率传输数据的应用要求,相邻节点的传输范围一般在 10 ~ 100m 之间,适用于室内无线数据通信,组网方式可采用星状和网状网结构,支持短距离的个人通信。

未来的一体化网络是一个包括 WPAN、WLAN 和移动通信网等在内的有机整体,融合多种无线网络通信技术,发挥不同网络的特点。用户可根据自己需求及周围网络环境选择不同的无线网络。

传感网和 Ad Hoc 网物理层主要参考标准包括:IEEE802.11 系列、蓝牙、HiperLAN 等定义的物理层,这些都是构建无线局域网的标准。在设计上其着重考虑以下三个方面:无线通信频段的选择、无线传输机制以及无线传输的自适应技术。首先就是无线通信频段的选择,移动 Ad Hoc 网一般都是使用免费的 2.4GHz ISM(Industrial Scientific Medical)频段,该频段存在的显著问题就是极易同现存的其他网络彼此干扰。其次就是无线传输机制,移动 Ad Hoc 网的几个典型的无线传输机制包括:OFDM 正交频分复用技术,主要遵循标准 IEEE802.11g,11a;DSSS 直接序列扩频技术,主要遵循 IEEE802.11b,IEEE802.15.4Zigbee;FHSS 跳频扩频技术,符合 BlueTooth 标准等。最后就是移动 Ad Hoc 网无线传输的自适应技术,在该技术上的研究主要分为自适应编码调制、自适应帧长控制、功率控制、多天线技术、混合 ARQ 技术以及自适应资源分配技术。

数据链路层又称 Mac 层是移动网络协议中重要的组成部分,主要负责通过一定的顺序和有效的方式分配节点访问媒体。Mac 层协议的设计就是为了避免多个节点传送的数据在无线信道上相互碰撞,而导致数据的丢失。由此可知,在移动网络环境下,节点是否能够有效、公平的使用有限的网络资源,Mac 层起到了决定性作用。现阶段 Mac 层协议的主要研究点包括信道竞争、隐藏终端和暴露终端、可靠性传输、碰撞避免、拥塞控制以及降低能耗等方面。

移动网路由协议层也就是 OSI 网络参考模型所对应的网络层,它是移动网研究的重点,大量的研究工作都集中在这一块。目前国内外对移动网的路由协议层的研究主要有异构网络之间的互联互通,例如 TCP/IP 网络与其他网络之间的通信;路由协议的安全性保障;路由协议提供的高效合适的路由策略以及网络 QoS 保障等方面。从这些研究可以看出,移动网中性能较好的路由层协议首先需要提供分布式的运行方式以及无环路由模式,从而能够进行有效的路由;然后需要具备可靠地安全性以防止信息被窃取;再次还需要提供高质量的网络服务也就是网络的 QoS 保障,从而保障网络的高效运行。总之,路由协议的好坏关乎整个网络的性能以及上层应用,是移动网的研究的关键点所在。

移动网无线 TCP/UDP 层的主要功能是为高层提供可靠的端到端的通信保障,低层为高层提供完全透明的网络服务,从而提高网络资源的利用率。在传统的有线固定网络中,传输层研究重点是网络拥塞问题。但在移动网中由于网络拓扑变化造成的链路不稳定,因而在无线 TCP/UDP 层的研究策略上有所不同。为了适应移动网无线环境下的应用,传输层的 TCP/UDP 必须在原有的基础上进行相应的改进。对于高层来说,移动网也作出了对应的改变,即为用户提供了各种无线应用服务。因而在实际应用当中,高层不仅可以采用传统有线网的各种应用层协议以及标准,而且考虑到移动网自身的特性相应地增设了以无线应用层协议及标准支撑的应用服务。如图 7-2 为移动网络协议栈的结构图。

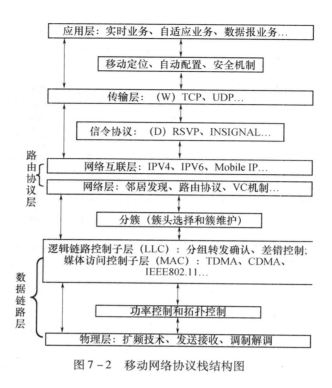

图 7-2　移动网络协议栈结构图

7.2　多维网络分析

7.2.1　多维网络简介

7.2.1.1　多维网络的概念

通信技术近些年来得到了迅猛发展，层出不穷的通信系统为用户提供了异构的网络环境，包括有线网络、无线个域网（如 Bluetooth）、无线局域网（如 WiFi）、无线城域网（如 Wimax）、公众移动通信网（如 2G、3G）、卫星网络，以及 Ad Hoc 网络、无线传感器网络等。尽管这些无线网络为用户提供了多种多样的通信方式、接入手段和无处不在的接入服务。但是，要实现真正意义的自组织、自适应切换，并且实现具有端到端服务质量（QoS）保证的服务，还需要充分利用不同网络间的互补特性，实现网络技术的有机融合、互通。

网络受外界因素影响较大，不同时间段存在的网络性能和网络种类往往不同，因此网络具有时间属性。现阶段不同网络的覆盖面积、强度不同，不同空间可能存在不同网络，多种网络也可能存在于同一空间，因此网络具有空间属性。网络的调制方式及通信频段等使网络具有不同的制式。这些网络的多维属性，即构成了多维网络。多维网络（Wireless Multi-Dimensional Network，WMDN）属于动态网络概念，主要体现在网络三维空间特性、一维时间可变及制式异构所构成的复杂的、可变的不稳定网络的交叠环境。在本书的第 5 章的 5.3 节中对多维网络有详尽的阐述。

7.2.1.2 多维网络的发展

多种网络系统相互融合的发展趋势,其目标是实现各种开放、异构网络系统之间的结构互联、优势互补、信息互通和服务互融。随着互联网在社会发展中的基础地位和核心作用与日俱增,互联网以固定终端接入、基于 IP 地址的端到端通信模式已经难以适应物联网、云计算、移动计算、社会网络等新型应用和计算模式的需求。现有的 IP 路由机制也使得互联网面临着扩展性、安全性、移动性等问题,尽管现有的研究针对这些问题提出了各种解决方案,但是造成这些问题的根本原因在于 TCP/IP 体系结构基于 IP 地址的通信模式。针对这些问题,目前学术界认为"为 Internet 构建新型的体系结构是解决这些矛盾的根本途径"。

基于多维网络理论研究,高校研究所和企业合作,研制了多维通信指挥系统,并将该产品推广应用于人防、公安等领域。多维通信指挥系统融合了移动通信、无线电台通信、卫星通信及有线通信等多种方式,实现了多维网络协调通信。主要用于解决该市当前应急通信平台建设的不完善问题,以及许多系统缺少多种通信手段、局限于单一通信方式、不能将现有的通信方式进行融合联通、专业部门应急通信系统缺少统一规划和互通标准、应急指挥平台很难互联、部门联动效率低下等诸多问题。该多维通信终端实现了广泛融合现有各种网络、可以工作在同种或异种封闭自治网络之间,与现有网络具有兼容性及互操作性,能够融合使用多种通信方式协同通信、无线传输信道优化选择、根据信道质量平滑切换、节点间自组可靠通信等,多维通信终端为该市现有的通信指挥带来了更加稳定和可靠的指挥通信保障。多维通信指挥系统部署图如图 7 - 3 所示。

图 7 - 3　多维网络指挥系统部署图

7.2.2　多维网络应用中的网络特性

7.2.2.1 多维网络的资源特性

以太网、分组交换网等,它们相互之间不能互通,不能互通的主要原因是因为它们所传送数据的基本单元(技术上称之为"帧")的格式不同。IP协议实际上是一套由软件、程序组成的协议软件,它把各种不同"帧"统一转换成"网协数据包"格式,这种转换是因特网的一个最重要的特点,使各种计算机都能在因特网上实现互通,即具有"开放性"的特点。多维网络中的终端,接入互联网前需要获取IP地址,因此,多维网络应用了网络的IP资源。若多维网络中存在移动通信网络的话,就会利用到通信系统中的信道资源。任何一个通信系统,均可视为由发送端、信道和接收端三大部分组成。因此,信道是通信系统必不可少的组成部分,信道特性的好坏直接影响到系统的总特征。

7.2.2.2 多维网络的动态特性

应用于多维网络的终端,通常都接入了多种网络,随着终端在网络中的移动性或者当前网络随时间变化的不稳定性,都会造成当前网络性能无法满足业务传输的需求,因此需要将终端从当前网络切换到另一较优网络。终端能够监测当前时间、空间、不同网络的性能,在网络选择时建立的网络最优选择数学模型,利用多维指针和多维表实现无线多维网络在当前时间、空间的网络无缝平滑切换。因此,多维网络中终端所接入的网络种类,是随着网络环境变化而动态变化的,具有动态特性。与此同时,接入多维网络的用户通常具有移动性。

7.2.2.3 多维网络的互联特性

由于计算机技术在通信网络中的广泛使用,通信网络已不再是简单互通的物理网络,而是通信软件与物理硬件的有机结合,而通信软件侧重的是通信规程和数据格式。例如,现在的通信热点技术NGN、3G、IPTV等核心技术都是直接采纳基于IP的软件技术。随着通信技术的不断演进和协议版本的频频更新,目前许多依据不同通信标准或依同一标准、不同版本或依相同标准、不同厂家开发的通信网络都难以互通。例如大家熟知的ITU – T H.323协议从1998年2月发布第一版到目前已经有4个版本,但不同版本的H.323网络难以互通。同样,由于厂家对相同协议版本理解不同,不同厂家针对相应版本的H.323协议做出来的系统也很难互通。当前,运营商各自通信网络不仅包含着不同阶段、不同特性的物理通信网络,亦包含为适应不同需求开展的多种业务。由于网络建设和业务开展都是企业自身行为,故此采用标准也有所差异,技术本身也存在互联互通的问题。

现有的网络体系结构已经不能满足自组织多维网络中节点间的通信要求,因此需重新设计一种新的网络体系结构。与原有IP网络体系结构相比,新定义了一层多维网络层MDNL和对应的路由协议MDRP。

自组织多维网络协议栈分为网络接口层、互联层、多维网络层、传输层和应用层。网络接口层也被称为连接层(Link Layer)或数据连接层(Data – Link Layer),它是真正的网络连接的接口,负责数据帧的发送和接收。数据帧是独立的网络信息传输单元。网络接口层将数据帧放在网上,或从网上把数据帧取下来。互联层也被称作网络层(Network Layer),它提供"虚拟"的网络(这个层把更高的层与比它低的物理网络结构隔开)。IP协议是这层最重要的协议。它是一个无连接的协议,它并不保证比它低的层的可靠性。IP协议并没有提供可靠性、流控制或错误恢复,这些功能必须由更高的层来提供。IP协议提供了路由功能,它负责传送需要传送的信息到它的目的地。多维网络层(Multi – Dimensional Network Layer),它和互联层的功能很接近,都提供"虚拟"的网络(多维网络层屏蔽了互联层以下的网络)。多维网络路由机制工作在多维网络层,起到了在多种不同的通信方式之间进行信息的交互,以及底层通信网络选择的作用。通信网络的选择是多维网络的重点也是难点,将在具体的路由机制中进行详细说明。传输层从一个应用程序向它的远程端传输数据,以提供首尾相接的数据传输,可以同时支持多个应用。用得最多的传输协议是传输控制协议(TCP)和用户数据报协议(UDP)。应用层提供给利用 TCP/MDRP/IP 协议进行。

多维路由表是基于自组织多维网络的路由表,与传统单一网络路由表相比,增加了网络的时间、空间、制式属性。根据多维网络实际使用情况划分时间段及空间范围,在时间、空间相同的情况下统计制式种类,构成多维路由表。

多维指针同时具有时间、空间、制式及路径属性,由此识别多维路由表中的路径。多维表和多维指针确定了多维网络中的路由方法。

无论多维路由表还是多维指针,都是超三维的数据表示方法,为了更好地表达多维结构,引入一种象征物——多维类型结构(MTS),该多维类型结构能够表示任意数量的事件维度。例如其中一种方法就是用线段来表示不同的维度,维度的增加便可以通过简单增加线段就可以实现。也可以通过多维网格的方式,多维网格具有非常大的灵活性,可以模仿任何类型的常规表格,表格只是网格的一种特例。在多维网格中所有或者大部分的维度都是以列的形式来展现的。

将传统的路由表拓展成多维表,传统的路由指针进化为多维指针,在现有的路由协议基础上增加时间、空间、制式等多维属性便构成多维网络路由协议 MDRP。具体路由过程为先判断数据传输的时间属性、空间属性,然后利用多维指针和多维表选择业务数据传输的网络和路径,接下来的路径与网络选择与传统的路由方法相同。

为实现多维网络的互联互通,需要多维网关的数据转发。多维网关的基本功能,即实现向用户提供透明的统一的数据传输服务,保障业务实时流畅的传输,实现终端之间的互联互通,使得终端不存在"丢失"的情况,即使丢失也可保障快速无缝的恢复终端的链接以及通信,这样不同的网络具有了互联特性,如图 7-3 所示,该多维网络指挥系统融合了无线通信、数传电台及有线通信,实现了多维网络内制式不同网络的互联互通。

目前重庆邮电大学通信软件技术研究所已在多维通信终端的研究基础之上实现多种无线网络的有效融合,提出满足陆地、空中、太空和海洋等各类用户应用的信息共享、资源整合、互联互通、随意接入的一体化网络架构方案,拟研制出多维网关及研究基于多维网关的一体化网络关键技术,以实现异构网络融合及统一通信方案,最终实现多种通信方式协同工作、异构通信网络之间的互联互通,很好地保障异构网络间通信的可靠性、可用性,满足话音、流媒体数据等业务的实时传输,保证任何用户在任何时间、任何地点都能获得具有 QoS 保证的服务,大大提高异构网络融合通信的效率。多维网络一体化体系架构图如图 7-4 所示。

7.2.2.4 多维网络的虚拟特性

多维网络,并不是物质上实际存在的一种网络,它是个逻辑上的动态虚拟网络。相比普通多维网络层(Multi - Dimensional Network Layer),它和互联层的功能很接近,都提供

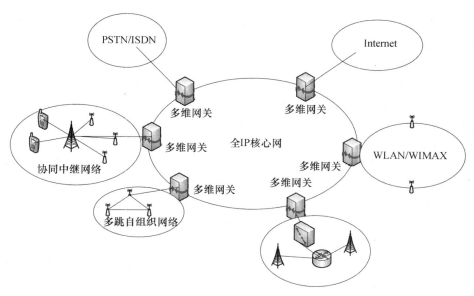

图 7 - 4　多维网络一体化体系架构

虚拟的网络(多维网络层屏蔽了互联层以下的网络)。多维网络路由机制工作在多维网络层,起到了在多种不同的通信方式之间进行信息的交互,以及底层通信网络的选择。

7.3　云计算概述

7.3.1　云计算简介

7.3.1.1　云计算概念

云计算(Cloud Computing),是一种基于互联网的计算方式,通过这种方式,共享的软硬件资源和信息可以按需求提供给计算机和其他设备。

云计算是继 1980 年大型计算机到客户端—服务器的大转变之后的又一种巨变。用户不再需要了解"云"中基础设施的细节,不必具有相应的专业知识,也无需直接进行控制。云计算描述了一种基于互联网的新的 IT 服务增加、使用和交付模式,通常涉及通过互联网来提供动态易扩展而且经常是虚拟化的资源。在"软件即服务(SaaS)"的服务模式当中,用户能够访问服务软件及数据。服务提供者则维护基础设施及平台以维持服务正常运作。SaaS 常被称为"随选软件",并且通常是基于使用时数来收费,有时也会有采用订阅制的服务。

推广者认为,SaaS 使得企业能够借由外包硬件、软件维护及支持服务给服务提供者来降低 IT 营运费用。另外,由于应用程序是集中供应的,更新可以实时的发布,无需用户手动更新或是安装新的软件。SaaS 的缺陷在于用户的数据是存放在服务提供者的服务器之上,使得服务提供者有能力对这些数据进行未经授权的访问。

用户通过浏览器、桌面应用程序或是移动应用程序来访问云的服务。推广者认为云计算使得企业能够更迅速的部署应用程序,并降低管理的复杂度及维护成本,及允许 IT

资源的迅速重新分配以适应企业需求的快速改变。

云计算依赖资源的共享以达成规模经济,类似基础设施(如电力网)。服务提供者集成大量的资源供多个用户使用,用户可以轻易地请求(租借)更多资源,并随时调整使用量,将不需要的资源释放回整个架构,因此用户不需要因为短暂尖峰的需求就购买大量的资源,仅需提升租借量,需求降低时便退租。服务提供者得以将目前无人租用的资源重新租给其他用户,甚至依照整体的需求量调整租金。

互联网上汇聚的计算资源、存储资源、数据资源和应用资源正随着互联网规模的扩大而不断增加,互联网正在从传统意义的通信平台转化为泛在、智能的计算平台。与计算机系统这样的传统计算平台比较,互联网上还没有形成类似计算机操作系统的服务环境,以支持互联网资源的有效管理和综合利用。在传统计算机中已成熟的操作系统技术,已不再能适用于互联网环境,其根本原因在于:互联网资源的自主控制、自治对等、异构多尺度等基本特性,与传统计算机系统的资源特性存在本质上的不同。为了适应互联网资源的基本特性,形成承接互联网资源和互联网应用的一体化服务环境,面向互联网计算的虚拟计算环境(Internet – based Virtual Computing Environment,IVCE)的研究工作,使用户能够方便、有效地共享和利用开放网络上的资源。云计算概观,互联网上的云计算服务特征和自然界的云、水循环具有一定的相似性,因此,云是一个相当贴切的比喻。根据美国国家标准和技术研究院的定义,云计算服务应该具备以下几条特征:随需应变自助服务;随时随地用任何网络设备访问;多人共享资源池;快速重新部署灵活度;可被监控与量测的服务。一般认为还有如下特征:基于虚拟化技术快速部署资源或获得服务;减少用户终端的处理负担;降低了用户对于 IT 专业知识的依赖。云计算概观图如图 7 – 5 所示。

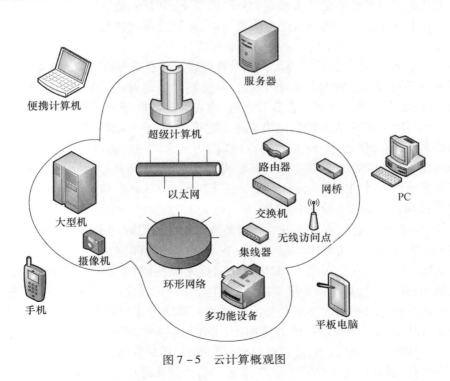

图 7 – 5　云计算概观图

195

美国国家标准和技术研究院的云计算定义中也涉及了关于云计算的部署模型。

1. 公用云（Public Cloud）

简而言之,公用云服务可通过网络及第三方服务供应者,开放给客户使用。"公用"一词并不一定代表"免费",但可能代表免费或相当廉价;公用云并不表示用户数据可供任何人查看,公用云供应者通常会对用户实施使用访问控制机制,公用云作为解决方案,既有弹性,又具备成本效益。

2. 私有云（Private Cloud）

私有云具备许多公用云环境的优点,例如弹性、适合提供服务,两者差别在于私有云服务中,数据与程序皆在组织内管理,且与公用云服务不同,不会受到网络带宽、安全疑虑、法规限制影响;此外,私有云服务让供应者及用户更能掌控云基础架构、改善安全与弹性,因为用户与网络都受到特殊限制。

3. 社区云（Community Cloud）

社区云由众多利益相仿的组织掌控及使用,例如特定安全要求、共同宗旨等。社区成员共同使用云数据及应用程序。

4. 混合云（Hybrid Cloud）

混合云结合公用云及私有云,这个模式中,用户通常将非企业关键信息外包,并在公用云上处理,但同时掌控企业关键服务及数据。

截至 2009 年,大部分的云计算基础构架是由通过数据中心传送的可信赖的服务和创建在服务器上的不同层次的虚拟化技术组成的。人们可以在任何有提供网络基础设施的地方使用这些服务。"云"通常表现为对所有用户的计算需求的单一访问点。人们通常希望商业化的产品能够满足服务质量（QoS）的要求,并且一般情况下要提供服务水平协议。开放标准对于云计算的发展是至关重要的,并且开源软件已经为众多的云计算实例提供了基础。

云的基本概念,是通过网络将庞大的计算处理程序自动分拆成无数个较小的子程序,再由多部服务器所组成的庞大系统搜索、计算分析之后将处理结果回传给用户。通过这项技术,远程的服务供应商可以在数秒之内,达成处理数以千万计甚至亿计的信息,达到和"超级计算机"同样强大性能的网络服务。它可分析 DNA 结构、基因图谱定序、解析癌症细胞等高级计算,例如 Skype 以点对点（P2P）方式来共同组成单一系统;又如 Google 通过 MapReduce 架构将数据拆成小块计算后再重组回来,而且 Big Table 技术完全跳脱一般数据库数据运作方式,以 Row 设计存储又完全的配合 Google 自己的文件系统（Google 文件系统）,以帮助数据快速穿过"云"。

当前,全球 IT 产业正在经历着一场声势浩大的"云计算"浪潮。云计算秉承"按需服务"的理念,狭义的云计算指 IT 基础设施（硬件、平台、软件）的交付和使用模式,广义的云计算指服务的交付和使用模式,即用户通过网络以按需、易扩展的方式获得所需的 IT 基础设施/服务。云计算是商业模式的创新,主要实现形式包括 SaaS、PaaS 和 IaaS。云计算和移动化是互联网的两大发展趋势。云计算为移动互联网的发展注入了动力。IT 和电信企业将基于已有基础进行价值延伸,力求在"端"—"管"—"云"的产业链中占据有利位置甚至获得主导地位。电信运营商在数据中心、用户资源、网络管理经验和服务可靠性等方面具有优势,目前主要通过与 IT 企业的合作逐步推出云计算服务。国际组织积极推动云计算的标准化工作,包括中国在内的各国政府高度重视云计算并积极采取行动推动云计算的发展。云计算的市场潜力巨大,随着用户的信任感不断提高,未来几年将继续保持较快增长。

云计算可以按需提供弹性资源,它的表现形式是一系列服务的集合。结合当前云计算的应用与研究,其体系架构可分为核心服务、服务管理、用户访问接口3层,如图7-6所示。核心服务层将硬件基础设施、软件运行环境、应用程序抽象成服务,这些服务具有可靠性强、可用性高、规模可伸缩等特点,满足多样化的应用需求。服务管理层为核心服务提供支持,进一步确保核心服务的可靠性、可用性与安全性。用户访问接口层实现端到云的访问。

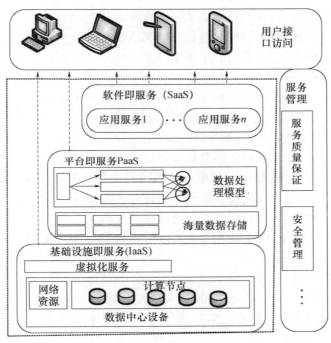

图7-6 云计算体系架构

7.3.1.2 云计算的发展及服务方式

2007年10月IBM和Google宣布在云计算领域的合作后,云计算迅速成为产业界和学术界研究的热点。IBM技术白皮书中关于云计算的定义是:云计算一词用来描述一个系统平台或者一种类型的应用程序。一个云计算平台可按需进行动态部署、配置、重新配置以及取消服务。云计算平台中的服务器既可以是物理的,也可是虚拟的。"云应用"使用大规模的数据中心以及功能强劲的服务器来运行网络应用程序与网络服务。任何一个用户可以通过合适的互联网接入设备以及一个标准的浏览器就能够访问一个云计算应用程序。

云计算的诞生有其历史根源,随着互联网的发展,互联网新兴的应用的数据存储量越来越大,互联网业务增长也越来越快。因此互联网企业的软硬件维护成本不断增加,成为很多企业的沉重负担。与此同时,互联网超大型企业如Google、IBM、亚马逊的软硬件资

197

源有大量空余,得不到充分利用,在这种情况下,互联网从企业各自为战的软硬件建设向集中式的云计算转换也就成为互联网发展的必然。

云计算主要经历了四个阶段才发展到现在这样比较成熟的水平,这四个阶段依次是电厂模式、效用计算、网格计算和云计算。

电厂模式阶段:电厂模式就好比是利用电厂的规模效应,来降低电力的价格,并让用户使用起来更方便,且无需维护和购买任何发电设备。

效用计算阶段:在 1960 年左右,当时计算设备的价格是非常高昂的,远非普通企业、学校和机构所能承受,所以很多人产生了共享计算资源的想法。1961 年,人工智能之父麦肯锡在一次会议上提出了“效用计算”这个概念,其核心借鉴了电厂模式,具体目标是整合分散在各地的服务器、存储系统以及应用程序来共享给多个用户,让用户能够像把灯泡插入灯座一样来使用计算机资源,并且根据其所使用的量来付费。但由于当时整个 IT 产业还处于发展初期,很多强大的技术还未诞生,比如互联网等,所以虽然这个想法一直为人称道,但是总体而言“叫好不叫座”。

网格计算阶段:网格计算研究如何把一个需要非常巨大的计算能力才能解决的问题分成许多小的部分,然后把这些部分分配给许多低性能的计算机来处理,最后把这些计算结果综合起来攻克大问题。可惜的是,由于网格计算在商业模式、技术和安全性方面的不足,使得其并没有在工程界和商业界取得预期的成功。

云计算阶段:云计算的核心与效用计算和网格计算非常类似,也是希望 IT 技术能像使用电力那样方便,并且成本低廉。但与效用计算和网格计算不同的是,现在在需求方面已经有了一定的规模,同时在技术方面也已经基本成熟了。

云计算可以认为包括以下几个层次的服务:基础设施即服务(IaaS),平台即服务(PaaS)和软件即服务(SaaS)。

1. IaaS:基础设施即服务

IaaS(Infrastructure – as – a – Service):基础设施即服务。消费者通过 Internet 可以从完善的计算机基础设施获得服务。例如:硬件服务器租用。

2. PaaS:平台即服务

PaaS(Platform – as – a – Service):平台即服务。PaaS 实际上是指将软件研发的平台作为一种服务,以 SaaS(软件即服务)的模式提交给用户。因此,PaaS 也是 SaaS 模式的一种应用。但是,PaaS 的出现可以加快 SaaS 的发展,尤其是加快 SaaS 应用的开发速度。例如:软件的个性化定制开发。

3. SaaS:软件即服务

SaaS(Software – as – a – Service):软件即服务。它是一种通过 Internet 提供软件的模式,用户无需购买软件,而是向提供商租用基于 Web 的软件,来管理企业经营活动。例如:阳光云服务器。

纵观云计算的概念和实际应用,可以看到云计算有两个特点:

第一,互联网的基础服务资源如服务器的硬件、软件、数据和应用服务开始于集中和统一。应用程序界面(API)的可达性是指允许软件与云以类似“人机交互这种用户界面设施交互所相一致的方式”来交互。云计算系统典型的运用基于 REST(Representational State Transfer)网络架构的 API。设备和本地依赖允许用户通过网页浏览器来获取资源,

198

而无需关注用户自身是通过何种设备,或在何地介入资源(如 PC、移动设备等)。通常设施是在非本地的(典型的是由第三方提供的),并且通过因特网获取,用户可以从任何地方来连接。

第二,互联网用户不用再重复消耗大量资源,建立独立的软硬件设施和维护人员队伍。通过互联网接受云计算提供商的服务,就可以实现自己需要的功能。在公有云中的传输模式中支持已经转变为运营成本,故费用大幅下降。很显然地降低了进入门槛,这是由于体系架构典型的是由第三方提供,且无需一次性购买,且没有了罕见的集中计算任务的压力。称为计算资源包的通用计算基础上的原则在细粒度上基于用户的操作和更少的 IT 技能被内部实施。体系结构的中央化使得本地的耗用更少(例如不动产、电力等)。峰值负载能力增加(用户无需建造最高可能的负载等级)。原先利用率只有 10% ~20% 的系统利用效率增加了。如果使用多个冗余站点,则改进了可靠性,这允许我们设计云计算以符合商业一致性以及灾备。可扩展性经由在合理粒度上按需的服务开通资源,接近实时的自服务(注意,并非完全实时,服务的启动时间根据虚拟机的类型,地点,操作系统和云提供商的不同而不同),无需用户对峰值负载进行工程构造。

因为数据集中化了,故安全性得到了提升,增加了关注安全的资源等,但对特定敏感数据的失控将是持续关注的,且内核存储的安全性缺少关注。较传统系统而言,安全性的要求更加高。部分原因是提供商可以专注于用户所无法提供的资源之安全性解决方案。然而当"数据分布在更广的范围以及更多数量的设备上"时,以及在由"不相关的多个用户使用的多终端系统"时,安全性的复杂性极大地增加了。用户获取安全审计日志变得不太可能了。私有云的发展动力部分是源自客户对设备的掌控以及避免丢失安全信息。

维护云计算应用是很简单的,因为显而易见用户无需再在本机上进行安装。一旦改变达到了客户端,它们将更容易支持以及改进。

7.3.2　云计算应用中的网络特性

云计算通过互联网提供软件与服务,并由网络浏览器界面来实现。用户加入云计算不需要安装服务器或任何客户端软件,可在任何时间、任何地点、任何设备(前提是接入互联网)上通过浏览器随时随意访问,云计算的典型服务模式有三类:软件即服务平台即服务和基础设施即服务。所谓 SaaS 是指用户通过标准的 Web 浏览器来使用 Internet 上的软件。从用户角度来说,这意味着他们前期无需在服务器或软件许可证授权上进行投资;从供应商角度来看,与常规的软件服务模式相比,维护一个应用软件的成本要相对低廉。SaaS 供应商通常是按照客户所租用的软件模块来进行收费的,因此用户可以根据需求按需订购软件应用服务,而且 SaaS 的供应商会负责系统的部署、升级和维护。SaaS 在人力资源管理软件上的应用较为普遍。Salesforce. com 以销售和管理 SaaS 而闻名,是企业应用软件领域中最为知名的供应商。所谓 PaaS 是指云计算服务商提供应用服务引擎,如互联网应用程序接口(API)或运行平台,用户基于服务引擎构建该类服务。PaaS 是基于 SaaS 发展起来的,它将软件研发的平台作为一种服务,以 SaaS 的模式提交给用户,可以加快 SaaS 的发展,尤其是加快 SaaS 应用的开发速度。从用户角度来说,这意味着他们无需自行建立开发平台,也不会在不同平台兼容性方面遇到困扰;从供应商的角度来说,可以进行产品多元化和产品定制化。Salesforce. com 公司的云计算结构称为 Force. com。

让更多的独立软件提供商成为其平台的客户,从而开发出基于他们平台的多种 SaaS 应用,使其成为多元化软件服务供货商(Multi Application Vendor),扩展了其业务范围。

所谓 IaaS 是指云计算服务商提供虚拟的硬件资源,如虚拟的主机、存储、网络、安全等资源,用户无需购买服务器、网络设备和存储设备,只需通过网络租赁即可搭建自己的应用系统。IaaS 定位于底层,向用户提供可快速部署、按需分配、按需付费的高安全与高可靠的计算能力以及存储能力租用服务,并可为应用提供开放的云基础设施服务接口,用户可以根据业务需求灵活定制租用相应的基础设施资源。IBM 凭借其在 IT 基础设施及中间件领域的强势,建立云计算中心,为企业提供基础设施的租用服务。

无论是 SaaS、PaaS 还是 IaaS,其核心概念都是为用户提供按需服务。于是产生了"一切皆服务"(Everything as aService,EaaS 或 XaaS)的理念。基于这种理念,以云计算为核心的创新型应用不断产生。云计算与电子商务结合产生的电子外包就是前景看好的应用之一。电子商务是互联网的重要应用,代表着互联网从大众化娱乐向商业化服务的发展方向。作为一种面向互联网的商业模式创新,云计算与电子商务的结合必将在企业的组织形式、盈利方式、市场营销、知识管理等领域带来重大的变化,从而使从事电子商务活动的企业尤其是中小企业能够更有效地利用各种信息和资源,降低成本,从而提高企业的核心竞争力,提高商品和服务交易的成交率。

7.3.2.1 云计算应用的存储特性

云计算资源集成提高设备计算能力,云计算把大量计算资源集中到一个公共资源池中,通过多主租用的方式共享计算资源。虽然单个用户在云计算平台获得服务水平受到网络带宽等各因素影响,未必获得优于本地主机所提供的服务,但是从整个社会资源的角度而言整体的资源调控降低了部分地区峰值荷载提高了部分荒废的主机的运行率,从而提高资源利用率。分布式数据中心保证系统容灾能力分布式数据中心可将云端的用户信息备份到地理上相互隔离的数据库主机中,甚至用户自己也无法判断信息的确切备份地点。该特点不仅仅提供了数据恢复的依据,也使得网络病毒和网络黑客的攻击失去目的性而变成徒劳,大大提高系统的安全性和容灾能力。软硬件相互隔离减少设备依赖性虚拟化层将云平台上方的应用软件和下方的基础设备隔离开来。技术设备的维护者无法看到设备中运行的具体应用。同时对软件层的用户而言基础设备层透明的,用户只能看到虚拟化层中虚拟出来的各类设备。这种架构减少了设备依赖性,也为动态的资源配置提供可能。平台模块化设计体现高可扩展性,目前主流的云计算平台均根据 SPI 架构在各层集成功能各异的软硬件设备和中间件软件。大量中间件软件和设备提供针对该平台的通用接口,允许用户添加本层的扩展设备。部分云与云之间提供对应接口,允许用户在不同云之间进行数据迁移。

云计算技术的发展与应用促进了共享存储的需求。目前,企业数据中心大都采用服务器 + 集中共享存储的层次架构。在这种架构中,共享存储设备通常是 Scale – up 架构,可扩展性差,降低了整个基础设施架构的敏捷性和弹性,使得业务部署缓慢、IT 运维复杂,IT 系统越来越难以适应瞬息万变的市场需要。另一方面,这种计算与存储分离的架构采用复杂的网络如 SAN 和 NAS,在服务器和集中存储阵列之间传递数据,大量的数据跨网络传输使得整个系统的效率和性能下降,而且在数据中心中维护一个专门的存储网络增加了数据中心成本。此外,在全社会强调节能减排、绿色环保的今天,数据中心的高能耗日益成为不能忽视的问题,提高 IT 资源利用效率成为数据中心和 IT 建设的一项重要原则。

针对上述挑战,一些 CT 公司提出了很多解决方案,如 H3C 公司提出了计算与存储融合的"零存储"基础架构,相比传统架构,这种融合技术架构具备更好的扩展性,能有效提升 IO 速度,并降低空间占用和能源消耗,代表了云计算数据中心的技术发展方向。将计算和存储集成到一个硬件平台,形成可横向扩展(Scale – out)的云计算基础架构。运行在这种架构上的虚拟机不仅能够像传统层次架构那样支持 vMotion、DRS、快照等,而且数据不再经过一个复杂的网络传递,性能得到显著提高。由于不再需要集中共享存储设备,整个数据中心架构得以扁平化,大大简化了 IT 运维和管理。

利用采用分布式存储技术可以高效地提高存储性能,将数据存储分散到多台存储设备上,实现数据的数据并发读、写,提升存储系统的性能。通过实现多节点的并发数据访问,消除了传统存储系统中常见的负载不均导致的热点数据问题,网络 Raid 条带化分布实现高效、全面的负载均衡功能。数据存储系统采用文件系统全局命名空间,所有计算节点都可看到一致文件系统视图,数据的全局共享可以加强各计算节点之间的协作,提高了作业的运行效率。采用 EC 纠删、多副本等模式使得存储实现节点级的安全,充分保证数据安全。云存储系统支持动态线性扩展存储容量,而无需中断应用的运行。同时保证容量增加的情况下,性能也随之线性增长。云存储示意图如图 7 - 7 所示。

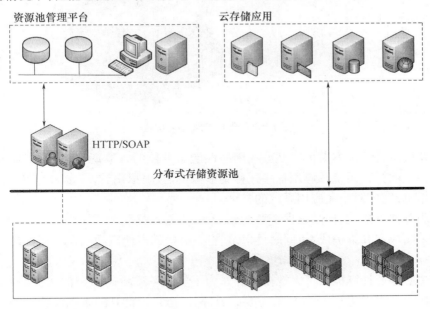

图 7 - 7　云存储系统示意图

7.3.2.2　云计算应用的虚拟特性

虚拟资源池为用户提供弹性服务云平台管理软件将整合的计算资源根据应用访问的具体情况进行动态调整,包括增大或减少资源的要求。因此云计算对于在非恒定需求的应用,如对需求波动很大、阶段性需求等,具有非常好的应用效果。在云计算环境中,既可以对规律性需求通过事先预测、事先分配,也可根据事先设定的规则进行实时公台调整。弹性的云服务可帮助用户在任意时间得到满足需求的计算资源。目前的云计算网络融合解决方案一般采用 IEEE 标准的 802.1Qbg(EVB)技术,如图 7-8 所示。为保证虚拟网络管理的灵活性,虚拟交换机支持包括 VEB、VEPA 和多通道等三种转发模式。H3C 云网融合解决方案实现了虚拟网络流量在物理网络侧可视化。管理员可以通过网络管理软件按传统方式配置和管理全网资源,能够支持虚拟网络拓扑展示,包括物理主机、云主机、虚拟网卡、虚拟连接、物理端口与物理接入交换机的全面网络连接关系拓扑展示。同时能够在物理接入交换机监控到所有云主机的流量信息。通过边界交换机可以对虚拟网络配置和下发 ACL、QoS、网络流量分析等网络策略,支持云主机迁移时网络策略自动的跟随。

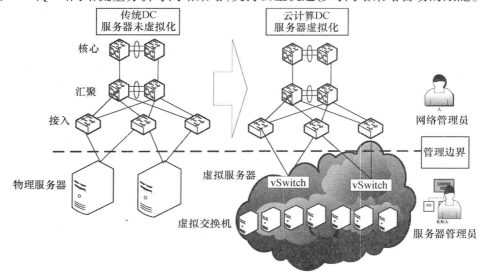

图 7-8　云网融合解决方案

服务器虚拟化解决方案可以充分利用高性能服务器的计算能力,将原本运行在单台物理服务器上的操作系统及应用程序迁移到虚拟机上,虚拟化后,一台物理服务器上能运行多台虚拟机,完成对企业应用系统的整合。

通过服务器虚拟化,提高硬件资源的利用率,有效地抑制 IT 资源不断膨胀的问题,降低客户的采购成本和维护成本,同时可以节省 IT 机房的占地空间以及供电和冷却等运营开支。

数据中心为云计算提供了大规模资源。为了实现基础设施服务的按需分配,需要研究虚拟化技术。虚拟化是 IaaS 层的重要组成部分,也是云计算的最重要特点。虚拟化技术可以提供以下特点:

(1)资源分享。通过虚拟机封装用户各自的运行环境,有效实现多用户分享数据中心资源。

(2)资源定制。用户利用虚拟化技术,配置私有的服务器,指定所需的 CPU 数目、内存容量、磁盘空间,实现资源的按需分配。

(3)细粒度资源管理。将物理服务器拆分成若干虚拟机,可以提高服务器的资源利用率,减少浪费,而且有助于服务器的负载均衡和节能。基于以上特点,虚拟化技术成为实现云计算资源池化和按需服务的基础。

为了进一步满足云计算弹性服务和数据中心自治性的需求,需要研究虚拟机快速部署和在线迁移技术。

(1)虚拟机快速部署技术传统的虚拟机部署分为4个阶段:创建虚拟机;安装操作系统与应用程序;配置主机属性(如网络、主机名等);启动虚拟机。该方法部署时间较长,达不到云计算弹性服务的要求。尽管可以通过修改虚拟机配置(如增减 CPU 数目、磁盘空间、内存容量)改变单台虚拟机性能,但是更多情况下云计算需要快速扩张虚拟机集群的规模。为了简化虚拟机的部署过程,虚拟机模板技术被应用于大多数云计算平台。虚拟机模板预装了操作系统与应用软件,并对虚拟设备进行了预配置,可以有效减少虚拟机的部署时间。然而虚拟机模板技术仍不能满足快速部署的需求:一方面,将模板转换成虚拟机需要复制模板文件,当模板文件较大时,复制的时间开销不可忽视;另一方面,因为应用程序没有加载到内存,所以通过虚拟机模板转换的虚拟机需要在启动或加载内存镜像后,方可提供服务。为此,有学者提出了基于 Fork 思想的虚拟机部署方式。该方式受操作系统的 Fork 原语启发,可以利用父虚拟机迅速克隆出大量子虚拟机。与进程级的 Fork 相似,基于虚拟机级的 Fork,子虚拟机可以继承父虚拟机的内存状态信息,并在创建后即时可用。当部署大规模虚拟机时,子虚拟机可以并行创建,并维护其独立的内存空间,而不依赖于父虚拟机。为了减少文件的复制开销,虚拟机 fork 采用了"写时复制"(COW, copy – on – write)技术:子虚拟机在执行"写操作"时,将更新后的文件写入本机磁盘;在执行"读操作"时,通过判断该文件是否已被更新,确定本机磁盘或父虚拟机的磁盘读取文件。在虚拟机 Fork 技术的相关研究工作中,Potemkin 项目实现了虚拟机 Fork 技术,并可在 1s 内完成虚拟机的部署或删除,但要求父虚拟机和子虚拟机在相同的物理机上。Lagar – Cavilla 等人研究了分布式环境下的并行虚拟机 Fork 技术,该技术可以在 1s 内完成 32 台虚拟机的部署。虚拟机 Fork 是一种即时(on – demand)部署技术,虽然提高了部署效率,但通过该技术部署的子虚拟机不能持久化保存。

(2)虚拟机在线迁移技术。虚拟机在线迁移是指虚拟机在运行状态下从一台物理机移动到另一台物理机。虚拟机在线迁移技术对云计算平台有效管理具有重要意义。①提高系统可靠性。一方面,当物理机需要维护时,可以将运行于该物理机的虚拟机转移到其他物理机。另一方面,可利用在线迁移技术完成虚拟机运行时备份,当主虚拟机发生异常时,可将服务无缝切换至备份虚拟机。② 有利于负载均衡。当物理机负载过重时,可以通过虚拟机迁移达到负载均衡,优化数据中心性能。③ 有利于设计节能方案。通过集中零散的虚拟机,可使部分物理机完全空闲,以便关闭这些物理机(或使物理机休眠),达到节能目的。

此外,虚拟机的在线迁移对用户透明,云计算平台可以在不影响服务质量的情况下优化和管理数据中心。在线迁移技术于 2005 年由 Clark 等人提出,通过迭代的预复制(Pre – copy)策略同步迁移前后的虚拟机的状态。传统的虚拟机迁移是在 LAN 中进行的,为了在数据中心之间完成虚拟机在线迁移,Hirofuchi 等人介绍了一种在 WAN 环境下的迁移方法。这种方法在保证虚拟机数据一致性的前提下,尽可能少地牺牲虚拟机 I/O 性能,加快迁移速度。利用虚拟机在线迁移技术,Remus 系统设计了虚拟机在线备份方法。当原始虚拟机发生错误时,系统可以立即切换到备份虚拟机,而不会影响到关键任务的执行,提高了系统可靠性。

7.4 大 数 据

7.4.1 大数据简介

7.4.1.1 大数据概念

大数据(Big Data),或称巨量资料,指的是所涉及的资料量规模巨大到无法通过目前主流软件工具,在合理时间内达到撷取、管理、处理、并整理成为帮助企业经营决策更积极目的的资讯在维克托·迈尔—舍恩伯格及肯尼斯·库克耶编写的《大数据时代》中大数据指不用随机分析法(抽样调查)这样的捷径,而采用所有数据的方法,大数据的 4V 特点:Volume(体量)、Variety(多性)、Velocity(速度)、veracity(价值密度)。

大数据技术的战略意义不在于掌握庞大的数据信息,而在于对这些含有意义的数据进行专业化处理。换言之,如果把大数据比作一种产业,那么这种产业实现盈利的关键,在于提高对数据的"加工能力",通过"加工"实现数据的"增值"。

从技术上看,大数据与云计算的关系就像一枚硬币的正反面一样密不可分。大数据必然无法用单台的计算机进行处理,必须采用分布式架构。它的特色在于对海量数据进行分布式数据挖掘(SaaS),但它必须依托云计算的分布式处理、分布式数据库(PaaS)和云存储、虚拟化技术(IaaS)。大数据和云计算的关系如图 7 - 9 所示。

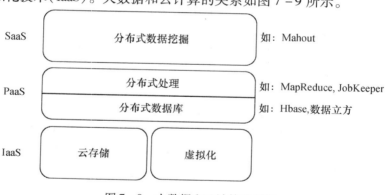

图 7 - 9　大数据和云计算关系图

虽然大数据和云计算的关系紧密,但是大数据不是云计算,是云计算的灵魂和升级方向。云计算的核心是业务模式,本质是数据处理技术,如果把大数据看成资产,那么云为数据资产提供保管、访问的场所和渠道。如何盘活数据资产,使其为国家治理、企业决策乃至个人生活服务,是大数据核心议题,也是云计算的灵魂和必然的升级方向。大数据比云计算更为落地,云计算本身也是大数据的一种业务模式。大数据不仅是大,比大更重要的是数据的复杂性,有时,甚至是大数据中的小数据如一条微博,就具有颠覆性的价值。

随着云时代的来临,大数据也吸引了越来越多的关注。《著云台》的分析师团队认为,大数据通常用来形容一个公司创造的大量非结构化数据和半结构化数据,这些数据在下载到关系型数据库用于分析时会花费过多时间和金钱。大数据分析常和云计算联系到一起,因为实时的大型数据集分析需要像 MapReduce 一样的框架来向数十、数百或甚至数千的计算机分配工作。

大数据需要特殊的技术,以有效地处理大量的容忍经过时间内的数据。适用于大数据的技术,包括大规模并行处理(MPP)数据库、数据挖掘电网、分布式文件系统、分布式数据库、云计算平台、互联网和可扩展的存储系统。

大数据就是互联网发展到现今阶段的一种表象或特征而已,没有必要神话它或对它保持敬畏之心,在以云计算为代表的技术创新大幕的衬托下,这些原本很难收集和使用的数据开始容易被利用起来了,通过各行各业的不断创新,大数据会逐步为人类创造更多的价值。

其次,想要系统的认知大数据,必须要全面而细致地分解它,从以下三个层面来展开。

第一层面是理论,理论是认知的必经途径,也是被广泛认同和传播的基线。从大数据的特征定义理解行业对大数据的整体描绘和定性;从对大数据价值的探讨来深入解析大数据的珍贵所在;洞悉大数据的发展趋势;从大数据隐私这个特别而重要的视角审视人和数据之间的长久博弈。

第二层面是技术,技术是大数据价值体现的手段和前进的基石。将分别从云计算、分布式处理技术、存储技术和感知技术的发展来说明大数据从采集、处理、存储到形成结果的整个过程。

第三层面是实践,实践是大数据的最终价值体现。将分别从互联网的大数据、政府的大数据、企业的大数据和个人的大数据四个方面来描绘大数据已经展现的美好景象及即将实现的蓝图。

大数据分析相比于传统的数据仓库应用,具有数据量大、查询分析复杂等特点。《计算机学报》刊登的"架构大数据:挑战、现状与展望"一文列举了大数据分析平台需要具备的几个重要特性,对当前的主流实现平台——并行数据库、MapReduce 及基于两者的混合架构进行了分析归纳,指出了各自的优势及不足,同时也对各个方向的研究现状及作者在大数据分析方面的努力进行了介绍,对未来研究做了展望。

大数据的 4 个"V"(图 7 - 10),或者说特点有四个层面:第一,数据体量巨大。从 TB 级别,跃升到 PB 级别;第二,数据类型繁多。前文提到的网络日志、视频、图片、地理位置信息等。第三,数据的来源,直接导致分析结果的准确性和真实性。若数据来源是完整的并且真实,最终的分析结果以及决定将更加准确。第四,处理速度快,1s 定律。最后这一点也是和传统的数据挖掘技术有着本质的不同。

从某种程度上说,大数据是数据分析的前沿技术。简言之,从各种各样类型的数据中,快速获得有价值信息的能力,就是大数据技术。明白这一点至关重要,也正是这一点促使该技术具备走向众多企业的潜力。

7.4.1.2　大数据发展

Nature 早在 2008 年就推出了 Big Data 专刊。Science 在 2011 年 2 月推出专刊《Dealing with Data》,主要围绕着科学研究中大数据问题展开讨论,说明大数据对于科学研究的重要性。全球知名的咨询公司麦肯锡(McKinsey)在 2011 年 6 月份发布了一份关于大数

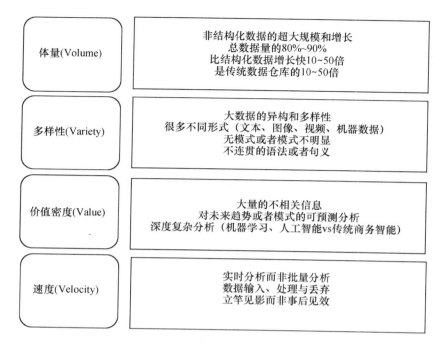

体量(Volume)	非结构化数据的超大规模和增长 总数据量的80%~90% 比结构化数据增长快10~50倍 是传统数据仓库的10~50倍
多样性(Variety)	大数据的异构和多样性 很多不同形式（文本、图像、视频、机器数据） 无模式或者模式不明显 不连贯的语法或者句义
价值密度(Value)	大量的不相关信息 对未来趋势或者模式的可预测分析 深度复杂分析（机器学习、人工智能vs传统商务智能）
速度(Velocity)	实时分析而非批量分析 数据输入、处理与丢弃 立竿见影而非事后见效

图 7-10　大数据的 4 个 V

据的详尽报告《Big data: The next frontier for innovation, competition, and productivity》,对大数据的影响、关键技术和应用领域等都进行了详尽的分析。《纽约时报》在 2012 年 2月的一篇专栏中称"大数据时代已经降临"。

随后"大数据"一词越来越多地被提及,人们用它来描述和定义信息爆炸时代产生的海量数据,并命名与之相关的技术发展与创新。《纽约时报》、《华尔街日报》等报纸的专栏封面都报道过大数据,大数据已经进入美国白宫官网的新闻。数据正在迅速膨胀并变大,它决定着企业的未来发展,虽然很多企业可能并没有意识到数据爆炸性增长带来的隐患,但是随着时间的推移,人们将越来越多地意识到数据对企业的重要性,嗅觉灵敏的国金证券、国泰君安、银河证券等公司已经将大数据写进了投资推荐报告。大数据目前尚没有统一的定义,比较有代表性的是 3V 定义,即认为大数据需满足 3 个特点:大量性(Volume)、多样性(Variety)和高速性(Velocity)。除此之外, IDC 认为大数据还应当具有价值性(Value),大数据的价值往往呈现出稀疏性的特点,而 IBM 认为大数据应该具有真实性(Veracity)。

大数据开启了一次重大的时代转型,真正的革命并不在于分析数据的机器,而在于数据本身和如何运用数据。在商业、经济及其他领域中,决策将日益基于数据和分析而作出,而并非基于经验和直觉。哈佛大学社会学教授加里·金说:"这是一场革命,庞大的数据资源使得各个领域开始了量化进程,无论学术界、商界还是政府,所有领域都将开始这种进程。"

在未来一段时间内,大数据将成为企业、社会和国家层面重要的战略资源。大数据将不断成为各类机构,尤其是企业的重要资产,成为提升机构和公司竞争力的有力武器。企业将更加钟情于用户数据,充分利用客户与其在线产品或服务交互产生的数据,并从中获

206

取价值。此外,在市场影响方面,大数据也将扮演重要角色——影响着广告、产品推销和消费者行为。大数据将面临隐私保护的重大挑战,现有的隐私保护法规和技术手段难以适应大数据环境,个人隐私越来越难以保护,有可能会出现有偿隐私服务,数据"面罩"将会流行。预计各国都将会有一系列关于数据隐私的标准和条例出台。与云计算深度融合,大数据处理离不开云计算技术,云计算为大数据提供弹性可扩展的基础设施支撑环境以及数据服务的高效模式,大数据则为云计算提供了新的商业价值。总体而言,云计算、物联网、移动互联网等新兴计算形态,既是产生大数据的地方,也是需要大数据分析方法的领域。

7.4.2　大数据应用中的网络特性

随着社交网络、博客以及物联网、云计算等技术的兴起,互联网上的数据正以前所未有的速度在不断地增长和累积。学术界、工业界甚至于政府机构都已经开始密切关注大数据问题,应该说大数据是互联网发展到一定阶段的必然产物,互联网用户的互动,企业和政府的信息发布,物联网传感器感应的实时信息每时每刻都在产生大量的结构化和非结构化数据,这些数据分散在整个网络体系内,体量极其巨大。这些数据中蕴含了对经济、科技、教育等领域非常宝贵的信息,大数据的研究就是通过数据挖掘,知识发现和深度学习等方式将这些数据整理出来,形成有价值的数据产品,提供给政府、行业企业和互联网个人用户使用和消费。互联网的信息成爆炸式增长,这些信息的形式包括文字、二维图片、文档、视频、声音、三维图像等,分布在互联网的服务器、路由器、交换机、用户终端和互联网虚拟神经系统里。

从技术上看,大数据与云计算的关系就像一枚硬币的正反面一样密不可分。大数据必然无法用单台的计算机进行处理,必须采用分布式计算架构。它的特色在于对海量数据的挖掘,但它必须依托云计算的分布式处理、分布式数据库、云存储和虚拟化技术。

大数据的产生和网络有着密不可分的关系。网络是所有数据流通的基础,大数据的产生与网络技术的发展密切相关也是相辅相成,通信行业与IT行业需要更为紧密的"握手"才能使数据通信不产生瓶颈。事实上,网络基础设施也在朝着这个方向进行,目前国内的城域网干线网络正在思考升级到100G的网络,同时也在研究下一代400G的骨干。而为了支持移动终端的数据量快速上升,第4代移动通信LTE技术已经走向成熟,4G基站正在批量建设阶段。而对于通用住宅方面已经在快速推进FTTH光纤到户1G – EPON与10G – EPON的应用,种种网络基础设施的进步是为大数据产生与应用起到了桥梁纽带作用,大数据与网络基础设施的发展相得益彰,所有网络通信技术的进步是作为外围网络环境为大数据铺路。如果我们把外围的网络基础环境比作人体的神经,那么数据中心将是人体的大脑,而所有数据量的上升需要更大规模的数据中心与其相适应,对于数据中心内部的网络基础架构同样面临着进一步升级的需要,布线系统作为数据中心内部连接与管理的基础设施,对于数据中心的运行可靠性、可管理性及大数据流的支持起到了十分关键的作用。

7.4.2.1　大数据应用的存储特性

越来越多的存储产品都在融入大数据的概念和功能,并使之成为产品的一大卖点。

但对于从事存储管理的专业人员来说,对"大数据"在具体应用场景中的特点和区别有所了解。对于存储管理人员来说,大数据应该分为大数据存储和大数据分析,这两者的关系是——大数据存储是用于大数据分析的。然而,到目前为止这是两种截然不同的计算机技术领域:大数据存储致力于研发可以扩展至 PB 甚至 EB 级别的数据存储平台;大数据分析关注在最短时间内处理大量不同类型的数据集。

在快速变化的技术趋势中有两个特点需要存储管理人员重视起来。第一,大数据分析流程和传统的数据仓库的方式完全不同,其已经变成了业务部门级别和数据中心级别的关键应用,这也是存储管理员的切入点。随着基础平台(分布式计算或其他架构)变得业务关键化,用户群较以往更加依赖这一平台,这也使得其成为企业安全性、数据保护和数据管理策略的关键课题。第二,通常用于数据分析平台的分布式计算平台内的存储不是你以往面对的网络附加存储(NAS)和存储区域网络(SAN)——其通常是内置的直连存储(NAS)以及组成集群的分布式计算节点。这使得管理大数据变得更为复杂,因为你无法像以前那样对这些数据部署安全、保护和保存流程。然而,执行这些流程策略的必要性被集成在管理分布式计算集群之中,并且改变了计算和存储层交互的方式。

大数据分析和传统的数据仓库的不同,大数据分析中包含了各种快速成长中的技术,因此,简单用某一种技术尝试对其定义,比如分布式计算,会比较困难。不过,这些定义大数据分析的通用性技术可以用如下特征阐述:对于传统数据仓库处理流程效率和扩展性方面限制的感知。将数据,不论是结构化还是非结构化数据从多个数据源汇聚的能力。以及认识到数据的及时性是扩展非结构化数据源的关键,其中包括移动设备、RFID、网络和不断增长的自动化感知技术。

传统的数据仓库系统通常从现有的关系型数据库中抓取数据。然而,据估计超过80%的企业数据是非结构化的,即无法关系型数据库管理系统(RDBMS),比如 DB2 和 Oracle 完成的数据。一般而言,基于此次讨论的目的,非结构化数据可以看成所有无法简单转化到结构化关系型数据库中的所有数据。而企业现在希望从这些非结构化数据类型中抽取有价值的信息,包括如下方面:①邮件和其他形式的电子通信记录;②网站上的资料,包括点击量和社交媒体相关的内容;③数字视频和音频;④设备产生的数据(RFID、GPS、传感器产生的数据、日志文件等)以及物联网。

在大数据分析的情况下,查看远多于 RDBMS 的数据类型十分必要——这代表了各种重要的新信息源。并且随着每年非结构化数据存储总量较结构化数据增长率高出10～50倍,从业务角度看这些数据也变得更为重要。更重要的数据需要更专业的人员进行分析。在《关于大数据 CEO 们需要了解的五个问题》一文中我们看到老板们对大数据所抱有的期望和对结果的预期。但传统的数据仓库技术对海量非结构化数据的处理根本无法满足大数据的需求。所以,存储管理人员也应该更快的跟随技术潮流,更新自己的技术和知识结构,提高自己对大数据的管理和分析能力。

以云计算为代表的互联网新应用的兴起,表明互联网基础服务无论从硬件、软件还是数据信息都在向集中和统一的方向发展。也就是说,未来的大数据还将具备一个新的特性——统一性(Unity)。可以预见,当大数据的容量进一步增加,存储方式进一步趋向集中。

尽管高性能计算的应用范围已经越来越广,但是其面临着大数据集带来的全新挑战。

高性能计算如今要解决的计算难题极为复杂,其负载程度与10年前要解决问题的难度相比要高出多个数量级,并且复杂程度仍在不断增加,不断挑战着技术的极限。例如,当代石油物探高性能计算面临着地震勘探数据量海量增长的严峻形势,从20世纪80年代的$2-36MB/km^2$的2D数据,增长至3D的$30-300GB/km^2$。一个寻常勘探项目的原始数据通常都在十几TB左右,而要真正处理这些数据,至少要五倍于原始数据的存储空间。高性能计算运行的应用程序一般使用并行算法,把一个大的普通问题根据一定的规则分为许多小的子问题,在集群内的不同节点上进行计算。之后,对这些小问题的结果进行处理并合并为原问题的最终结果。通常,这些小问题的计算是可以并行完成的,从而缩短问题的处理时间,提高系统的运算速度。

高性能计算最典型的三个数据流程包括:创建输入数据、应用程序进行分析处理和结果归档管理。

(1) 创建输入数据。创建数据的数据安全可靠性和一致性非常重要。如果丢失了输入数据,通常可以通过重新运行应用程序,来重建丢失的数据。重新创建数据不仅费用高昂,很多高性能环境的数据往往是无法再次生成的。因此,高性能创建数据的价值往往不是能用金钱来衡量的。

(2) 应用程序分析处理:在分析处理阶段,保证执行应用程序的读/写性能是高性能分析效率和项目周期的关键。这可能需要使用高性能可扩展性存储系统来满足吞吐量和存储容量的需求。

(3) 数据归档管理:高性能环境下,不同属性的数据在数据生命周期的不同阶段体现出来的价值是不同的。归档可以释放出主存储空间,使之用于主要的应用程序和项目。如何用不同存储介质存储不同数据,是高性能环境降低数据生命周期总成本的关键。

高性能计算的分析效率取决于计算能力、带宽和存储三方面。数据密集型计算如何保证存储为海量大数据并行处理提供稳定的性能和可扩展的容量,在存储超大规模数据量的同时,满足多节点集群计算对存储I/O带宽的需求,是保证高性能处理能力和效率的关键。

高性能计算集群系统中的节点,可分为计算节点和存储节点。其中,存储节点是指集群系统的数据存储器和数据服务器。如果需要存储TB级的数据,通常需要部署并行文件系统及多台I/O服务器;计算节点功能则是执行计算。众多的计算节点带有I/O流量瓶颈问题。当承载的计算任务被分布到众多的计算节点上实现,存储最终还是要汇总到一起。高性能计算中的计算节点可以是服务器、主机、工作站甚至便携式计算机等。计算节点对统一存储的必须性要求和各节点所汇集而来的I/O流量对存储造成的冲击,是每个高性能计算中必须要考虑的因素。

7.4.2.2 大数据应用的虚拟特性

服务器整合带来了巨大的经济效益,同时也带来了一个难题:多种业务集成在一台服务器上,安全如何保证?而且不同的业务对服务器资源也有不同的需求,如何保证各个业务资源的正常运作?为了解决这些问题,虚拟化应运而生了。虚拟化指用多个物理实体创建一个逻辑实体,或者用一个物理实体创建多个逻辑实体。实体可以是计算、存储、网络或应用资源。虚拟化的实质就是"隔离"——将不同的业务隔离开来,彼此不能互访,从而保证业务的安全需求;将不同的业务的资源隔离开来,从而保证业务对于服务器资源的要求。

    数据中心运行的应用越来越多,但很多应用都相互独立,而且在使用率低下、相关隔绝的不同环境中运行。每个应用都追求性能的不断提高,数据中心拥有多种操作系统、计算平台和存储系统。因此,IT 机构必须提高运行效率,优化数据中心资源的利用率,才能将节省出来的资金用于开展新的盈利型 IT 项目。另外,数据中心需要建立永续的基础设施,才能保护各种应用和服务免受各种安全攻击和干扰的危害,才能建立既可以持续改进计算机、存储和应用技术,又能支持不断变化的业务流程的灵活型基础设施。利用整合和虚拟化技术帮助数据中心将计算和存储资源从多个分立式系统转变成可以通过智能网络汇聚、分层、调配和访问的标准化组件,从而为自动化等新兴 IT 战略奠定基础。

    数据中心资源的整合和虚拟化正在不断发展,这需要高度可扩展的永续安全数据中心网络基础。网络不但能让用户安全访问各种数据中心服务,还能根据需要实现共享数据中心组件的部署、互联和汇聚,包括各种应用、服务器、设备和存储。适当规划的数据中心网络不仅能保护应用和数据完整性,提高应用可用性和性能,还能增强对不断变化的市场状况、业务重要程度和技术先进性的反应能力。

    伴随着服务器虚拟化技术的不断成熟和应用,传统的网络已经很难满足用户的需求。例如虚拟机迁移需要大二层环境,而传统网络大二层环境容易造成环路,难于管理。STP、VRRP 这些传统的网络技术多是牺牲了已有资源来提供冗余,资源的浪费在当今数据中心已是越来越显得不可接受。为适应新环境下数据中心的要求,一些 CT 企业提出了全虚拟化网络架构,如网络设备多虚一的 IRF2 技术、一虚多的 MDC 技术和纵向虚拟化 VCF 技术,从不同层面完成了网络设备的虚拟化技术。IRF2 是 H3C 自主研发的软件虚拟化技术。它的核心思想是将多台设备通过 IRF 物理端口连接在一起,进行必要的配置后,虚拟化成一台“分布式设备”。使用这种虚拟化技术可以实现多台设备的协同工作、统一管理和不间断维护,如图 7 - 11 所示。

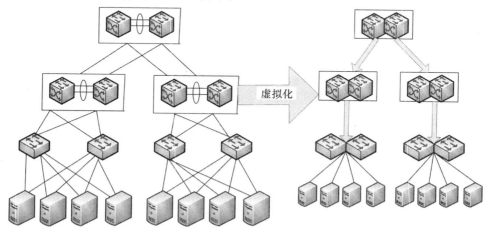

图 7 - 11 IRF 组网拓扑

    VCF 技术是基于 IRF,在纵向维度上支持异构堆叠,在获得形成一台逻辑虚拟设备的基础上,把一台低成本的盒式设备作为一块远程接口板加入主设备系统,以达到扩展 I/O

端口能力和进行集中控制管理的目的,如图7-12所示。对于VCF来说,设备按角色有CB(Controlling Bridge)和PE(Port Extender)两种。CB表示控制设备,PE表示纵向扩展设备,即端口扩展器(或称远程接口板)。通常来说,PE设备的能力不足以充当CB,管理拓扑上难以越级,处于"非不为也,实不能也"的状态。图7-12 IRF2和VCF融合应用的一个举例,在IRF2的基础上进一步减少了管理节点,节省了用户成本,同时通过IRF2提供了高可靠性,避免单点故障。

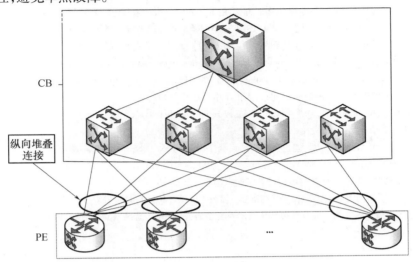

图7-12 VCF技术

服务器虚拟化解决方案可以充分利用高性能服务器的计算能力,将原本运行在单台物理服务器上的操作系统及应用程序迁移到虚拟机上,虚拟化后,一台物理服务器上能运行多台虚拟机,完成对企业应用系统的整合,如图7-13所示。通过服务器虚拟化,提高硬件资源的利用率,有效地抑制IT资源不断膨胀的问题,降低客户的采购成本和维护成本,同时可以节省IT机房的占地空间以及供电和冷却等运营开支。

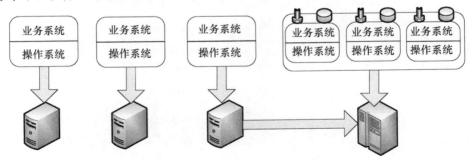

图7-13 服务器虚拟化

参 考 文 献

[1] 封松林,叶甜春. 物联网/传感网发展之路初探[J]. 中国科学院院刊,2010,25(1):50-54.

［2］Tao Yang,WangGang,ZhaoQiang, et al . Improved Network Coding Based on ODMR PProtocol in Ad Hoc NetWork［C］. ICACC 2011 Session 11,January 18 – 20,2011:461 – 464.

［3］陶洋,王寸金,刘成.MANET 中基于邻居节点的重传控制算法[J].计算机应用研究, 2012, 29 (7):2642 – 2644.

［4］Leiner B,Nielson D, Ruth R,et al. Goals and Challenges of the DARPA GloMo Program［C］. IEEE Personal Communications. 1996,12:34 – 43.

［5］Macker J P , Corson M S. Mobile Ad Hoc Networking and the IETF［J］. Mobile Computing and communications Review, 1998,4(2).

［6］吴倩,吴建平. 移动 Internet 中的 IP 组播研究综述[J]. 软件学报,2003,14(7):1324 – 1337.

［7］王晓峰,吴建平. 互联网 IPv6 过渡技术综述[J]. 小型微型计算机系统. 2006,27(3):385 – 395.

［8］金纯,蒋小宇,罗祖秋. ZigBee 与蓝牙的分析与比较[J]. 信息技术与标准化. 2006,6:17 – 20.

［9］Zaruba G V. Basagni S Chlamtac I. Bluetrees—Scatternet Formation to Enable Bluetooth – Based Ad HOC Networks. Proc. IEEE Intemational Conference on Communications,ICC 2001,http://citeseer. nj. nee. corn/tan0210cally. Html.

［10］于宏毅,等.无线移动自组织网[M].北京:人民邮电出版社,2005.

［11］Liangzhao Zeng,Benatallah B. QoS – aware Middleware for Web Services Composition[J]. Software Engineering. 2004, 30(5):311 – 327.

［12］Erik Thomsen, OLAP 解决方案:创建多维信息系统[M].朱建秋,张晓辉译,北京:清华大学出版社. 2011.

［13］张耀祥. 云计算和虚拟化技术[J]. 计算机安全. 2011,5:80 – 82.

［14］陶姿邑,毕善为. 基于云计算的虚拟计算实验室[J]. 2013,8:92 – 95.

［15］王珊,王会举. 架构大数据:挑战、现状与展望. [J] 2011,34(10):1741 – 1752.

［16］郭春梅,孟庆森,毕学尧. 服务器虚拟化技术及安全研究[C]. 信息网络安全. 2011,9:35 – 37.